Nachhaltige Impulse für Produktion und Logistikmanagement

Irina Dovbischuk · Guido Siestrup · Axel Tuma
(Hrsg.)

Nachhaltige Impulse für Produktion und Logistikmanagement

Festschrift zum 60. Geburtstag von Prof. Dr. Hans-Dietrich Haasis

Herausgeber
Irina Dovbischuk
Universität Bremen
Bremen, Deutschland

Axel Tuma
Universität Augsburg
Augsburg, Deutschland

Guido Siestrup
Hochschule Furtwangen
Furtwangen, Deutschland

ISBN 978-3-658-21411-1   ISBN 978-3-658-21412-8 (eBook)
https://doi.org/10.1007/978-3-658-21412-8

Die Deutsche Nationalbibliothek verzeichnet diese Publikation in der Deutschen Nationalbibliografie; detaillierte bibliografische Daten sind im Internet über http://dnb.d-nb.de abrufbar.

Springer Gabler
© Springer Fachmedien Wiesbaden GmbH, ein Teil von Springer Nature 2018
Das Werk einschließlich aller seiner Teile ist urheberrechtlich geschützt. Jede Verwertung, die nicht ausdrücklich vom Urheberrechtsgesetz zugelassen ist, bedarf der vorherigen Zustimmung des Verlags. Das gilt insbesondere für Vervielfältigungen, Bearbeitungen, Übersetzungen, Mikroverfilmungen und die Einspeicherung und Verarbeitung in elektronischen Systemen.
Die Wiedergabe von Gebrauchsnamen, Handelsnamen, Warenbezeichnungen usw. in diesem Werk berechtigt auch ohne besondere Kennzeichnung nicht zu der Annahme, dass solche Namen im Sinne der Warenzeichen- und Markenschutz-Gesetzgebung als frei zu betrachten wären und daher von jedermann benutzt werden dürften.
Der Verlag, die Autoren und die Herausgeber gehen davon aus, dass die Angaben und Informationen in diesem Werk zum Zeitpunkt der Veröffentlichung vollständig und korrekt sind. Weder der Verlag noch die Autoren oder die Herausgeber übernehmen, ausdrücklich oder implizit, Gewähr für den Inhalt des Werkes, etwaige Fehler oder Äußerungen. Der Verlag bleibt im Hinblick auf geografische Zuordnungen und Gebietsbezeichnungen in veröffentlichten Karten und Institutionsadressen neutral.

Gedruckt auf säurefreiem und chlorfrei gebleichtem Papier

Springer Gabler ist ein Imprint der eingetragenen Gesellschaft Springer Fachmedien Wiesbaden GmbH und ist ein Teil von Springer Nature
Die Anschrift der Gesellschaft ist: Abraham-Lincoln-Str. 46, 65189 Wiesbaden, Germany

©Universität Bremen / Harald Rehling

Prof. Dr. rer. pol. Hans-Dietrich Haasis

Vorwort zum Leben von
Prof. Dr. Hans-Dietrich Haasis

Hans-Dietrich Haasis wurde am 27. Februar 1958 in Balingen, Baden-Württemberg, geboren und wuchs in Ebingen im Zollernalbkreis auf. Dank seiner Eltern verbrachte er eine erlebnisreiche Kindheit und Jugend. Seine schwäbischen Wurzeln prägen ihn bis heute. Als Jugendlicher übernahm er schon früh Verantwortung in der Jugendarbeit und bei der Mitorganisation von Jugendfreizeiten. Sein Abitur machte er 1977 auf dem Wirtschaftsgymnasium Albstadt-Ebingen. Es folgte der Grundwehrdienst, welcher auch eine Ausbildung zum LKW-Fahrer beinhaltete. Und so waren erste Grundlagen transportlogistischer Zusammenhänge selbst zu erfahren. Hans-Dietrich Haasis studierte dann, auf Anraten seiner damaligen Lehrer, von 1978 bis 1983 Wirtschaftsingenieurwesen an der Universität Karlsruhe (TH). Eine richtige und gute Entscheidung, die seinen weiteren akademischen Lebensweg vorzeichnete. Genauso wie die Bewerbung auf die Stelle eines wissenschaftlichen Angestellten am IIP – Institut für Industrielle Produktion an der Universität Karlsruhe im Jahr 1983. Von Anfang an wurde er in industrielle, nationale und internationale Forschungsprojekte eingebunden, wurde Projektleiter und von 1987 bis 1994 Leiter der Forschungsgruppe „Systemanalyse: Energie, Umwelt, Industrielle Produktion", was ihn bereits damals in die ganze Welt führte. In dieser Zeit und auch auf seinem Weg gen Norden begleiteten ihn seine Frau und seine 1985 und 1988 geborenen Söhne. Nach Promotion im Jahr 1987 mit „summa cum laude" und Habilitation in 1993 ebenfalls in Karlsruhe wurde er 1994 zum Universitätsprofessor für Betriebswirtschaftslehre an der Universität Bremen ernannt. Seit 1997 ist er Ordinarius für Allgemeine Betriebswirtschaftslehre, Produktionswirtschaft und Industriebetriebslehre an der Universität Bremen, seit 2015 für Allgemeine Betriebswirtschaftslehre, Maritime Wirtschaft und Logistik. Von Juli 1998 bis Juni 2001 war er zunächst Sprecher, dann Dekan des Fachbereichs Wirtschaftswissenschaft. Im Jahr 2003 erhielt er den Umweltpreis des Bundesdeutschen Arbeitskreises für Umweltbewusstes Management e.V. Er ist Gründungsmitglied und war von Juli 2002 bis Juni 2005 Sprecher des Forschungsverbundes Logistik an der Universität Bremen. Von August 2001 bis Dezember 2014 war er Direktor und Leiter der Abteilung Logistische Systeme und von Januar 2007 bis Dezember 2014 Vorsitzender des Direktoriums der Stiftung ISL - Institut für Seeverkehrswirtschaft und Logistik, Bremen. Seit Oktober 2012 ist er als Sprecher der IGS – International Graduate School for Dynamics in

Logistics der Universität Bremen international tätig. Im Oktober 2014 wurde er in den Wissenschaftlichen Beirat beim Bundesminister für Verkehr und digitale Infrastruktur berufen. Er ist seit 2015 Vorsitzender des Vorstands des AGKN, Asian-German Knowledge Network for Transport and Logistics e.V., und Gastprofessor an der Zhongyuan University of Technology in Zhengzhou, China.

Inhalt

I. Zukunftstrends in der Logistik

Sabine Bruns-Vietor
Agilität im Logistikmanagement 3

Petra Pfisterer, Giso Schütz, Dr. Ulrich Naujokat
Facetten des Wissensmanagements in Wirtschaft und Verwaltung 15

Jörn Schönberger
Modellbasierte Bestimmung kompetitiver Frachtraten – Ein Ansatz zur Koordination langfristiger Raten mit Spot-Market-Preisen 25

Lars Stemmler
Maritime logistics in global value chains: mastering an era of ideas, information and integration 37

Nguyen Khoi Tran
Horizontal integration in container liner shipping 51

II. Nachhaltige Logistik

Irina Dovbischuk
Helping to establish pathways to a comprehensive framework of logistics performance 65

Herbert Kotzab, Hans Unseld
Plädoyer für klimafreundliche multimodale Verkehre bis 2050 77

Rainer Müller, Nils Meyer-Larsen, Felix Lange
Resiliente intermodale Transporte – Gesundheits-Check-up für Supply Chains 87

Thomas Nobel
Nachhaltige makrologistische Zentren – Effekte der Güterverkehrszentren (GVZ) in Europa 97

Gunnar Prause
Cooperative governance for green transport corridors 107

III. Nachhaltiges Supply Chain Management

Claudia Breuer, Guido Siestrup
Nachhaltiges Prozessmanagement in der Supply Chain 127

Arshia Khan
Managing risks under highly dependent supplier-producer relation in modern automotive industry 141

Iven Krämer, Uwe von Bargen
Nachhaltigkeitsperspektiven an der Schnittstelle globaler Supply Chains – Häfen als Treiber von Green Ports-Strategien 153

Christoph Krieger, Dirk Sackmann
Soziale Nachhaltigkeit im Supply Chain Design 167

Carola Spiecker-Lampe
Nachhaltige Optimierung von Kapitalkosten im Mittelstand mit Supply Chain Finance 177

Axel Tuma, Lukas Meßmann
Integration ökologischer Parameter in das Reverse Network Design ... 189

Hendrik Wildebrand
Supply Chain Event Management in der chemischen Prozessindustrie – Konzeptualisierung einer multiagentenbasierten Referenzlösung 205

IV. Fallstudien zur nachhaltigen Logistik in Entwicklungsländern

Huong Thi Thu Tran, Huong Thi Thu Luc
Reverse Logistics in Plastic Supply Chain: The Current Practice in Vietnam 219

Dorit Schumann-Bölsche
Nachhaltige humanitäre Logistik zur Versorgung von Flüchtlingen in
Jordanien 235

Victor Tsapi, Nadège Ingrid Kamgang Gouanlong
The Kribi deep water port: the engine of development and industrial
growth in CEMAC zone 249

I. Zukunftstrends in der Logistik

Agilität im Logistikmanagement

Sabine Bruns-Vietor[1]

Abstract

Die Agilität als Eigenschaft logistischer Systeme steht im Fokus des Logistikmanagements, das diese Systeme entsprechend aktueller Anforderungen gestalten will. Dieser Artikel zeigt den begrenzten Erklärungsbeitrag des im Logistikmanagement verwendeten Systemmodells im Hinblick auf die agilitätsdefinierenden Faktoren – Erkenntnisfähigkeit, Flexibilität und Umsetzungsgeschwindigkeit – auf. Es wird erläutert, inwieweit die Theorie autopoietischer Systeme die Basis für ein Modell logistischer Systeme bietet, das deren Agilität zu erklären vermag.

1. Einleitung

Der Begriff der Agilität und die Methoden agilen Managements rücken in Zeiten der Digitalisierung und der mit dem Akronym VUCA (Volatility, Uncertainty, Complexity, Ambiguity) beschriebenen Umfeldbedingungen zunehmend in den Fokus des Logistikmanagements. Alsoussi stellt fest, dass der Agilität in volatilen Märkten und angesichts immer stärker dynamisch veränderbaren Leistungsanforderungen eine erhöhte Aufmerksamkeit zukommt und dass diese als eine der wichtigsten Herausforderungen in internationalen Wirtschaftszusammenhängen gilt (Alsoussi 2015: 36). Wehberg bezeichnet Agilität als ein Kernmerkmal der Logistik (Wehberg 2016: 321-322). Und Gligor/Holcomb bemerken, dass Agilität als fundamentales Charakteristikum betrachtet wird, damit Supply Chains in einer turbulenten Umwelt und volatilen Märkten überleben und sich entwickeln können (Gligor, Holcomb 2012: 438). Agilität erscheint so insgesamt als existenziell für den Erhalt logistischer Systeme in ihrer Umwelt.

Die Systemtheorie bildet eine der theoretischen Grundlagen der Logistik und des Logistikmanagements (Göpfert 2013: 89). Logistiksysteme sind demnach als

---

[1] Prof. Dr. Sabine Bruns-Vietor, Professorin, Professur für Betriebswirtschaftslehre, insbesondere Logistikmanagement, Hochschule Osnabrück

© Springer Fachmedien Wiesbaden GmbH, ein Teil von Springer Nature 2018
I. Dovbischuk et al. (Hrsg.), *Nachhaltige Impulse für Produktion und Logistikmanagement*, https://doi.org/10.1007/978-3-658-21412-8_1

geordnete Gesamtheiten von Systemelementen und -beziehungen zu verstehen (Wehberg 2015: 47). Wenn logistische Systeme vor dem Hintergrund der aktuellen Anforderungen die Eigenschaft der Agilität aufweisen sollen, dann ist es wünschenswert, dass das Modell logistischer Systeme eben diese Eigenschaft abzubilden vermag. Diese Überlegung folgt der Aussage von Maturana, dass Systemmodelle, die „in ihrem Operieren (Funktionieren) alle in der betreffenden Frage involvierte Phänomene erzeugen" (Maturana 1996a: 288), akzeptable wissenschaftliche Antworten liefern können.

In den bisherigen Ansätzen des Logistikmanagements dominiert das graphentheoretische Netzwerkmodell als Abbild logistischer Systeme. Die Elemente und Beziehungen des logistischen Systems werden als Knoten und Kanten dargestellt, die jeweils zu bestimmende Kapazitäten für Speicher- und Bewegungsprozesse repräsentieren und die von sog. Flussobjekten, z.b. Güter, Materialien oder Informationen, durchströmt werden (z.b. (Pfohl 2000: 5), (Delfmann 1999: 45f.) sowie (Klaus 1998: 67-69)).

Ausgehend von einem begrenzten Erklärungsbeitrag dieses logistischen Systemmodells zur Erklärung von Agilität als Systemeigenschaft skizziert dieser Artikel das Modell autopoietischer Systeme und dessen Möglichkeiten, die Agilität abzubilden. Dazu wird zunächst der Begriff der Agilität, wie er im Zusammenhang mit logistischen Systemen diskutiert wird, mit seinen agilitätsdefinierenden Faktoren erläutert. Daraus ableitend ergeben sich die Anforderungen an ein Modell logistischer Systeme, das die o.g. Bedingung erfüllt. Schließlich wird auf der Basis der Theorie autopoietischer, sozialer Systeme der Beitrag dieses Zweigs der Systemtheorie zur Erklärung von Agilität in logistischen Systemen darzustellen versucht.

2. Begriff der Agilität und die agilitätsdefinierenden Faktoren

Der Begriff der Agilität wird in der Logistikliteratur in umfassenden Literaturrecherchen zur Agilität in der Logistik (Alsoussi 2015: 36f., 51f.) oder auch einer Supply Chain Agilität (Gligor, Holcomb 2012) untersucht und dargelegt. Beispielhaft seien im Rahmen dieses Beitrags zwei Definitionen von Supply Chain Agility angeführt. So erklären Li et al. Supply Chain Agility wie folgt:

> „The result of integrating alertness to internal and environmental changes (opportunities/challenges) with a capability to use resources in responding (proactively/reactively) to such changes, all in a timely, and flexible manner." (Li et al. 2008: 421).

Ähnlich beschreiben Henke et al. den Begriff der Supply Chain Agilität als

> „Fähigkeit von Unternehmen, auftretende Veränderungen in internen und externen Wertschöpfungsketten mit geeigneten Mitteln zu beantworten. Agilität ergänzt die unternehmensinterne Betrachtung um die vor- und nachgelagerten Beziehungen zu Lieferanten und Kunden." (Henke et al. 2012: 7).

Dieses Verständnis wird durch die Beschreibung dreier sogenannter agilitätsdefinierender Faktoren ausgeführt, und zwar die *Erkenntnisfähigkeit*, die *Flexibilität* und die *Umsetzungsgeschwindigkeit*. Diese Faktoren stehen in einer logischen Beziehung zueinander. Weiterhin seien sie bewertbar und damit für den Vergleich der Agilität verschiedener Supply Chains verwendbar (Henke et al. 2012: 7).

Die *Erkenntnisfähigkeit* einer Supply Chain zeige sich in der Fähigkeit eines Unternehmens, Handlungsbedarfe in den Bereichen Kunden, Wettbewerb und Technologie ausreichend früh zu identifizieren. Hierbei können sich die Handlungsbedarfe aus internen wie auch externen Veränderungen heraus ergeben. Sowohl reaktives als auch auf zukünftige Anforderungen gerichtetes, proaktives Handeln werde durch die Erkenntnisfähigkeit unterstützt, so Henke et al. weiter.

Der zweite agilitätsdefinierende Faktor, die *Flexibilität*, ziele darauf, identifizierte Bedürfnisse schnell zu bewerten und geeignete Maßnahmen zur Anpassung bereitzustellen. Flexibilität ermögliche auch die Vornahme kurzfristiger Änderungen, die Gefahr von Unterbrechungen in der Supply Chain zu mindern und quantitative und qualitative Nachfrage zu befriedigen. Flexibilität sei besonders durch die kapazitative Anpassungsfähigkeit von Produktionsprozessen beeinflusst (Henke et al. 2012: 12f.).

Schließlich beschreibe als dritter Faktor die *Umsetzungsgeschwindigkeit*, die sich in der Dauer der Prozessabwicklung zeige, die Fähigkeit, neue Bedürfnisse möglichst schnell zu befriedigen (Henke et al. 2012: 12f.).

3. Anforderungen an das Modell logistischer Systeme

Aus den drei genannten agilitätsdefinierenden Faktoren lassen sich in einem weiteren Schritt die Anforderungen an das Modell logistischer Systeme ableiten, die erforderlich sind, um die Eigenschaft von Agilität zu erklären:

- Der Faktor der *Erkenntnisfähigkeit* weist darauf hin, dass ein logistisches System über kognitive Fähigkeiten verfügen müsse, um als agil gelten zu können. Als Anforderung an das Systemmodell ergibt sich damit die Abbildung einer Art von Kognitionsfähigkeit, die auch als Informations- (aufnahme- oder -

verarbeitungs-) -fähigkeit, vielleicht auch als „Intelligenz des Systems" betrachtet werden kann.
- Der Faktor der *Flexibilität* interpretiert das Problem sich ändernder Bedürfnisse nach Henke et al. insbesondere kapazitativ und damit mengenmäßig, denn der Begriff der Kapazität ist ein auf das Volumen gerichteter (Drosdowski 1997: 326). Das Systemmodell sollte mithin das Vermögen des Systems, wechselnde Mengen von (Fluss-) Objekten in seinen Knoten und Kanten handhaben zu können (Vgl. zur Konzeption logistischer Systeme mittels des sog. Fließsystemansatzes z.b. (Göpfert 2000: 77f.), (Pfohl 2000: 5f.), (Delfmann 1999: 45f.) sowie (Klaus 1998: 67ff.)), darstellen können. Diese Fähigkeit lässt sich – in Grenzen – durch die Bereitstellung von Kapazitätsreserven erzielen oder aber durch die Veränderung der Knoten und Kanten (Ähnlich die Zielsetzung der Sicherung und Steigerung der Anpassungs- und Entwicklungsfähigkeit von Fließsystemen, wie sie z.b. von Göpfert beschrieben wurde (Göpfert 2000: 5, 107ff.)). Da die Knoten und Kanten im graphentheoretischen Netzwerkmodell als Elemente des Systems betrachtet werden, die gleichzeitig die Struktur des Systems bilden, ergibt sich die Anforderung an das Systemmodell, Strukturveränderungen darstellen zu können.
- Die *Umsetzungsgeschwindigkeit* als dritter Faktor schließlich stellt sachlich keine zusätzliche Anforderung an das logistische System und sein Modell. Allerdings wird hier die Intensität der Forderung nach Erkenntnisfähigkeit und nach Flexibilität verstärkt. Denn neue Bedürfnisse wollen erkannt sein und wechselnde Mengen wollen gehandhabt sein – und das schnell. Die Sache bleibt die gleiche, allerdings unter dem Druck der Zeit, was zu einer gesteigerten Erwartungshaltung führt. Um Agilität als Eigenschaft logistischer Systeme erklären zu können, müsste das Systemmodell insofern zeigen können, wie Erwartungen und deren Steigerungen, Verminderungen oder gänzlichen Änderungen in Logistiksystemen eine Wirkung entfalten können.

Betrachtet man nochmals die den agilitätsdefinierenden Faktoren vorangestellte Definition von Agilität, ergeben sich zwei weitere Feststellungen:

- Zum einen werden von einem agilen logistischen System Handlungen erwartet, die eine *irgendwie* passende Antwort auf Veränderungen geben. Die Bindung an das originär logistische Thema der Bewegung (Vgl. Bewegungs- und Speicherprozesse als grundlegende Funktion der Logistik (Pfohl 2000: 5)) wird somit aufgegeben. In der Folge wird die thematische Eingrenzung des Handlungsspektrums aufgehoben (Vgl. passend dazu die Entwicklung des Logistikmanagements von einem flussorientierten zu einem veränderungsorientierten Ansatz (Wehberg 2015: 49)), was neue Freiheitsgrade bedeuten kann. Gleichzeitig stellt sich die Frage nach der Identität des Systems: Wenn ein System nicht „Logistik macht", ist es dann ein überhaupt ein logistisches System?

- Da die Veränderungen, auf die das agile logistische System handelnd antworten soll, *überall* auftreten können – systemintern oder -extern – und dies zudem potenziell auch *in kurzer Frequenz*, lässt sich zum anderen von einem ereignishaften Auftreten von Veränderungen sprechen, denen – in ebenso schneller Frequenz – ereignishafte Handlungen entgegenzustellen sind. An das Modell agiler logistischer Systeme stellt sich insofern die Anforderung, Systemhandlungen oder Veränderungen als Ereignisse darstellen oder in ihrer Wirksamkeit erklären zu können.

Ein Modell logistischer Systeme, das Aussagen zur Agilität des Systems ermöglicht, sollte zusammenfassend die folgenden Aspekte abbilden oder erklären können: 1) Kognitionsfähigkeit, 2) Fähigkeit zu struktureller Veränderung, 3) Wirksamkeit von Erwartungen, 4) Funktion thematischer Eingrenzungen für die Identität von Systemen und 5) Ereignisse im Handlungssystem und dessen Umwelt.

4. Grenzen des graphentheoretischen Netzwerkmodells zur Erklärung von Agilität

Das Modell logistischer Systeme in Form des graphentheoretischen Netzwerkmodells stößt – ungeachtet seiner Erklärungsbeiträge in anderen Hinsichten – im Hinblick auf die Erklärung der o.g. Aspekte im Zusammenhang mit der Agilität an Grenzen. Die folgende Abbildung zeigt zur Veranschaulichung dieses Modell:

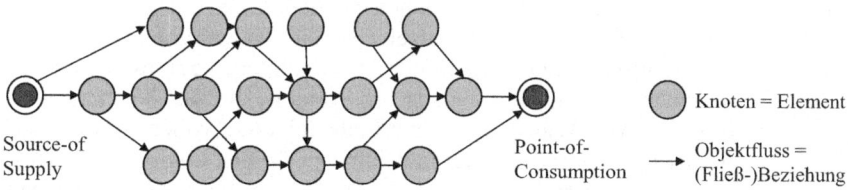

Abb. 1: Logistisches System im Modell des graphentheoretischen Netzwerks

Wird das graphentheoretische Netzwerkmodell logistischer Systeme 1) auf seinen Beitrag zur Erklärung von Kognition des Systems geprüft, so zeigt sich zunächst, dass im Systemmodell kein Element abgebildet ist, das als eine Art Sensor oder

Erkenntnisorgan fungieren könnte (Bruns-Vietor 2004: 120). Die Aufgabe des Erkennens wird in logistischen Ansätzen letztlich der Führung, dem Management, zugewiesen (Vgl. z.B. (Göpfert 2013: 22): *"Die Logistik ist ein spezieller Führungsansatz zur Entwicklung, Gestaltung, Lenkung und Realisation effektiver und effizienter Flüsse von Objekten (...) in unternehmensweiten und -übergreifenden Wertschöpfungssystemen."* Die Definition lässt deutlich werden, dass die Führung außerhalb des Wertschöpfungssystems verortet wird.) (Die Trennung von Führungs- und Ausführungssystem ist ein grundlegender Mechanismus in der klassischen Betriebs- und Managementlehre. Vgl. dazu z.B. (Jung, Heinzen, Quarg 2015: 4)). Dem außerhalb des Systemmodells verorteten Management obliegt die Verantwortung für das Finden adäquater Handlungsmöglichkeiten und Ziel- oder Zweckänderungen, das dazu alle potenziellen Umweltänderungen und Systemzustände wahrnehmen können müsste (Vgl. dazu (Hejl, Stahl 2000: 105f.), die ausführen, dass dies auf geradezu *"göttliches Wissen"* hinauslaufe.). Das logistische System selbst bleibt von der Aufgabe des Erkennens und Entscheidens befreit – die fehlende Erklärbarkeit von Kognition wirkt so nicht einmal als Defizit.

Auch im Hinblick auf die Frage 2) nach struktureller Veränderbarkeit ergibt sich ein Dilemma: Das Systemmodell ermöglicht zwar die Darstellung unterschiedlicher Strukturzustände, lässt aber nicht erkennen, ob und wie der Übergang von einem strukturellen Zustand zu einem anderen erfolgt oder welcher Impuls eine Strukturveränderung überhaupt auslöst (Vgl. hierzu (Luhmann 1999: 56ff.), der die Statik des Systemmodells und dessen Widersprüchlichkeiten feststellt. Luhmann bezieht sich allerdings auf die allgemeine Organisationslehre und das dort verwendete Ganzes/Teil-Schema, das dem Modell logistischer Systeme jedoch zu Grunde liegt.).

Das Systemmodell ist als technisches System angelegt, aus dem sich das Vorhandensein oder die Entwicklung von Erwartungen nicht ergibt. Die Existenz von Erwartungen ist an andere Voraussetzungen gebunden als das Vorhandensein technischer Elemente. Insofern bleibt auch eine Erklärung der Funktion einer Steigerung der Erwartungshaltung mittels Zeitdruck, wie unter 3) gefordert, aus.

Die Frage 4) nach der Identität logistischer Systeme, die vom Thema der Logistik, dem Bewegen von Waren und Gütern, abstrahieren wollen, spiegelt sich wider im Vorwurf der Konturlosigkeit und Inhaltsleere der Logistikkonzeption, die sich in ihrer sog. zweiten Entwicklungsstufe als Koordinationsfunktion ganz generell mit Entscheidungen in Bezug auf intra- und interorganisationale Prozesse befassen möchte und damit Aufgaben eines allgemeinen Managements übernehmen will (Delfmann 1999: 44).

Und zu 5): Das logistische Systemmodell ist auf die Abbildung permanenter Elemente (Knoten) ausgelegt, nicht aber auf die Abbildung temporärer Einheiten, wie sie von Ereignissen gebildet werden. Das schließt nicht nur die Erklärbarkeit *systeminternen*, ereignishaften Handels aus. Auch *systemexterne*, in der Umwelt des Systems auftretende Ereignisse bleiben aus dem Horizont des Modells ausgeblendet, da das Modell nur das System, nicht aber eine Umwelt abbildet (Bruns-Vietor 2007: 82).

Zusammenfassend lassen sich keine Anhaltspunkte dafür finden, dass das logistische Systemmodell erklären könnte, wie Agilität in einem logistischen System wirksam wird und inwieweit diese Eigenschaft, so sie in einem Logistiksystem vorhanden sein sollte, zu einer verbesserten Existenzsicherung in einer veränderlichen (VUCA) Umwelt beitragen könnte.

5. Erklärungsbeitrag der Modells autopoietischer Systeme zur Agilität logistischer Systeme

Das Modell autopoietischer Systeme ist von den Neurobiologen Maturana und Varela aus der Verknüpfung einer Theorie biologischer Systeme mit einer Theorie der Wahrnehmung oder Erkenntnis entstanden: Das Systemmodell sollte erklären können, wie lebende Systeme in ihrem Operieren Kognition erzeugen (Maturana, Varela 1991: 36). Für die Betrachtung der Wirkzusammenhänge sozialer Systeme hat der Soziologe Luhmann das Konzept der Autopoiese erschlossen (Luhmann 1987). Der Erklärungsbeitrag dieses Zweigs der Systemtheorie zur Agilität logistischer Systeme soll im Folgenden untersucht werden (In der Logistikliteratur wird die Theorie autopoietischer Systeme – teils in Verbindung mit dem Ansatz der Selbstorganisation – gelegentlich aufgegriffen, selten allerdings konsequent entfaltet (Wehberg 2015: 265-279; Bruns-Vietor 2004: 162-165)).

Der Begriff der Autopoiese, „selbstmachen", beschreibt das, was Maturana und Varela bei der Suche nach einem Mechanismus, der lebende Systeme charakterisiert, entdeckten, *„dass sie sich – buchstäblich – andauernd selbst erzeugen."* (Maturana, Varela 1991: 50). Systeme, die durch ihre autopoietische Organisation klassifiziert werden können, beschreibt Maturana wie folgt:

> „Es gibt eine Klasse von Systemen, bei der jedes Element als eine zusammengesetzte Einheit (System), als ein Netzwerk der Produktionen von Bestandteilen definiert ist, die (a) durch ihre Interaktionen rekursiv das Netzwerk der Produktionen bilden und verwirklichen, das sie selbst produziert hat; (b) die Grenzen des Netzwerks als Bestandteile konstituieren, die an seiner Konstitution und Realisierung teilnehmen; und (c) das Netzwerk als eine zusammengesetzte Einheit in den Raum konstituieren und realisieren, in dem es existiert." (Maturana 1996: 94).

Kürzer fasst es Luhmann:

> „Ein [autopoietisches, Anm. d. Verf.] System produziert die Elemente, aus denen es besteht, mit Hilfe der Elemente, aus denen es besteht." (Luhmann 1982: 369).

Aber auch das klingt noch abstrakt und wirft insbesondere die Frage auf, wie das System ein Anfangselement, aus dem heraus es weitere Elemente produzieren kann, konstituiert. Es gibt Milieus oder auch Bedingungskontexte, in denen ein unbestimmtes Operieren vorliegt. Wird eine Operationsweise in rekursiver Weise fortgesetzt – also als wiederholte Anwendung der Operation auf das Ergebnis einer vorangegangenen Operation – so ergibt sich nach einer bestimmten Anzahl von Operationen ein stabiler Zustand, es differenziert sich ein *„Eigenwert"* heraus (Foerster 1996: 148-150), der als Ausgangselement für weitere Operationen genutzt werden kann (Von Foerster belegt die Grundsätzlichkeit dieses Phänomens mit Beispielen aus verschiedensten Bereichen, so aus der Physik mit den Kreisbahnen von um einen Atomkern kreisenden Elektronen, aus der Entwicklungspsychologie mit der Entwicklung von Verhaltenskompetenz gegenüber Gegenständen oder aus der Mathematik mit der Operation des Wurzelziehens, die in Rekursionen von jedem beliebigen Wert ausgehend den Eigenwert 1 erzeugt (Foerster 1993: 241-242, 1996: 148-150)). Dieser Wert wird in jeder auf ihn angewendeten Operation reproduziert und damit neu erzeugt, im Rhythmus der Operationen wie ein Pulsschlag als Element, als Element, als Element usw. So können etwa lebende Systeme in einer zunächst unbestimmten „Ursuppe" entstehen, wenn durch die Operationen – in diesem Fall chemische Aktivitäten – Elemente in Form von Molekülen bestimmt werden, die als Ausgangsbasis für eine weitere Operation herangezogen werden können, die wiederum ein Molekül erzeugt, während das vorangegangene Element zerfällt (Varela 1996: 125). Die in diesem rekursiven Operieren selbst erfolgte Bestimmung von Elementen weist darauf hin, dass das autopoietische System mit der Ausdifferenzierung seiner Elemente seine eigene Differenz selbst bestimmt. Dabei wird

> „nicht etwa Etwas aus dem Nichts geschaffen (..), sondern vielmehr etwas Bestimmtes in einem unbestimmt bleibenden (...) Bedingungskontext hervorgebracht" (Baecker 1999: 202).

Bildlich übersetzt zeigt sich dieser Vorgang in einer Abfolge von Phasen:

Abb. 2: Phasen der Systemkonstitution und -stabilisierung

Das sich im rekursiven Operieren ausdifferenzierende Element konstituiert das System in das Milieu hinein, das sich nunmehr gleichzeitig als Umwelt dieses Systems konstituiert und in fortgesetzten Operationen selbst reproduziert. Systeme sind deshalb als System/Umwelt-Differenzen aufzufassen: Systeme „*konstituieren und erhalten sich durch Erzeugung und Erhaltung einer Differenz zur Umwelt*" (Luhmann 1987: 35).

Zu prüfen ist nunmehr abschließend, inwieweit das Systemmodell, das Systeme als autopoietische Systeme beschreibt, die o.g. Anforderungen erfüllt, um die Agilität logistischer Systeme erklären zu können: Autopoietische Systeme erzeugen 1) das Phänomen der Kognition, dadurch dass sie sich durch Ausdifferenzierung selbst herstellen, denn Unterscheidungen werden erst in der Erkenntnis von Verschiedenheit wirksam (Jantsch 1996: 164f.), sie haben 2) die Fähigkeit zu struktureller Veränderung: Im fortgesetzten Operieren erzeugt das System Elemente aus Elementen und realisiert so seine Differenz mal mit dem ersten, mal mit dem 60. Element (Im Rahmen dieses Beitrags auch als „Haasis'sches Element" bezeichenbar.) und erneuert seine Bestandteile damit permanent – und verändert dabei die Struktur (Als Struktur werden die tatsächlichen Bestandteile und Relationen verstanden, die die tatsächlichen Bestandteile und Relationen, die in einem konkreten Fall die Organisation eines aus mehreren Komponenten bestehenden Einheit realisieren (Maturana/Varela 1991: 54), (Maturana 1996: 92)). Autopoietische Systeme bestehen aus Elementen, „*die im Entstehen schon wieder vergehen*" (Luhmann 1987: 78). In ihrer Ereignishaftigkeit gelingt es nicht, die Elemente im Sinne des Systems zu qualifizieren. In sozialen Systemen wirken 3) Erwartungen deshalb vorstrukturierend: Erwartungsstrukturen sorgen dafür, dass unpassende Elemente (z.B. solche, die nicht die Differenz des Systems erzeugen würden) von vornherein ausgeschlossen werden (Luhmann 1987: 392). Um sich als System über die Zeit zu erhalten müssen autopoietische Systeme die Differenz zur Umwelt aufrechterhalten und regulieren. Sozialen Systemen stehen nach Luhmann dafür verschiedene Möglichkeiten oder auch „*funktionale Äquivalente*" zur Verfügung, wovon 4) das Begrenzen auf Themen oder Zwecke eines ist (Luhmann 1999). Die Konzeption des autopoietischen Systemmodells mittels vergänglicher

Elemente verdeutlicht die Einbindung einer zeitlichen Ebene in die Modellkonzeption. Temporäres – wie eben Ereignisse – lassen sich 5) deshalb darstellen und das Modell macht keine Einschränkungen, ob die Ereignisse innerhalb oder außerhalb der durch die Differenz gezogenen Grenze zwischen System und Umwelt geschehen. Zusammenfassend lassen sich die Anforderungen an ein Systemmodell zur Erklärung von Agilität im Modell autopoietischer Systeme wiederfinden. Wählt nun eine Organisation, ein Unternehmen – also ein soziales System, das sich mit diesem Systemmodell beschreiben lässt – die Logistik zu seinem Handlungsgegenstand – wie intensiv oder kontinuierlich auch immer – dann wird es möglich, diesen Erklärungsrahmen auch für logistische Systeme zu nutzen, die sich über ihre eigene System/Umwelt-Differenz konstituieren.(vgl. dazu Bruns-Vietor 2004: 270 ff.) Welche funktionalen Äquivalente zur Sicherung des Fortbestandes logistikbezogener Unternehmenssysteme in einer „VUCA-Welt" genutzt werden könnten, lässt sich so analysieren.

Literatur

Alsoussi, A. (2015): The role of lean and agile logistics during production ramp-up. https://d-nb.info/1080478787/34. Zugegriffen: 15.12.2017.
Baecker, D. (1999): Die Form des Unternehmens. Frankfurt a.M.: Suhrkamp Verlag.
Bruns-Vietor, S. (2004): Logistik, Organisation und Netzwerke. Eine radikal konstruktivistische Diskussion des Fließsystemansatzes. Frankfurt a.M.: Verlag Peter Lang.
Bruns-Vietor, S. (2007): In-Novation und Systemerhalt in der Logistik. In: Haasis (2007), 75-98.
Delfmann, W. (1999): Kernelemente der Logistikkonzeption. In: Pfohl (1999), 37-59.
Drosdowski, G. (1997): Duden Etymologie. Herkunftswörterbuch der deutschen Sprache. Mannheim et al.: Dudenverlag.
Foerster, H. von (1993): Prinzipien der Selbstorganisation im sozialen und betriebswirtschaftlichen Bereich. In: Schmidt (1993), 233-268.
Foerster, H. von (1996): Erkenntnistheorien und Selbstorganisation. In: Schmidt (1996), 133-158.
Gligor, D. M.; Holcomb, M. C. (2012): Understanding the role of logistics capabilities in achieving supply chain agility: A systematic literature review. In: Supply chain management. International Journal, Jg. 17, Bd. 4, 438-453.
Göpfert, I. (2013): Logistik. Führungskonzeption und Management von Supply Chains. 3., aktualisierte und erw. Aufl., München: Verlag Vahlen.
Göpfert, I. (Hrsg.) (2016): Logistik der Zukunft – Logistics for the Future. Wiesbaden: Springer Verlag
Haasis, H.-D. (Hrsg.) (2007): Nachhaltige Innovation in Produktion und Logistik. Frankfurt a.M.: Peter Lang Verlag.
Hejl, P. M.; Stahl, H. K. (2000): Einleitung. Acht Thesen zu Unternehmen aus konstruktivistischer Sicht. In: Hejl/Stahl (2000), 13-29.
Hejl, P. M.; Stahl, H. K. (Hrsg.) (2000): Management und Wirklichkeit. Das Konstruieren von Unternehmen, Märkten und Zukünften. Heidelberg: Carl-Auer-Systeme Verlag.

Henke, M.; Lasch, R., Eckstein, D.; Neumüller, C.; Blome, C. (2012): Supply Chain Agility. Strategische Anpassungsfähigkeit im Supply Chain Management. Bremen: Bundesvereinigung Logistik (BVL) e.V./Frankfurt a.M.: Bundesverband Materialwirtschaft, Einkauf und Logistik (BME) e.V..

Isermann, H. (1998): Logistik – Gestaltung von Logistiksystemen. 2. überarb. u. erw. Aufl., Landsberg a.L.: Verlag Moderne Industrie.

Jantsch, E. (1996): Erkenntnistheoretische Aspekte der Selbstorganisation natürlicher Systeme. In: Schmidt (1996), 159-191.

Jung, R. H.; Heinzen, M., Quarg, S. (2015): Allgemeine Managementlehre: Lehrbuch für die angewandte Unternehmens- und Personalführung. Berlin: Erich Schmidt Verlag.

Klaus, P. (1998): Jenseits einer Funktionenlogistik: Der Prozessansatz. In: Isermann (1998), 61-78.

Li, X.; Chun, C.; Goldsby T. J.; Holsapple, C. W. (2008): A unified model of supply chain agility. The work-design perspective. The International Journal of Logistics Management, Jg. 19, Bd. 3, 408-435.

Luhmann, N. (1982): Autopoiesis, Handlung und kommunikative Verständigung. Zeitschrift für Soziologie, Jg. 11, Heft 4, 366-379.

Luhmann, N. (1987): Soziale Systeme. Grundriss einer allgemeinen Theorie. Frankfurt a.M.: Suhrkamp Verlag.

Luhmann, N. (1999): Zweckbegriff und Systemrationalität. 6. Aufl., Frankfurt a.M.: Suhrkamp Verlag.

Maturana, H. R. (1996): Kognition. In: Schmidt (1996), 89-118.

Maturana, H. R. (1996a): Biologie der Sozialität. In: Schmidt (1996), 287-302.

Maturana, H. R.; Varela, F. J. (1991): Der Baum der Erkenntnis. Die bio-logischen Wurzeln menschlichen Erkennens. 2. Aufl., Bern/München: Goldmann Verlag.

Pfohl, H.-C. (Hrsg.) (1999): Logistikforschung. Entwicklungszüge und Gestaltungsansätze. Reihe Unternehmensführung und Logistik, Band 17, Berlin: Erich Schmidt Verlag.

Pfohl, H.-C. (2000): Logistiksysteme. Betriebswirtschaftliche Grundlagen. 6. Aufl., Berlin/ Heidelberg: Springer-Verlag.

Schmidt, Siegfried J. (Hrsg.) (1993): Heinz von Foerster. Wissen und Gewissen. Versuch einer Brücke. Frankfurt a.M.: Suhrkamp Verlag.

Schmidt, S. J. (Hrsg.) (1996): Der Diskurs des Radikalen Konstruktivismus. 7. Aufl., Frankfurt a.M.: Suhrkamp Verlag.

Varela, F. J. (1996): Autonomie und Autopoiese. In: Schmidt (1996), 119-132.

Wehberg, Götz G. (2015): Logistik 4.0. Komplexität managen in Theorie und Praxis. Berlin, Heidelberg: Verlag Springer Gabler.

Wehberg, G. G. von (2016): Logistik 4.0 – Die sechs Säulen der Logistik in der Zukunft. In: Göpfert (2016), 319-344.

Facetten des Wissensmanagements in Wirtschaft und Verwaltung

Petra Pfisterer[1], Giso Schütz[2], Ulrich Naujokat[3]

Abstract

Seit über 20 Jahren beschäftigt sich die AWV mit Wissensmanagement in seinen vielfältigen Facetten wie Skillmanagement, Kooperationsmanagement, Generationenmanagement, Integrationsmanagement sowie Clustermanagement. Dies umfasste zahlreiche Workshops mit Praktikern und Wissenschaftlern sowie mehrere Publikationen. Teilnehmer der Arbeitskreise waren Experten aus der Wirtschaft, darunter auch kleinere und mittlere Unternehmen (KMU), Berater, Verwaltungsspezialisten aus allen drei Verwaltungsebenen sowie praxisnah arbeitende Wissenschaftler. Arbeitsergebnisse waren u.a. sieben Publikationen zu den o.g. Themen, mehrere Konferenzen sowie eine bundesweit erfolgreiche Roadshow zum Wissensmanagement in kleinen und mittleren Unternehmen im Auftrag des damaligen Bundesministeriums für Wirtschaft und Arbeit. Dabei wurden bei über 30 Terminen über 800 Teilnehmerinnen und Teilnehmer erreicht. Auf die einzelnen Arbeitsinhalte der AWV-Arbeitskreise und ihre Bezüge zur Logistik soll nachfolgend vertiefend eingegangen werden. Dabei wurde immer ein branchenübergreifender Ansatz gewählt, bei dem wichtige Erkenntnisse quasi „vor die Klammer gezogen" behandelt wurden.

---

1 Dr. Petra Pfisterer, Fachreferentin mit Schwerpunkt Entbürokratisierung und öffentliche Verwaltung, AWV - Arbeitsgemeinschaft für wirtschaftliche Verwaltung e.V., Eschborn
2 Giso Schütz, Vorsitzender des AWV-Fachausschusses 1 "Verwaltungsmanagement und -modernisierung", AWV - Arbeitsgemeinschaft für wirtschaftliche Verwaltung e.V., Eschborn
3 Dr. Ulrich Naujokat, Geschäftsführer, AWV - Arbeitsgemeinschaft für wirtschaftliche Verwaltung e.V., Eschborn

© Springer Fachmedien Wiesbaden GmbH, ein Teil von Springer Nature 2018
I. Dovbischuk et al. (Hrsg.), *Nachhaltige Impulse für Produktion und Logistikmanagement*, https://doi.org/10.1007/978-3-658-21412-8_2

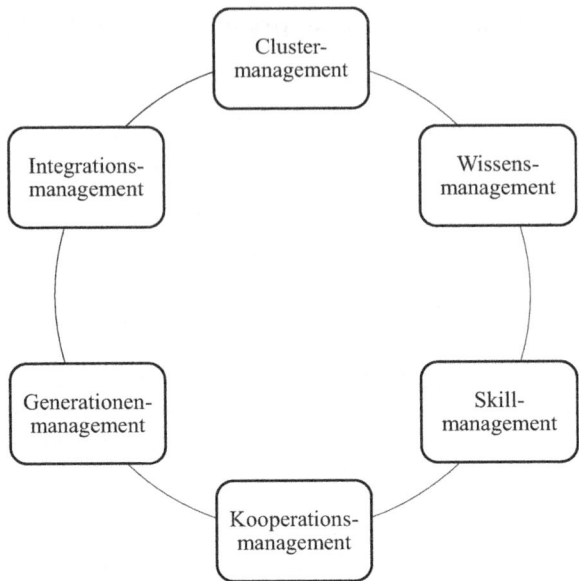

Abb. 1: Entwicklung der Arbeits- und Forschungsfelder in der AWV-Facharbeit zum Wissensmanagement

1. Wissensmanagement: ein strategischer Wettbewerbsfaktor (2000 – 2003)

In einem immer intensiver werdenden dynamischen Umfeld, geprägt durch kundenorientiertes anspruchsvolles Nachfrageverhalten und die Bildung netzwerkartiger, oftmals weltweiter Kooperationslösungen, birgt der intelligente Umgang mit Wissen zunehmende Wettbewerbschancen. Der Einsatz und die Verwendung des Faktors „Wissen" werden entscheidend für das reibungslose Ineinandergreifen von Unternehmensprozessen und die Aufrechterhaltung und den Ausbau der Wettbewerbsposition von Unternehmen. Innovative Unternehmen erkennen die Chance, Wettbewerbsvorteile nicht allein durch technische Verbesserungen, sondern durch Verbesserung in der Entstehung und Verwendung von Wissen bei Einsatz von Humanressourcen im Produktionsprozess zu erreichen. Dabei ist Wissen mehr als Daten und Information. Erst durch deren Vernetzung in einer bestimmten Handlungssituation entsteht Wissen und zwar in einem organisatorischen Lernen von Individuen und

Teams. Dieses Wissen ist intelligent zu identifizieren, zu entwickeln, zu verteilen, zu nutzen und zu bewahren.

Die aktuelle Entwicklung einer von zunehmender Digitalisierung im modernen Unternehmensumfeld geprägten Arbeitswelt zeigt, dass ein modernes Wissensmanagement notwendiger denn je ist. Digitalisierung wird als Enabler für die Schaffung von Wissen und Kompetenzen – über den Begriff der reinen Daten und Informationen hinaus – diskutiert. Die Aufmerksamkeit richtet sich auf das Skill Management und die damit verbundene Fähigkeit, die Wertschöpfung in Organisationen zu befördern.

2. Skill Management: Die Wertschöpfung in der öffentlichen Verwaltung und der Wirtschaft wahren und verbessern (2004 – 2005)

Skill Management umfasst alle personellen und organisatorischen Maßnahmen zur Erfassung, Bewertung, Erhaltung, Erweiterung, Entwicklung und effizienteren Nutzung von Skills für die betriebliche Wertschöpfung. Unterschiedlichste Bereiche setzen sich mit diesem Themenfeld auseinander. So befasst sich die Psychologie mit den kognitiven Grundlagen der Wahrnehmung, Kommunikation und Motivation im Lernprozess, während Wirtschaftswissenschaftler mit typischen Fragestellungen und Umweltbedingungen befasst sind, die grundsätzliche Aussagen treffen über Lösungsansätze für einzelne Typen von Unternehmen und die effizientere Potenzialnutzung.

Die Veröffentlichung sollte insbesondere den Praktiker im Unternehmen ansprechen, der an grundsätzlichen Zusammenhängen interessiert ist, der darüber hinaus aber immer auch konkrete Lösungsansätze für sein Unternehmen im Auge hat. Der Fokus war dabei auf KMU gerichtet, die sich angesichts der eben genannten Herausforderungen an ihr Skill Potenzial auf die effizientere und gemeinsame Nutzung vorhandener Skill Ressourcen konzentrieren müssen. Ziel war es, im Rahmen der Stärkung der wirtschaftlichen Position von KMUs in Wertschöpfungspartnerschaften zu überlegen, inwieweit es möglich und realisierbar ist, Fähigkeitspools als Dienstleistungscenter außerhalb des Unternehmens für zu erbringende Fähigkeiten eines KMU einzusetzen. Wirtschaftliche Vorteile wurden im Dienstleistungssharing gesehen, d.h. in der Nutzung gemeinsamer Personal- und Wissenskapazitäten. Dieser Ansatz harmoniert mit der Überlegung eines Outsourcings von Verwaltungsdienstleistungen. Die seitens des Arbeitskreises erarbeitete Konzeption eines Skill Management Center konnte auf diese Weise Inhalte des Risikomanagements, des Umweltmanagements oder auch des Arbeitsschutzes berücksichtigen.

3. Kooperationsmanagement: Nachhaltige Vernetzung schafft Vorteile (2006 – 2007)

Mit der Arbeit am Thema Kooperationsmanagement wurde direkt auf das Wissensmanagement und die vorangegangene Arbeit zum Skill Management aufgebaut. Die Wettbewerbsfähigkeit kleiner und mittlerer Unternehmen wird zunehmend geprägt durch ihre Fähigkeiten, Kooperationen einzugehen, zu gestalten und zu betreiben. Kooperationen beziehen sich hierbei nicht allein auf Lieferanten und Kunden, sondern auch auf weitere Partner, Anspruchsgruppen und sogar Wettbewerber des Unternehmens. Aufgrund ihrer in der Regel regionalen Einbindung und ihres regionalen Engagements ist dabei für kleine und mittlere Unternehmen auch ein regionales Kooperationsmanagement im Sinne von „Think global, act local" wesentlich. Die Region bildet sozusagen für das Unternehmen den „fruchtbaren Nährboden" für wirtschaftliche Aktivitäten und eine starke Entwicklung. Und auch für die Region sind kleine und mittlere Unternehmen bekanntlich Pfeiler ihrer wirtschaftlichen Leistungsfähigkeit. Dieses Zusammenspiel zwischen Unternehmen und Region wird unter anderem auch in der europäischen Politik der Stärkung von Regionen deutlich. Vor diesem Hintergrund hatte es sich der Arbeitskreis zum Ziel gesetzt, Möglichkeiten und Chancen des Kooperationsmanagements für kleine und mittlere Unternehmen aufzuzeigen. Es wurde ebenfalls auf den erforderlichen Dialog zwischen Wirtschaft und Verwaltung sowie Ausbildung und Forschung eingegangen. Gute Beispiele eines Kooperationsmanagements werden gleichermaßen diskutiert und kommuniziert wie Maßnahmen zur Überwindung von Barrieren im Unternehmen. Ergebnis des Arbeitskreises war eine illustrierte Broschüre mit einer Handlungsanleitung zur konstruktiven Auseinandersetzung mit einem Kooperationsmanagement in kleinen und mittleren Unternehmen auf regionaler Ebene.

4. Generationenmanagement: Die Auswirkungen des demographischen Wandels meistern (2008 – 2009)

Verfolgt man die wirtschafts- und unternehmenspolitischen Diskussionen, so stellt man zweifellos drei Entwicklungen fest, welche die Arbeit in privaten und öffentlichen Unternehmen prägen: Generationengerechtigkeit, Long-life Learning sowie die Entwicklung der Alterspyramide. Im Personalbereich und im Absatzbereich von Unternehmen besteht dabei ein großer Handlungsbedarf, wenn es um die Vorbereitung auf die Auswirkungen des demografischen Wandels geht. Aber auch Unternehmen, die bereits eine Reihe von Anpassungsmaßnahmen eingeleitet haben, stehen vor der Aufgabe, alle Bereiche auf den Prüfstand zu stellen und zu ermitteln, wobei ihnen das Generationenmanagement positive Beiträge zur langfristigen Unternehmensentwicklung leisten kann. Gefragt sind die Arbeitsgestaltung, Gesundheitsprävention, Qualifizierung und auch die Zusammenarbeit der Generationen.

Gerade vor diesem Hintergrund ist es von großem Interesse, die Möglichkeiten und Chancen des sogenannten Generationenmanagements an realen Beispielen aus Unternehmen branchenübergreifend aufzuzeigen.

Inhaltlich beinhaltet Generationenmanagement dabei ein Portfolio unterschiedlicher Fragestellungen, etwa: Wie können Erfahrungen älterer Mitarbeiter und Kenntnisse jüngerer Mitarbeiter gemeinsam genutzt werden? Welche Personalentwicklungsmodelle resultieren daraus? Welche Geschäftsmodelle und Kommunikationsstrategien orientieren sich an der Alterspyramide? Wie kann die Dynamik der Wissensintensität im unternehmerischen Handeln bewältigt werden? Kommt es zu neuen generationenorientierten Kooperationen zwischen Produzenten und Kunden? Es geht hierbei nicht nur darum, Stärken jeder Altersgruppe zu fördern und Schwächen auszugleichen, sondern es geht auch um eine zielgerichtete Abstimmung unterschiedlicher Merkmalsprofile und Kompetenzbündel über verschiedene Altersgruppen hinweg. Im Blickfeld stehen auch eine bedarfsgerechte Produktgestaltung, generationengerechter Service und Identifikation des Kunden mit dem Unternehmen.

All diese Aspekte wurden in einer Fachveröffentlichung zum Generationenmanagement beleuchtet: durch ausgewählte Beiträge, durch Ratschläge von Experten sowie durch einen kleinen Werkzeugkasten mit Checklisten zum Generationenmanagement.

5. Integrationsmanagement: Zuwanderung positiv gestalten (2010 – 2011)

Bereits in den Jahren 2010 und 2011 hat sich die AWV e.V. des Themas Integrationsmanagement angenommen. Ein besseres Management von Integration von Menschen mit Migrationshintergrund wurde sowohl als eine gesellschaftspolitische als auch eine betriebs- und volkswirtschaftspolitische Aufgabe gesehen. Integration steht dabei für die Herausforderung, einerseits die wirtschaftliche, soziale und politische Teilhabe der Zuwanderer zu stärken und gleichzeitig die Potenziale einer Zuwanderungsgesellschaft bestmöglich zu erschließen. Integration ist dabei ebenso ein Thema der Wirtschaft und Unternehmen wie auch der öffentlichen Verwaltung und des Dritten Sektors. Von zentraler Bedeutung sind dabei der Beschäftigungsbereich, und hier vor allem die Sicherung der Fachkräfte für die kleinen und mittleren Unternehmen. Hierbei kommt es auch auf ein Zusammenwirken mit dem immer bedeutsamer werdenden Anteil ausbildungsfähiger, aber noch nicht an Ausbildung beteiligter Unternehmer mit Migrationshintergrund an.Ziel war es, das Thema durch ausgewählte Beiträge, die Darstellung verschiedener Aktionsbereiche und durch Ratschläge von Experten zu beleuchten und zum eigenen aktiven Handeln anzuregen. Alle Beiträge wurden von Experten für Praktiker geschrieben und fokussierten sich auf unterschiedliche Facetten des Integrationsmanagements. Interessenten und Multiplikatoren aus Wirtschaftsunternehmen, aus IHKs, aus Migrantenorganisationen, aus Berufsbildungs- und Fördereinrichtungen, aus der staatlichen Verwaltung auf allen drei Ebenen und nicht zuletzt aus dem Dritten Sektor sollten für das Thema Integrationsmanagement sensibilisiert werden.

Dabei wurden verschiedene Fragen diskutiert: Welche Rahmenbedingungen sind herzustellen und zu sichern, um den größtmöglichen Anteil von Menschen mit Migrationshintergrund in Ausbildung und anschließend in die Berufswelt zu bringen? Wann und wo muss man da ansetzen? Wie sichert man die Kooperation von Unternehmern mit Migrationshintergrund im Rahmen des dualen Ausbildungssystems? Wie können Schule und Ausbildungsstätten noch enger miteinander verbunden werden? Gibt es Berufssparten, die eine stärkere Anziehungskraft für Menschen mit Migrationshintergrund haben als andere, und wie kann man diese nutzen? Wie kann die interkulturelle Kompetenz der Jugendlichen mit Migrationshintergrund noch intensiver für ihre Ausbildung und die Integration in die Gesellschaft und in die Arbeitswelt genutzt werden? Wie kann Wissensmanagement dazu beitragen, die bestehenden Netzwerke noch enger miteinander zu verknüpfen und mögliche Lücken im Wissenstransfer aufzuzeigen und zu schließen?

Die hier skizzierte Integration verbleibt vornehmlich in der Sphäre des öffentlichen und halböffentlichen Raumes. Sie ist für alle Unternehmen interessant, zumal dadurch die ökonomischen Zielvorstellungen thematisiert sind. Die stärker wertebasierte Integration (gemeinsame Wertebasis, Bekenntnis zu Werten) wurde dabei nicht vertiefend betrachtet.

In der Veröffentlichung der AWV zum Integrationsmanagement wurde insbesondere versucht, Anhaltspunkte zu geben, wie die Potenziale der migrantischen Erwerbspersonen gehoben und für Unternehmen nutzbar gemacht werden können. Dabei werden diese Maßnahmen entweder von Ministerien, Kommunen, Behörden oder auch migrantischen Organisationen, aber auch von Unternehmen selbst oder von unternehmerischen Initiativen für Beschäftigung betrieben. Im Zentrum steht der Wunsch, für Migranten attraktiver zu werden und mehr Personen mit migrantischem Hintergrund für Ausbildung und Anstellung zu interessieren und zu gewinnen. Dies betrifft alle Personengruppen, also Auszubildende ebenso wie bereits Ausgebildete, die aus anderen Kulturkreisen kommen und deren Zertifikate hier in Deutschland nicht anerkannt werden. Eine möglichst passgenaue Vermittlung zwischen Qualifikationen und Anforderungen kann ebenso weiterhelfen wie eine aktive Unterstützung beim Übergang von der Schule zum Beruf (z.B. über Fragebögen zur Selbsteinschätzung, Schnuppertage in Unternehmen, Bewerbungstrainings oder Begegnungen von Schul- und Arbeitswelt etwa auf Börsen oder Messen).

6. Clustermanagement: Die Weiterentwicklung von Standorten durch Wirtschaft und Verwaltung (2013 – 2016)

Clustermanagement gibt Impulse für die Weiterentwicklung von Standorten. Dabei ist Clustermanagement sowohl privatwirtschaftliche als auch öffentliche Aufgabe. Die im AWV-Arbeitskreis „Nachhaltiges Clustermanagement" vertretenen Clusterinitiativen wurden von Vertretern aus Wissenschaft, Wirtschaft und Politik repräsentiert, die sich gemeinsam mit dem Thema inhaltlich auseinander setzten. Ein Expertenworkshop „Nachhaltiges Clustermanagement" schloss mit einer Dokumentation 2016 die Arbeiten ab.

Ziel des Arbeitskreises war es, dem Phänomen des Clustermanagements, seiner Attraktivität und seinen Herausforderungen, näher zu rücken. Anhand von Fallbeispielen sollte nachvollzogen werden, wann und bis wann es motiviert, Clustermanagement zu entwickeln und partizipativ umzusetzen. Untersucht werden sollen exemplarisch im Sinne eines Benchmarking-Ansatzes Cluster mit einem regionalen Ansatz sowohl innerhalb Deutschlands als auch grenzüberschreitend zwischen Deutschland und seinen Nachbarstaaten.

Cluster sind geographische Konzentrationen von zusammen agierenden Unternehmen und Einrichtungen in ausgewählten Wirtschaftsbereichen, welche zeitweise im Wettbewerb zueinander stehen, zeitweise miteinander zusammenarbeiten. Lokale Wettbewerbsvorteile werden in einem globalen Markt gerade auch auf internationaler Ebene erzielt, in dem die beteiligten Akteure ihre jeweiligen Kernkompetenzen flexibel vernetzen und zeitweise gemeinsam anbieten. Hierzu bedarf es dem bewussten und beständigen Einsatz von Wissen, Kooperationsbeziehungen und Motivation. Teilfragen sind unter anderem: Welche Governance-Prozesse und -strukturen, welches Management führen zum Erfolg? Wie entstehen positive Gruppenentscheidungen, ein gemeinsames Meinungsbild? Wie erzeuge ich eine nachhaltige Vertrauensstruktur und ein innovatives Gesprächsklima? Wie erreiche ich Nachhaltigkeit durch Vielfalt und verhindere Monostrukturen?

Das Clustermanagement ist damit mitentscheidend für eine erfolgreiche Standortpolitik und Standortentwicklung. Eine Region wird auf diese Weise als Ganzes durch ihre Leistungsfähigkeit als wesentlicher internationaler Wertschöpfungspartner sichtbar. Internationaler Dialog, Verständnis für Entwicklungsumgebungen, Kooperations- und Kommunikationsbeziehungen und lernende Organisationen sind ebenfalls wesentliche Elemente einer nachhaltigen Entwicklung.

Das Thema ist gerade für die AWV von Relevanz, da Fragestellungen und Best Practices zum erfolgreichen Miteinander von Politik, Verwaltung und Wirtschaft fokussiert werden. Insbesondere wird die Fragestellung, wie eine Wirtschaftsregion durch die bestmögliche Verbindung von Politik, Verwaltung und Wirtschaft dauerhaft und zukunftsfähig vorangebracht werden kann, analysiert und beschrieben. Im Ergebnis können Elemente von „Muster-Clustern" identifiziert und kombiniert werden. Durch seinen Bezug zu Wissens-, Kooperations- und Skill-Management führt das Thema Clustermanagement die vorangegangenen Arbeiten konsequent fort. Die nachhaltige Entwicklung von Regionen zeigt sich nicht lediglich anhand des Wirtschaftswachstums. Leistungsfähigkeit bedeutet heute, als innovativer Wertschöpfungspartner in internationalem Kontext wahrgenommen und akzeptiert zu werden. Daher ist die Auseinandersetzung mit Clustern für die Wettbewerbsfähigkeit und die nachhaltige regionale Entwicklung von großer Bedeutung. Die Arbeiten im Arbeitskreis haben hier dazu beigetragen, bestehende Konzepte und Good Practice aufzuzeigen und eine systematische Verankerung zu befördern.

Regionen entwickeln	• Langfristige Strukturen schaffen • Chancen- und Risikoanalyse • Zukunftsszenarien entwickeln • Prozess und Berücksichtigung von Projektiniziierung, Projektentwicklung, Projektcontrolling etc. • Internationalisierung und Referenzregion
Akteure vernetzen	• Akteure aus Wissenschaft, Verwaltung, Wirtschaft, Politik, Zivilgesellschaft • Zukünftige Themen diskutieren, Chancen und Risiken betrachten • Themen sichtbar machen • Akteure koordinieren
Ansprechpartner bereitstellen	• „Kümmerer" • Koordination • Information • Kommunikation • Transfer • zentrale Anlaufstelle sein
Marketing vereinheitlichen	• Unterscheidung zwischen dem Marketing von Akteuren und Marketing von Kompetenzen • Einheitlicher Auftritt nach außen • werbliche Klammer • Darstellung von Leistungsbreite und Angebotspalette
Innovationen voranbringen	• Forschungseinrichtungen gründen • Arbeitsplätze sichern • Basistechnologien entwickeln • Aus Basistechnologien Produkte ableiten • Entwicklungskonzepte erarbeiten • Grundsatz der nachhaltigen, langfristigen Entwicklung

Abb. 2: Wie können Wirtschaftsregionen durch die bestmögliche Verbindung von Politik, Verwaltung, Wirtschaft und Wissenschaft dauerhaft vorangebracht werden?

7. Fazit und Ausblick – Wissensmanagement, ein Dauerbrenner

Das rasante Tempo von Veränderungen in Politik, Wirtschaft und Gesellschaft weitgehend als Folge der dynamischen Entwicklung digitaler Möglichkeiten erfordert immer neue Entscheidungen. Die beziehen sich auf Prozessgestaltung, auf die Umschichtung von Arbeit, auf Geschäftsmodelle, auf Kommunikationswege und anderes mehr. Entscheidungen beruhen immer auch auf Informationen und Wissen. Daher wird es notwendig sein, mit der weiter wachsenden Flut von Informationen virtuos umzugehen, sie auf das für die jeweilige Situation Wesentliche zu komprimieren und daraus neues Wissen zu generieren. Der Weg zur Entscheidung kann vor diesem Hintergrund ganz unterschiedlich sein. Denkbar ist die Analyse des Wissens und daraus folgend die Konstruktion der Entscheidung, denkbar ist aber auch, einmal der Idee der Start-Ups zu folgen und das erlangte Wissen einmal aus ganz ungewohnten Blickwinkeln zu werten und so zu überraschend unkonventionellen Ergebnissen zu kommen. Der Fokus geht hier zunehmend über die Grenzen der eigenen Organisation hinaus und versucht sie als Teil eines Netzwerks, integriert in die regionale bis hin zur globalen Entwicklung.

Professor Dr. Hans-Dietrich Haasis ist seit 20 Jahren ehrenamtlich bei der Arbeitsgemeinschaft für wirtschaftliche Verwaltung, AWV e.V., als Arbeitskreisleiter tätig. Die AWV ist eine neutrale Plattform, die seit über 90 Jahren Expertengruppen aus Wirtschaft, Verwaltung, dem Dritten Sektor und der Wissenschaft einen praxisnahen Austausch und ein „voneinander Lernen" ermöglicht. Mit seinem Engagement gelingt es Professor Haasis, den interdisziplinären Ansatz der Logistik in die AWV-Facharbeit zu tragen und so Praxisbezüge sicherzustellen. Wir danken Professor Haasis für sein langjähriges Engagement und freuen uns auf die weitere Zusammenarbeit.

Modellbasierte Bestimmung kompetitiver Frachtraten – Ein Ansatz zur Koordination langfristiger Raten mit Spot-Market-Preisen

Jörn Schönberger[1]

Abstract

Die Vereinbarung längerfristig gültiger Frachtraten zwischen einem Frachtführer und einem Versender hilft beiden Geschäftspartnern. Der Versender erhält die Sicherheit, während der Laufzeit der Ratenvereinbarung gegen steigende Frachtraten abgesichert zu sein. Gleichzeitig verhindert der Frachtführer Verluste aus sinkenden Frachtraten. In der internationalen Container-Schifffahrt werden regelmäßig Referenz-Frachtraten (Indices) veröffentlicht. Diese können als Spot-Market-Raten interpretiert werden. Versender haben hier häufig die Marktmacht, diese kurzfristig bestehenden Raten auch bei höheren vertraglich vereinbarten Raten durchzusetzen. Daher muss der Frachtführer mögliche Entwicklungen der Indices bereits bei der Festlegung der Vertragsraten berücksichtigen. Wir stellen in diesem Artikel einen Ansatz zur Planung der Vertragsraten unter Berücksichtigung von Spot-Market-Frachtraten vor. Dafür formulieren wir das resultierende betriebliche Preisfindungsproblem unter Verwendung von Absatzpreis-Funktionen in einem mathematischen Optimierungsmodell. In computergestützten Experimenten analysieren wir die Wirkungen der Koordination von Vertrags- und Referenzraten.

1. Motivation

Die Festlegung von Frachtraten (Leistungspreisen) im Transportsektor erfolgt im Spannungsfeld zwischen verfügbaren Kapazitäten eines Leistungserbringers („Carriers") und den (vermuteten) Zahlungsbereitschaften potentieller Versender („Shipper"). Dabei orientiert sich die Preisbildung sich an den Kosten, der Nachfrage der Kunden und/oder dem Marktgeschehen.

---

[1] Prof. Dr. Jörn Schönberger, Professor, Professur für Verkehrsbetriebslehre und Logistik, Technische Universität Dresden

© Springer Fachmedien Wiesbaden GmbH, ein Teil von Springer Nature 2018
I. Dovbischuk et al. (Hrsg.), *Nachhaltige Impulse für Produktion und Logistikmanagement*, https://doi.org/10.1007/978-3-658-21412-8_3

Bei einer kostenorientierten Preisbildung ergibt sich der Verkaufspreis je Einheit aus den Stückkosten der Herstellung zuzüglich einer Gewinnmarge. Im Transportgewerbe findet eine derartige Preisbildung überwiegend im Bereich des straßengebundenen Komplettladungsverkehrs (Schubert 2013) sowie im Vollcharter von Flugzeugen und Schiffen statt. Im Teilladungsbereich ist eine kostenorientierte Preisbildung aufgrund eines hohen Anteils von Fixkosten oftmals nicht sinnvoll. Somit muss die Preisbildung entweder auf der Grundlage von Referenzpreisen (marktbasiert) oder unter Berücksichtigung von Zahlungsbereitschaften (nachfragebasiert) erfolgen.

Offensichtlich wirkt sich der Preis für eine Leistung bzw. ein Produkt auf die im Markt absetzbare Menge aus. Diesen Zusammenhang beschreibt die Absatzpreisfunktion (APF), die für jeden Kunden (und jedes Produkt) individuell ist. Eine Preisbildung auf der Basis einer APF ist nachfrageorientiert.

In einigen Transportmärkten stehen Referenzraten zur Verfügung, an der sich die individuelle Preisbildung zwischen einem Carrier und einem Shipper orientiert. In der Container-Schifffahrt haben sich für Relationen bzw. Fahrtgebiete regelmäßig aktualisierte Preis-Indices etabliert, z.B. der Shanghai Containerized Freight Index, der eine Referenzrate für eine TEU-basierte Rate im Exportverkehr aus Shanghai darstellt. Eine Frachtratenfestlegung anhand eines Referenzpreises ist daher als markt-basierte Preisbildung zu interpretieren.

Durch die vertragliche Vereinbarung längerfristiger Frachtraten verfolgen Carrier das Ziel, die Planungsgrundlage für die Bereitstellung benötigter Ressourcen zu stabilisieren. Shipper können aus längerfristig vereinbarten Frachtraten ebenfalls eine höhere Planungssicherheit erhalten und somit das eigene Kostenrisiko, das aus dem Bezug von Transportkapazitäten auf dem kurzfristigen Markt („Spot-Market") hervorgeht, reduzieren. Ein Referenzpreis kann als eine am Spot-Markt zu findende tagesaktuelle Rate („short term rate", SR) interpretiert werden. In Abhängigkeit von ihrer Marktmacht sind Shipper in der Containerschifffahrt in der Lage, diese Spot-Markt-Rate abweichend von längerfristig vereinbarten fixierten Raten (FR) gegenüber dem Carrier durchsetzen. Die langfristige Rate, die vom Carrier kontrolliert wird, steht daher im Wettbewerb zur aus dem Markt entstehenden Spot-Market Rate, die außerhalb der Kontrolle des Carriers liegt. Daher muss der Carrier die in den einzelnen Perioden zu erwartende bzw. die prognostizierte Spot-Markt-Rate bei der Bestimmung vertraglich festgelegter Langfristraten berücksichtigen. Eine kombinierte nachfragebasierte und marktbasierte Preisbildung ist somit notwendig.

Gegenstand dieser Untersuchung ist die Bestimmung langfristiger Frachtraten unter Berücksichtigung von Spot-Market-Raten. Wir schlagen ein mathematisches Optimierungsmodell auf der Basis von APFs zur Ratenbestimmung vor und validieren dieses in computerunterstützten Experimenten. Mit diesem Ansatz integrieren wir eine „Marktkomponente" in die nachfragebasierte Frachtratenbestimmung.

2. Literatur im Zusammenhang mit der Frachtratenplanung

Das Revenue Management (RM) beschäftigt sich als Teildisziplin der Betriebswirtschaftslehre mit der markt- und nachfrageorientierten Festlegung von Leistungspreisen durch mathematisch-formale Verfahren. Wesentliche Werkzeuge des RM sind die Preisdifferenzierung und die Kapazitätssteuerung. Die Kapazitätssteuerung arbeitet mit bereits feststehenden Preisen bzw. exogen festgelegten Preisen. Sie versucht, aus den verfügbaren Nachfragen diejenigen auszuwählen, die die knappen Ressourcen erlösmaximierend nutzen dürfen.

Liegen Produkte und/oder Kunden mit individuellen APFs vor, so wird die simultane Ermittlung erlös-maximaler Absatzpreise für diese Produkte als Preisdifferenzierung bezeichnet (Kimes 2010). Die Absatzmengen sind über die APF mit den Preisen gekoppelt. Verfügbare Kapazitäten stellen daher eine indirekte Restriktion für die festzulegenden Preise dar. Die maximal verfügbare Marktnachfrage bzw. die Nachfrage aus verschiedenen Marktsegmenten müssen bei der Preisfestlegung berücksichtigt werden (Bertsimas und Popescu 2003).

Ein Großteil der Arbeiten im Kontext der Ressourcenallokation in der Containerschifffahrt beschäftigt sich mit der Kapazitätssteuerung, in der sog. slot allocations auf bestehenden Services erlösmaximierend festgelegt werden (z.B. Wang et al. 2015a). Frachtraten-Bestimmungen werden nur in wenigen Arbeiten adressiert. Einflussfaktoren der Frachtratenbestimmung in der maritimen Industrie sind Gegenstand der Untersuchungen von Jugovic et al. (2015). Über die Festlegung von Raten im Sinne der Preisdifferenzierung berichten Yin & Kim (2012). Sie ermitteln eine Basisfrachtrate und entscheiden über erlösmaximierende Preisnachlässe Die Autoren nutzen keine APF. In der Arbeit von Wang et al. (2015b) werden Frachtraten sowohl auf taktischer als auch auf operativer Ebene ermittelt. Nachfrage aus einer OD-Matrix wird erlösmaximierend auf verschiedene Schifffahrtsrouten im Netzwerk umgelegt. Die den einzelnen Routen bzw. Routenabschnitten zugewiesenen Mengen ergeben sich dabei über eine lineare APF ebenso wie die simultan festgesetzten Frachtraten (je TEU). Die ermittelten Preise werden allerdings im operativen Kontext nicht verwendet. Stattdessen wird dazu eine wöchentlich publizierte Frachtrate durch die Auswertung der Marktreaktion nachjustiert.

3. Problem der Koordination von Markt- und Vertragsraten

Ein Carrier stellt auf einer Relation über mehrere Perioden (die in der Menge P gesammelt werden) die Transportkapazität von CAP_p TEU je Periode p bereit. Im Rahmen der mittelfristigen Vertriebsplanung soll diese Kapazität an die Shipper aus der Menge C verkauft werden. Ziel des Carriers ist es, für jeden Shipper eine individuelle, über die Perioden aus P fixierte Rate f_i so festzulegen, dass sie für den Carrier maximalen Erlös bringen. Jeder Shipper verfügt über die Marktmacht, die SR in allen Perioden durchzusetzen, in denen diese unterhalb seiner Vertragsrate liegt.

Während der Carrier im Falle der Realisierung der langfristigen Raten in einer Periode die allokierte Menge kontrolliert, verliert er in der Situation in der die SR angewendet wird, die Kontrolle über die nachgefragte Menge. Daher kann es passieren, dass der Carrier in einer derartigen Situation nur ein Teil der nachgefragten Menge akzeptieren bzw. bewältigen kann und Stückerlös-Verluste nicht durch eine Erhöhung von Kontingenten kompensieren kann.

Das im Folgenden beschriebene Modell folgt der Idee, je Periode den Erlös für die SR und den Erlös für die FR tentativ zu bestimmen. Genau einer dieser beiden Werte wird dann als Beitrag zum Gesamterlös ausgewählt. Der Parameter M bezeichnet eine hinreichend große Zahl.

(1) $$\sum_{c \in C} \sum_{p \in P} contrib_{cp}^{SR} + \sum_{c \in C} \sum_{p \in P} contrib_{cp}^{FR} \to max$$

(2) $\quad f_c - SR_p \leq SEL_{cp}^{SR} \cdot M \qquad \forall c \in C, p \in P$
(3) $\quad SR_p - f_c \leq SEL_{cp}^{FR} \cdot M \qquad \forall c \in C, p \in P$
(4) $\quad SEL_{cp}^{SR} + SEL_{cp}^{FR} = 1 \qquad \forall c \in C, p \in P$
(5) $\quad contrib_{cp}^{SR} = REV_{cp}^{SR} - DIFF_{cp}^{SR} \qquad \forall c \in C, p \in P$
(6) $\quad DIFF_{cp}^{SR} \leq \left(1 - SEL_{cp}^{SR}\right) \cdot M \qquad \forall c \in C, p \in P$
(7) $\quad contrib_{cp}^{SR} \leq SEL_{cp}^{SR} \cdot M \qquad \forall c \in C, p \in P$
(8) $\quad contrib_{cp}^{FR} = REV_{cp}^{FR} - DIFF_{cp}^{FR} \qquad \forall c \in C, p \in P$
(9) $\quad DIFF_{cp}^{FR} \leq \left(1 - SEL_{cp}^{FR}\right) \cdot M \qquad \forall c \in C, p \in P$
(10) $\quad contrib_{cp}^{FR} \leq SEL_{cp}^{FR} \cdot M \qquad \forall c \in C, p \in P$

Ermittlung und Vergleich der Erlöse aus beiden Raten. Wir deklarieren die nichtnegative Entscheidungsvariable $contrib_{cp}^{SR}$ als Summe der tatsächlichen Erlöse, die in Periode p vom Shipper c bei Anwendung der SR erzielt werden. Analog stellt $contrib_{cp}^{FR}$ die Summe der bei Anwendung der Langfristrate erzielten tatsächlichen Erlöse dar. Die Summe dieser Erlöse soll über alle Perioden und für alle Shipper maximiert werden (1). Falls die binäre Entscheidungsvariable SEL_{cp}^{SR} den Wert 1 angenommen hat, so wird für den Shipper c in Periode p die Spot-Market-Rate SR_p angewendet, da diese unter der langfristigen Rate f_c liegt (2). Analog muss die Indikatorvariable SEL_{cp}^{FR} den Wert 1 annehmen, falls die Vertragsrate unter der Spot-Market-Rate liegt (3). Genau einer dieser beiden Fälle tritt immer ein (4). Die tatsächlich realisierten Erlöse $contrib_{cp}^{SR}$ können aus den möglichen Erlösen REV_{cp}^{SR} für beide Raten ermittelt werden. Die Differenz zwischen diesen beiden Werten wird in der Entscheidungsvariablen $DIFF_{cp}^{SR}$ abgelegt (5). Falls in Periode p die Spot-Market-Rate für den Kunden c zur Anwendung kommt, so ist diese Differenz Null (6)**Fehler! Verweisquelle konnte nicht gefunden werden.**, ansonsten sind die tatsächlichen Erlöse $contrib_{cp}^{SR} = 0$ (7)**Fehler! Verweisquelle konnte nicht gefunden werden.**. Analog werden die aus der Anwendung der Vertragsrate erzielten tatsächlichen Erlöse $contrib_{cp}^{FR}$ ermittelt (8) - (10).

$$q_{cp}^{FR} = \sum_{k \in K} k \cdot YY_{kcp}^{FR} \qquad \forall c \in C, p \in P \qquad (11)$$

$$\sum_{k \in K} YY_{kcp}^{FR} = 1 \qquad \forall c \in C, p \in P \qquad (12)$$

$$q_{cp}^{SR} = \sum_{k \in K} k \cdot YY_{kcp}^{SR} \qquad \forall c \in C, p \in P \qquad (13)$$

$$ZZ_{cp}^{SR} + \sum_{k \in K} YY_{kcp}^{SR} = 1 \qquad \forall c \in C, p \in P \qquad (14)$$

$$q_{cp}^{SR} = q_{cp}^{SR,FF} + q_{cp}^{SR,NF} \qquad \forall c \in C, p \in P \qquad (15)$$

$$q_{cp}^{SR,FF} \leq \left(1 - ZZ_{cp}^{SR}\right) \cdot M \qquad \forall c \in C, p \in P \qquad (16)$$

$$q_{cp}^{SR,FF} = \sum_{k \in K} k \cdot \mu_{kcp}^{SR,FF} \qquad \forall c \in C, p \in P \qquad (17)$$

$$1 = \sum_{k \in K} \mu_{kcp}^{SR,FF} \qquad \forall c \in C, p \in P \qquad (18)$$

Ermittlung der Perioden- und Shipper-spezifischen Kontingente. Sei K die Menge der möglichen Kontingente. Es liegt eine kundenspezifische, periodenunabhängige und diskretisierte APF vor, d.h. zu jeder möglichen nachgefragten TEU-Zahl $k \in K$ liegt die zugehörige Rate, d.h. die Zahlungsbereitschaft des Schippers c, $APF_c(k)$ vor. Genau dann wenn für den Shipper c in Periode q_{cp}^{FR} das Kontingent

k allokiert wird, nimmt die binäre Entscheidungsvariable YY_{kcp}^{FR} den Wert 1 an. Das gewählte Kontingent wird in der Entscheidungsvariablen q_{cp}^{FR} gespeichert (11). Es muss genau ein Kontingent gewählt werden (12). Analog wird ein mögliches Kontingent q_{cp}^{SR} festgelegt für den Fall, dass die Spot-Market-Rate in Periode p für den Shipper c angewendet wird (13). Entweder wird eine der möglichen Raten zwischen 0 und der maximalen Nachfrage dieses Shippers gewählt oder es wird festgestellt, dass die Spot-Market-Rate über der maximalen Zahlungsbereitschaft des Kunden c in Periode p liegt. Im letzten Fall nimmt die binäre Indikatorvariable ZZ_{cp}^{STR} den Wert 1 an (14). Damit es in diesem Fall nicht zu einer Allokation einer die verfügbare Kapazität überschreitenden TEU-Zahl kommen kann, wird das ermittelte Kontingent in einen $q_{cp}^{SR,FF}$ erfüllbaren Anteil und einen nicht erfüllbaren Anteil $q_{cp}^{SR,NF}$ zerlegt (15). Falls die Spot-Market-Rate über der maximalen Zahlungsbereitschaft des Shippers c in Periode p liegt, so wird für diesen Shipper das Kontingent 0 allokiert (16). Ansonsten wird der erfüllbare Anteil durch die binären Entscheidungsvariablen $\mu_{kcp}^{SR,FF}$ repräsentiert (17) – (18).

$$rate_{cp}^{SR} = ZZ_{cp}^{SR} \cdot SR_p + \sum_{k \in K} APF_c(k) \cdot YY_{kcp}^{SR} \qquad \forall c \in C, p \in P \qquad (19)$$

$$rate_{cp}^{SR} = SR_p \qquad \forall c \in C, p \in P \qquad (20)$$

$$rate_{cp}^{FR} = \sum_{k \in K} APF_c(k) \cdot YY_{kcp}^{FR} \qquad \forall c \in C, p \in P \qquad (21)$$

$$rate_{cp}^{FR} = f_c \qquad \forall c \in C, p \in P \qquad (22)$$

$$REV_{cp}^{SR} = \sum_{k \in K} SR_p \cdot k \cdot \mu_{kcp}^{SR,FF} \qquad \forall c \in C, p \in P \qquad (23)$$

$$REV_{cp}^{FR} = \sum_{k \in K} APF_c(k) \cdot k \cdot YY_{kcp}^{FR} \qquad \forall c \in C, p \in P \qquad (24)$$

$$q_{cp}^{SR,FF} \leq q_{cp}^{SR,eff} + \left(1 - SEL_{cp}^{SR}\right) \cdot M \qquad \forall c \in C, p \in P \qquad (25)$$

$$q_{cp}^{SR,eff} \leq D_{cp}^{max} + \left(1 - SEL_{cp}^{SR}\right) \cdot M \qquad \forall c \in C, p \in P \qquad (26)$$

$$q_{cp}^{FR} \leq q_{cp}^{FR,eff} + \left(1 - SEL_{cp}^{FR}\right) \cdot M \qquad \forall c \in C, p \in P \qquad (27)$$

$$q_{cp}^{FR,eff} \leq D_{cp}^{max} + \left(1 - SEL_{cp}^{FR}\right) \cdot M \qquad \forall c \in C, p \in P \qquad (28)$$

$$\sum_{c \in C} q_{cp}^{str,eff} + \sum_{c \in C} q_{cp}^{fr,eff} \leq CAP_p \qquad \forall p \in P \qquad (29)$$

Absatz-Preis-Funktion. Zunächst wird die für den Shipper c in Periode p anzuwendende Spot-Market-Rate bestimmt (19). Diese ist für alle Shipper identisch (20). Die Restriktion (21) bestimmt die shipperspezifische und über die Perioden identische Vertragsrate (22). Unter Verwendung der bekannten Spot-Market-Rate und der festgelegten Vertragsrate werden nun die möglichen Erlöse aus der Spot-Market-Rate REV_{cp}^{SR} (23) bzw. REV_{cp}^{FR} aus der Vertragsrate ermittelt (24).

Berücksichtigung von Kapazitätsgrenzen und Nachfrage. Für die tentative Bestimmung der Erlöse bei Anwendung der beiden verschiedenen Raten müssen beide zugehörigen Kontingente $q_{cp}^{SR,FF}$ und q_{cp}^{FR} ermittelt werden. Da nur eines dieser beiden Kontingente allokiert wird, sind die effektiven, d.h. die tatsächlich vorzuhaltenden Kontingente $q_{cp}^{SR,eff}$ bzw. $q_{cp}^{FR,eff}$ zu ermitteln (25) bzw.(27). Die effektiven Kontingente werden durch die maximale Nachfrage beschränkt (26) bzw. (28). Die tatsächlichen Kontingente werden zur Ermittlung des Ressourcenverbrauchs je Periode herangezogen. Die Summe der in Periode p allokierten Mengen darf die vorhandene Periodenkapazität nicht überschreiten (29).

4. Experimente und Ergebnisse

In initialen Experimenten mit der Solver-Software CPLEX wird das Modell (1) – (29) validiert. Ein Carrier möchte dabei erlösmaximierende Langfristraten mit drei Shippern vereinbaren, für die jeweils eine monoton fallende APF mit maximaler Rate $r^{max}(c)$ und maximaler Nachfrage D_{cp}^{max} angenommen wird.

$$APF_c(q) = \left(\frac{r^{max}(c) - 0}{0 - D_{cp}^{max}} \cdot q + r^{max}(c)\right) \cdot F_v(q) \quad (30)$$

$$F_v(q) = \begin{cases} 1, & q = 0 \\ F_v(q-1) \cdot v^{\frac{q}{10}} & q = 1, \dots, D_{cp}^{max} \\ 0 & q > D_{cp}^{max} \end{cases} \quad (31)$$

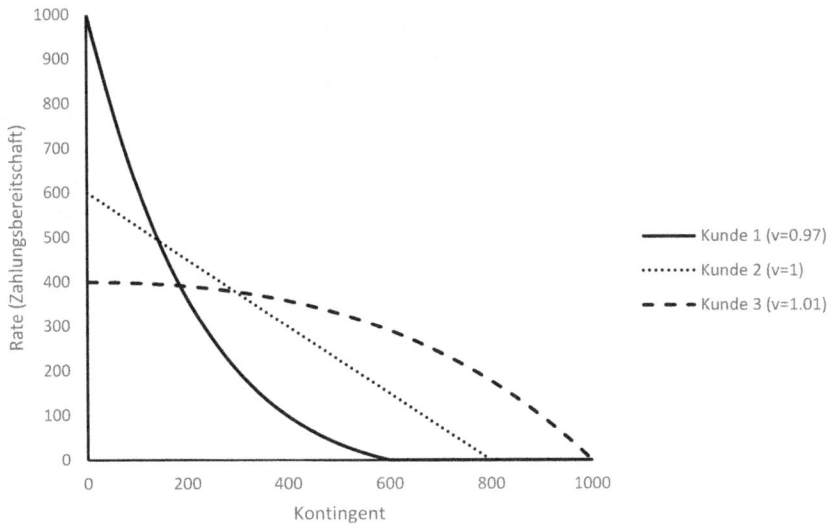

Abb. 1: Shipper-individuelle APFs in den Experimenten

Die Formel (30) ermittelt die zum Kontingent q gehörende Rate $APF_c(q)$. Der Faktor $F_v(q)$ legt fest, wie Preis-sensitiv ein Shipper ist. Die Preis-Sensistivität wird über den Parameter v festgelegt. Für den Shipper 1 wird $v=0.97$ angenommen. Dessen APF ist unterproportional, für den Shipper 2 wird $v=1.00$ angenommen und für Shipper 3 ist der Parameter $v=1.01$ festgelegt. Es ergeben sich damit drei verschiedene APFs, die für verschiedene Raten verschiedene Absatz-Kontingente ergeben (Abb. 1). Shipper 1 besitzt eine maximale Zahlungsbereitschaft von $r^{max}(1)=1000$ EUR je TEU (max. Nachfrage=600TEU), während Shipper 2 höchstes $r^{max}(2)=600$ EUR je TEU zahlen wird (max. Nachfrage=800TEU). Der dritte Shipper ist bereit, im Höchstfall $r^{max}(3)=400$ EUR je TEU zu zahlen (max. Nachfrage=1000TEU). In allen drei Fällen steigt die an einen Shipper absetzbare TEU-Zahl mit fallender Rate.

Zunächst betrachten wir ein Szenario, in dem die Spot-Market-Rate konstant bleibt. Wir parametrisieren das Modell (1) – (29) nacheinander mit den unveränderlichen Spot-Market-Raten $SR_p \in \{\infty, 350, 300, 250, 200, 150\}$.

SR_p (EUR)	Raten f_i (in EUR)			Kontingente q_i (in TEU)			Kapazitätsbedarf (in TEU)	Erlöse (in EUR)
	f_1	f_2	f_3	q_1	q_2	q_3		
400	395,86	300,00	282,61	184	400	618	1.202	3.674.900
350	348,67	300,00	282,61	207	400	618	1.225 (+2%)	3.668.266 (-0,2%)
300	299,08	300,00	282,61	234	400	618	1.252 (+4%)	3.646.366 (-0,8%)
250	249,08	249,75	249,65	265	467	684	1.416 (-18%)	3.533.999 (-3,8%)
200	200,00	200,00	199,92	300	533	767	1.600 (+33%)	3.199.418 (-12,9%)
150	149,64	150,00	149,95	344	600	837	1.781 (+48%)	2.669.830 (-27,3%)

Tab. 1: Ergebnisse (konstante Spot-Market-Rate & unlimitierter Kapazität)

SR_p (EUR)	Raten f_i (in EUR)			Kontingente q_i (in TEU)			Kapazitätsbedarf (in TEU)	Erlöse (in EUR)
	f_1	f_2	f_3	q_1	q_2	q_3		
400	395,86	300,00	282,61	184	400	618	1.202	3.674.900
350	348,67	309,00	287,58	207	388	607	1.202	3.666.285 (-0,2%)
300	300,00	300,00	300,00	224	400	578	1.202	3.606.000 (-1,9%)
250	250,00	250,00	250,00	264	255	683	1.202	3.005.000 (-18,2%)
200	200,00	200,00	200,00	64	372	766	1.202	2.404.000 (-34,6%)
150	150,00	150,00	150,00	0	366	836	1.202	1.803.000 (-50,9%)

Tab. 2: Ergebnisse (konstante Spot-Market-Rate & limitierte Kapazität)

Der Carrier reagiert auf sinkende Spot-Market-Raten mit einer Absenkung der Vertragsraten auf das Niveau der Spot-Market-Rate und gleichzeitiger Erhöhung der für die einzelnen Shipper vorgesehenen Kontingente (Tab. 1). Durch diese Maßnahmen kann der Carrier bei einem Spot-Market-Raten-Einbruch von über 62% die Erlösverluste auf ca. 27,3% begrenzen. Allerdings steigt der Kapazitätsbedarf um 48% an.

Steht nach einer Reduktion der Spot-Market-Rate keine zusätzliche Kapazität zur Verfügung, so reagiert der Carrier ebenfalls mit einer Ratenanpassung (Tab. 2). Es werden ähnliche Raten wie im Fall unlimitiert verfügbarer Kapazität festgelegt. Allerdings werden den einzelnen Carriern nun andere Kontingente zugewiesen. Dennoch induziert die Reduktion der Spot-Market-Rate schließlich einen Erlös-Verlust von über 50%.

SR_7 (EUR)	angewandte Raten f_i (in EUR)			Kontingent für Kunde i			Erlöse (in EUR)
	i=1	i=2	i=3	i=1	i=2	i=3	
400	395,86	300,00	282,61	184	400	618	3.674.900 (-)
350	350,00	300,00	282,61	206	400	618	3.674.140 (-0%)
300	300,00	300,00	282,61	233	400	618	3.671.961 (-0,1%)
250	250,00	250,00	250,00	264	466	683	3.660.660 (-0,4%)
200	200,00	200,00	200,00	300	533	766	3.627.210 (-1,3%)
150	150,00	150,00	150,00	343	600	836	3.574.260 (-2,7%)

Tab. 3: Raten und Quoten in Periode 7 (unbegrenzte Kapazität)

Anstelle einer konstanten Spot-Market-Rate wird nun die Sequenz 450, 425, 400, 400, 425, 400, SR_7, 400, 400, 425 von Spot-Market-Raten betrachtet. Für die in Periode 7 gültige Rate werden die Werte $SR_7 \in \{400, 350, 300, 250, 200, 150\}$ untersucht. Die Anpassungen der Raten und Quoten für Periode 7 ist in Tab. 3 dokumentiert. Durch die Erhöhung der TEU-Zahl in Periode 7 um bis zu 48% können die Erlösverluste auf 2,7% beschränkt werden.

SR_7 (EUR)	angewandte Raten f_i (in EUR)			Kontingent für Kunde i				Erlöse (in EUR)
	i=1	i=2	i=3	i=1	i=2	i=3		
400	395,86	300,00	282,61	184	400	618	#	3.674.900 (-)
350	350,00	308,25	287,58	206	389	607	#	3.672.353 (-0,1%)
300	300,00	300,00	291,10	204	399	599	#	3.660.184 (-0,4%)
250	250,00	250,00	250,00	53	466	683	#	3.607.910 (-1,8%)
200	200,00	200,00	200,00	300	136	766	#	3.547.810 (-3,5%)
150	150,00	150,00	150,00	343	26	833	#	3.487.710 (-5,1%)

Tab. 4: Raten und Quoten in Periode 7 (Kapazität=1.202 TEU)

Die vorgenannten Experimente werden nun bei Fixierung der Kapazität je Periode auf 1202 TEU wiederholt. Die Erlösverluste verdoppeln sich dabei (Tab. 4). Ebenso werden für die Kunden 2 und 3 in allen Perioden für SR_7=350 und SR_7=300 EUR höhere Raten festgelegt als im vorherigen Experiment. Diese Raten führen zu einem Rückgang der absetzbaren Menge für diese Kunden in allen Perioden außer Periode 7. Die verfügbare Kapazität kann dabei nicht mehr vollständig ausgeschöpft werden, da die Zahlungsbereitschaft der Kunden 2 und 3 zu gering ist.

5. Zusammenfassung, Kritik und Ausblick

Gegenstand dieses Aufsatzes ist die Vorstellung und Validierung eines mathematischen Optimierungsmodells zur simultanen Ratenfestlegung für verschiedene Shipper, die durch einen Carrier bedient werden. Durch das Modell kann eine Preisdifferenzierung unter den Kunden durch den Carrier erfolgen. Zusätzlich fließen Marktpreise in die Raten mit ein. In den durchgeführten Experimenten wurden valide Ergebnisse beobachtet. Kritisch zu hinterfragen ist, ob eine Übertragung der Idee der APF von einem Gesamtmarkt auf das Verhalten eines Kunden im Rahmen der Ratenkalkulation valide ist. Dies muss sich in weiteren Experimente zeigen, in denen verschiedene Marktsituationen und Kundenportfolios bzw. Kundenverhalten untersucht werden. Zusätzlich müssen die mit veränderten Kontingenten einhergehenden Bunkerkosten als wesentliche auslastungsabhängige Leistungserstellungskosten in das Modell aufgenommen werden. Es sollte der Untersuchungsfokus auch das Zusammenspiel verschiedener Relationen in einem kompletten Netzwerk erfassen. Verschiedene Entwicklungsprozesse der Spot-Market-Raten sind zu untersuchen. Schließlich muss überprüft werden, welche Optionen sich ergeben, wenn die Langfristrate zwar vorab festgelegt, aber von Periode zu Periode sich ändern kann. Für all die vorgenannten Untersuchungen ist es notwendig, eine dynamische Marktumgebung zu simulieren.

Literatur

Bertsimas, D.; Popescu, I. (2003). Revenue Management in a Dynamic Network Environment. Transportation Science, 37(3): 257-277.
Jugovic, A.; Komadina, N.; Hadzic, A. P. (2015). Factors influencing the formation of freight rates on maritime shipping markets. Scientific Journal of Maritime Research, 29: 23-29.
Kimes, S. E. (2010). Strategic pricing through revenue management [Electronic version]. Abgerufen am 28.11.2017, Cornell University, School of Hospitality, http://scholarship.sha.cornell.edu/articles/346.
Schubert, L. (2013). Preisbildung im LKW-Ladungsverkehr. DVV-Media.
Wang, Y.; Meng, Q.; Du, Y. (2015a). Liner container seasonal shipping revenue management. Transportation Research Part B, 82, S. 141-161.
Wang, Y.; Liu, Z.; Bell, M. G. H. (2015b). Profit-based maritime container assignment models for liner shipping networks. Transportation Research Part B, S. 59-76.
Yin, M.; Kim, K. H. (2012). Quantity discount pricing for container transportation services by shipping lines. Computers & Industrial Engineering, 63, S. 313-322.

Maritime logistics in global value chains: mastering an era of ideas, information and integration

Lars Stemmler[1]

Abstract

Two waves of global economic development, falling transportation costs and falling costs for the exchange of information and ideas, disintegrated value chains into task-by-task competition. No longer is there competition between vertically ingetrated organisations, but between individual business activities, or tasks, performed in different nations. The recent efforts of organisations to adapt to these developments are superseded by an upcoming third wave of falling costs of information manipulation and storage. This, what we might call digitalisation, enables organisations to re-integrate, both in terms of process design and introduction of digital tools, to support their activities. Maritime logistics benefited substantially from the first and second waves. The sector needs to be watchful for changes affecting its business models from the third wave to meet the changing needs of their trading and manufacturing clients. However, organisational change costs financial and mental resources. Firms need to sacrifice today's cash flow to innovate and to reap future benefits of change, and they need to beat their internal inertia. This paper will use Baldwin's concept of the Two Unbundlings to explain globalisation from a historical perspective and to assess the implications of this development on the logistics industry. Firms in the maritime industry need to assess their corporate sustainability. The paper introduces the Corporate Sustainability-Value Added Model which helps firms to analyse where they stand managing the trade-off between profitability and innovation. Along these dimensions the model identifies strategy categories; these guide firms towards more favourable competitive positions. But beware: the bargain between innovation and value-added might result in a corporate "coffin corner" – a synonym in aviation for saving fuel in high altitudes at the risk of losing lift due to lower air density – resembling a paradox of trying to achieve extensive innovative capability and at the same time superior financial performance.

---

1 Dr. Lars Stemmler, Head of Department, bremenports International, bremenports GmbH & Co. KG

© Springer Fachmedien Wiesbaden GmbH, ein Teil von Springer Nature 2018
I. Dovbischuk et al. (Hrsg.), *Nachhaltige Impulse für Produktion und Logistikmanagement*, https://doi.org/10.1007/978-3-658-21412-8_4

1. What two "unbundlings" do to corporate strategy

The demand for logistics services is derived demand. The shape and volume of logistics services is dependent on decisions made in manufacturing or trading companies. Logisticians need to understand the drivers that shape the industries they are serving. One of those drivers has been globalization. In two waves, following a reduction in transport costs and the costs for exchanging information, global trade thrived. Falling transport costs and decreasing costs for information exchange have propelled the emergence of global value chains, and with it, supply chain trade. The former have enabled firms to move production of goods away from the places of consumption, the latter drives production into being split up into individual tasks, performed at different locations worldwide.

Now, digitalisation drives a third wave with considerable impact on the commercial sustainability of business models in manufacturing, trade and logistics. Digitalisation brings down manufacturing costs. There is talk about re- or nearshoring manufacturing and about the growing importance of regional supply chain trade. These developments seem to contradict the observable structural results of the recent decades of global economic development. Additionally, there might be profound implications on business models of the maritime logistics industry. Therefore, this paper needs to work towards two objectives:

First, it aims to explain the recent discussion about the growing importance of regional supply chain trade and the overall nature of global supply chain trade in an economic context; helping to explain the apparent contradiction.

Second, assuming there is a requirement for the maritime industry to at least to adapt to, if not to shape developments, it proposes a model which shall help firms to assess their corporate sustainability in this new economic environment.

Organisations have a choice to change and shape strategies or to stem against the tide, with uncertain outcomes. As innovation for change costs money, firms have to sacrifice today's cash flows to finance innovation that shall bring corporate sustainability, and thus, future financial benefits. Looking at the maritime industry, a global industry, we need to look at global economic developments to understand how maritime logistics emerged substantially over the last decades and what innovation is required now. The paper assumes a historical perspective to explain the nature of trade in the context of globalization. It will use Baldwin's concept of the Two Unbundlings to explain globalization, and the emergence of supply chain trade. It will argue how two waves of globalisation have shaped global value chains and a new paradigm of "task-by-task" competition. Now, digitalisation is ushering in a third wave, bringing new challenges.

This paper introduces the Corporate Sustainability-Value Added Model, which helps firms to analyse where they stand managing the trade-off between profitability and innovation. Using the dimensions of the model, financial performance and the capacity to innovate, the paper outlines strategy categories; these guide firms towards more favourable competitive positions. But beware: the bargain between innovation and value-added might result in a corporate "coffin corner" - a synonym in aviation for saving fuel in high altitudes at the risk of losing lift due to lower air density - resembling a paradox of trying to achieve extensive innovative capability and at the same time superior financial performance.

2. Yesterday's era of falling transport costs: The era of international trade

Although trade has been around since at least 3,000 BC, nothing has had such a lasting impact on it as the introduction of hydrocarbons as fuel in shipping and rail at the beginning of the Industrial Revolution, and the dramatic fall in the costs for information exchange around the world (Bernstein 2008; Vries 2012: 7, 28). In former times it took a long timeages to move goods around in horse-drawn carriages or even on foot. Spreading information around by word-of-mouth, instead of postal services, or the telegraph, and not to mention today's email, was a slow process. These constraints let production and consumption bundle together. In a village economy, everything that was consumed was produced locally. Only the surplus, if any, could be traded and exchanged for other goods (Vries 2012: 8, 20). The emergence of cheaper transport and information exchange changed all of this. A first wave of reduced transport costs facilitated the exchange of raw materials and finished goods. Falling transport costs have enabled firms to move the production of goods away from the places of consumption (Figure 1). Taking on full steam from the early 1700s onwards, with the commercial use of the first steam engine, and lasting until c.1960, the first wave of globalisation unbundled production and consumption.

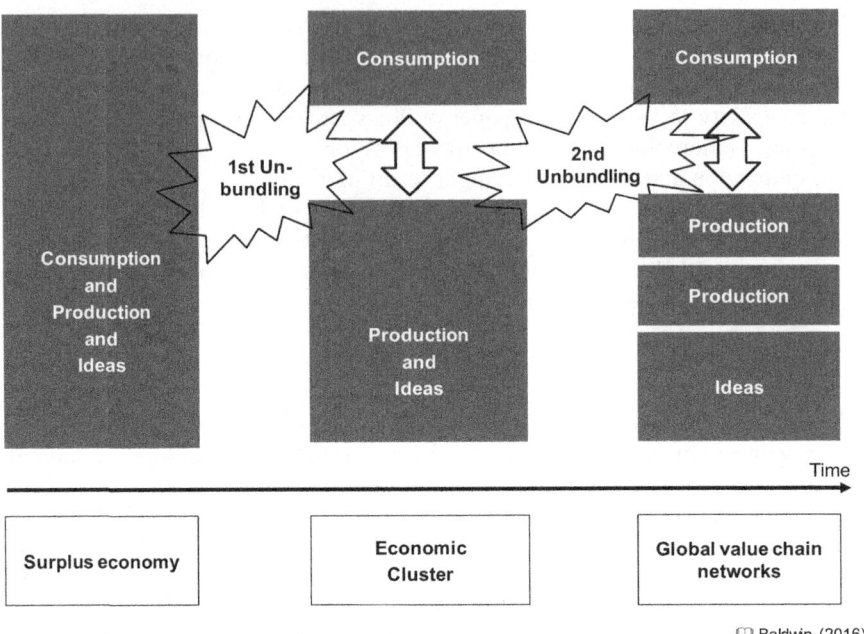

Fig. 1: Baldwin's Two Unbundling - From a surplus economy towards global value chain networks

The costs of moving information, and thus of moving ideas around, were still prohibitively expensive, leading to high coordination costs. Thus, production still used to be vertically integrated due to high coordination costs. (Baldwin 2006: 7). The concentrations of the textile industry in England or the steel industry in the Rhine-Ruhr area are two examples. In these clusters, national teams of ideas and workers battled for supremacy on global consumption markets (Vries 2012: 15).

Since the early 1990s globalisation has changed face again. The Internet has lowered the costs of moving ideas. A second unbundling has seen production falling apart itself. The decrease in coordination costs enabled firms to deploy production activities in different locations around the world and coordinate them centrally. As a result, goods travel the world no longer in raw or finished form, but as semi-finished items. Global value chains have emerged, and with them, supply chain trade (Baldwin 2006: 23). Christopher (2011) gets this on the point: "There has been a dramatic shift away from the predominantly 'local for local' manufacturing and marketing strategy of the past. Now, through offshore sourcing, manufacturing and assembly, supply chains extend from one side of the globe to the other".

3. Today's era of ideas and information: The era of task-by-task competition and supply chain trade

The unbundlings have profound impacts on the competitive strategies of firms, and as such, on the logistics industry. During the first wave of globalization, firms competed on a "company-by-company" basis. The second unbundling forged supply chain trades (Baldwin 2012: 1). Competition on the activity-level, or on a "task-by-task" level, requires firms to reconsider the performance of each task in terms of its place, method and timing. As production processes are unbundled, business models' competitiveness relies on an intelligent arrangement of processes within firms; a new paradigm has been taking hold.

Firms are seeking arbitrage of using low-cost environments for carrying out simple production processes with the final assembly of the product in high-wage countries; a fact that is reflected in the plummeting shares of manufacturing in the G7-countries in the 1980s and 1990s and the resulting increase in a handful of developing nations (Baldwin 2011: 2), as well as a steep increase in containerisation (UNCTAD 2016). The maritime logistics industry has benefited to a great extend from these developments (Stopford 2009: 225ff.). Driven further by consumption in the Western world (Ferguson 2011), firms were used to the advantages of geographically spread production networks and the value-added they received from third-party logistics services (Veenstra 2015: 12).

The new paradigm in the wake of the second unbundling requires a completely new set of corporate competitive thinking. Task-by-task competition requires a review of the underlying business models of a firm. Firms need to ask what are the combination of processes that determine the firm's value chain. For firms, there is an opportunity to rearrange processes and concentrate on those which cannot be replaced by competitors.

Logistics must be aware that new paradigm is not about incremental productivity increases, but about a radical rearrangement of business processes. The industry must be aware that their clients seek to formulate resilient business cases that will certainly look different from the last decade.

4. Tomorrow's era of integration: The era of digitalization and regional trade?

The requirement for new thinking does not end here. The rearrangement of processes in the course of the second unbundling is accelerated by the falling costs of information manipulation and storage in the upcoming third wave. This digitalisation enables organisations to re-integrate, both in terms of process design, and introduction of digital tools to support their execution. As logistics is derived demand, we need to understand the wider implications of corporate digitalisation as an opportunity to lower manufacturing costs. Will we see a resurgence of vertically integrated firms, with consequences for trade and logistics, as supply chain trade goes regional?

The combination of falling costs for information exchange, manipulation and storage must result in a radical reconsideration of business processes, in terms of structure and execution, not merely a digitalisation of existing tasks. Only if both the technical and the process dimension are addressed, will firms see a competitive business model. The opposite pole of leaving existing tasks untouched, and analogue, will lead to an immediate "lose-out" situation (Figure 2).

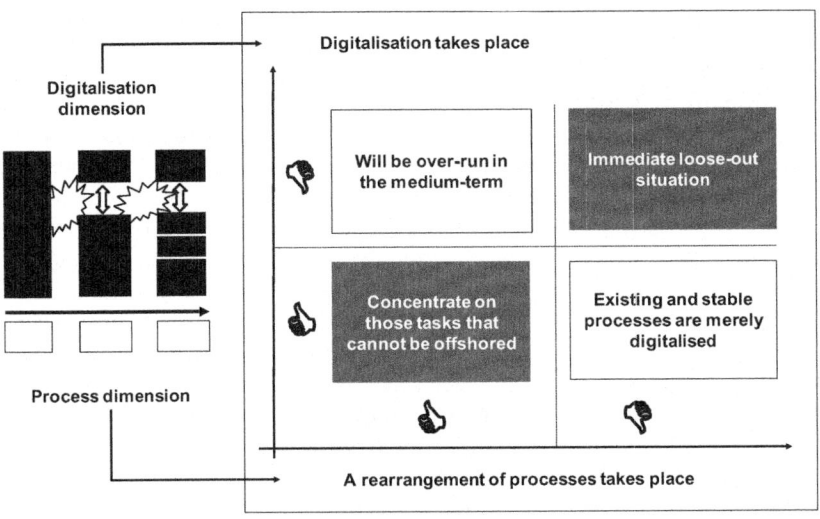

Fig. 2: A radical rearrangement of processes takes place, not only a digitalisation of existing tasks

Further, simply turning existing processes digital is too short-term an approach: what happens, if there is a re-arrangement of tasks coupled with the opportunities of digitalization? This combination might allow firms to integrate and relocate production closer to the centers of demand. The rise of labour costs in Asia, in particular China, gradually eats away the manufacturing cost advantage over developed markets. It limits the arbitrage opportunities of unbundling production activities and moving tasks to lower-wage environments.

The recent example of Adidas' new "Speedfactory" to be located in high-wage Germany is a prime example. It will use robots and novel production techniques such as additive manufacturing. Avoiding ordering semi-finished items from suppliers that will be assembled into a new pair of shoes, the factory will again vertically integrate production from the raw material stage, such as plastics, fibers and other basic substances using highly automated machines and additive manufacturing techniques (The Economist 2017a). We observe a re-integration, or at least a renewed convergence, of production and consumption.

A regionalisation of supply chains, whereby shippers gain the benefits of using less fuel, saving costs and reducing emissions, results in less long-haul transport and more short-haul carriage (Millar 2017). The logistics industry, benefited in past from a second wave of globalisation, must now be on the lookout to meet the changing needs of their trading and manufacturing clients in order not to be washed away by the upcoming third wave.

5. Mastering digitalization and integration
5.1. Managing the trade-off between value-added and innovation

The unbundlings and the third wave of falling costs for information manipulation and storage have a profound impact on the maritime industry. New business models of their clients require firms in the sector to review their business models themselves and effect change. Shipping lines already address this issue by trying to become integrators and capture an increased share of the overall transport chain, using digital tools to do so; or retailers, such as Alibaba or Amazon trying to cut out freight forwarders as middlemen (Manders 2017: 10). Increasingly, ports are also highlighting future challenges from additive manufacturing, automation, electrification and, not least, the natural environment (Landon 2017). They already see the impact: "While global production of motor vehicles continues to grow, by 4.6% in 2016, the number of cars carried declines: some 4% last year. The key driver of this is the expansion of car production closer to demand. This development, which started after crisis year 2009, has now led to a disconnect between expanding global car sales and seaborne trade volumes" (Dynamar 2017).

Innovation tomorrow costs money today. Firms need to sacrifice today's cash flow to reap future benefits of change, and they need to beat their internal inertia, overcoming resistance to change. For firms, this creates a trade-off: Not only does the capital invested into the "old" business models become obsolete, but there is also a need to invest into the capabilities to ensure competitiveness under the new set-up. This investment limits the firms' current profitability, but safeguards future corporate sustainability.

5.2. Detecting the organisational capability for change: the Corporate Sustainability-Value-Added Model

However, every so often firms galvanise into monopolism and lobbyism to shield them from constructive destruction and to avoid the profitability-innovation conundrum. The Corporate Sustainability-Value Added Model (CS-VA-Model) helps firms to analyse where they stand managing this trade-off. We outlined new business models of retailers and manufacturers as major clients of the maritime logistics industry; resultingly, this industry needs to assess its corporate sustainability. The CS-VA-Model introduces nine strategy categories along the two dimensions of innovation and financial performance; each dimension coming with three classifications. Each strategy category identifies the competitive position of the firm with the objective of guiding it towards a more favourable position (Figure 3).

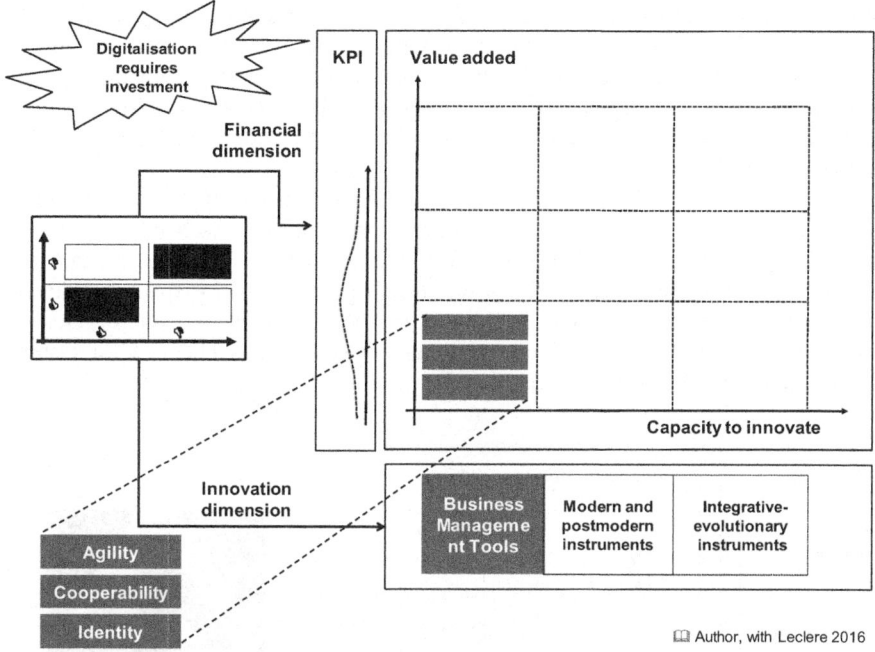

Fig. 3: Corporate Sustainability/Innovation-Value Added-Model: concept

The financial dimension is measured using either risk- or non-risk-adjusted key performance indicators (KPI) based on the accounting data of a firm. A non-risk-adjusted KPI is, for example, the DuPont-KPI hierarchy (Return of Investment as top KPI). Risk-adjusted KPIs are reflected in the Economic Value Added® (EVA[1]) concept of Stern, Stewart and Chew, introduced in the 1990s (Stern; Stewart; Chew 1994). Traditional performance measures, such as ROI, are unable to describe the company's true business results as they are non-risk adjusted. Along the financial dimension, there is one class for KPIs below zero, and two classes for positive corporate results. Within the latter, the top class corresponds with maximally achievable financial performance.

The innovation dimension is based on the Corporate Sustainability and Innovation coefficient developed by Leclere (Leclere 2016). This coefficient estimates the degree of innovation culture and ability within an organisation. A structured analysis helps to gather the underlying data. It is modelled along the concept of

---

[1] EVA is a registered trade mark of Stern Stewart & Co

spiral dynamics. Introduced in the 1950s by C. Grawes spiral dynamics builds upon A. Maslow's Hierarchy of Needs and introduces a toolkit a person or organisation has for dealing with complexity (Cowan; Todorovic 2000). His theory suggested that every entity falls somewhere between a bottom level, seeking survival, and the highest level of being able to cope with a fragile, complex and contradicting environment.

In terms of process management, these layers translate into using business management tools, modern and postmodern instruments as well as integrative-evolutionary ones (Leclere 2016). Business management tools rely on uni-dimensional accounting-based analytics. Modern and postmodern instruments add dimensions by introducing tools such as Lean Management, Kaizen or Design Thinking. Ultimately, integrative-evolutionary tools, such as Theory U or system theory, suggest the interrelated nature of elements (Figure 4).

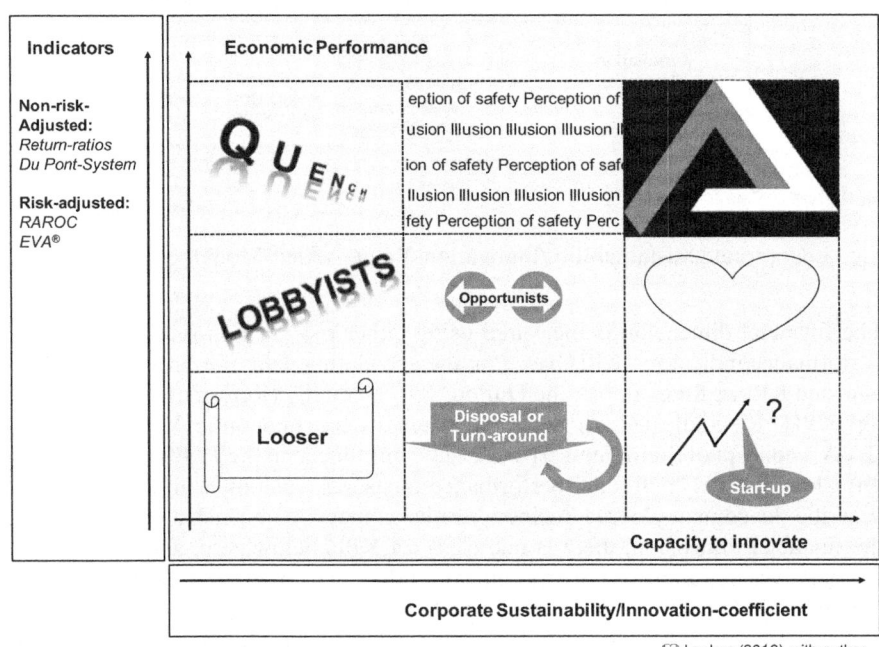

Fig. 4: CS/Innovation-VA-Model: categories

In each category, firms are described along fundamental building blocks of organisational behaviour (Leclere 2016): agility, cooperability and identity. Resultingly, along the two dimensions of innovation and financial performance, there are nine strategy categories into which firms can fall, or which to aim for:

"Hearts": the most liked position to aim for

"Hearts" enjoy the highest degree of innovative capability, and have a middle level of financial performance. Financially, results are not negative, ensuring acceptable returns to shareholders, but there are enough resources and a high level of understanding to pursue innovation.

"Start-ups": easy to understand

Start-ups enjoy the same level of innovative capability than Hearts, but have less financial resources to spare. Their financial results are negative; required cash flows are provided by seed capital or venture capital. Start-ups' assets are intangible; it is their perceivedly innovative business model that creates value (and which is difficult to reflect in the accounting metrics) and might form a strong identity.

"Disposals": no need to explain

Disposals have less innovative capability than Hearts or Start-ups. Their ability to move higher up the innovation ladder is limited given the scarce financial resources. Firms in this category should either be disposed of or turned around.

Same with "Losers"...

Losers generate acceptable financial results; unfortunately at the same time, their innovative capability is minimal; and, thus, their destiny foreseeable.

Squeezed out: position "Quench"

Firms in position "Quench" face an uncertain fate. Here, firms are financially squeezed out by their shareholders leaving no room for innovation.

About to go under: "Lobbyists"

The business model of Lobbyists is highly protected by interest groups. Lobbyists have a limited capacity to innovate and cooperate; rather there is a bulwark surrounding them. Also, the financial returns are expected to be threatened by new business models.

In the middle ground: "Opportunists"

Opportunists populate the middle ground with acceptable portions of financial and innovative resources at their disposal. Nevertheless, innovative as well as financial strength can be improved. This would carry them into the Paradox.

5.3. Unachievable: the "Paradox"

However, achieving maximum innovative as well as financial strength is impossible. Innovation costs financial resources; being innovative, people cannot achieve their maximum theoretical efficiency in performing processes. Being innovative requires individuals to make (and learn) from their mistakes. It requires time to devise alternatives to existing (and often clearly organised and well documented) processes. Those time allowances limit the achievable efficiency to below maximum. As such, the bargain between innovation and value-added might result in a corporate "coffin corner" (Karboul 2017).

The coffin corner is a synonym in aviation for saving fuel in high altitudes at the risk of losing lift due to lower air density, resembling a paradox of trying to achieve extensive innovative capability and at the same time superior financial performance. T plan, i.e. the firms aims at flying as high and efficiently as possible to safe fuel. But at this high altitude, there is no margin for error. All processes must be executed as efficiently as possible, ticking off check lists as they do. Thus, firms become very rigid, losing any ability to deviate from documented tasks. Sticking to aviation, any such deviation will result in the immediate loss of lift, and – in commercial terms – loss of return.

6. Embrace change – shape strategy

The majority of firms don't appear to be in the "coffin corner", but to be Opportunists, having a good portion of everything. But, competitive positions change: as The Economist exemplifies the automobile industry which is "faced with [the] puzzle of finding business models around ride hailing and autonomous cars [and electric vehicles, sic.]" (The Economist 2017b). The automobile industry is a good client of maritime logistics, so maritime logistics itself might face a puzzle when having to deal with the impact of changing trade patterns and the need for costly innovations.

The Corporate Sustainability-Value Added Model helps firms to analyse where they stand with managing the trade-off between profitability and innovation. Along these dimensions the model identifies strategy categories; these guide firms towards more favourable competitive positions.

In its above analysis, The Economist bemoaned that a favourite strategy is still to rely on "old-fashioned means – cost cutting". In the world of the first unbundling cost-cutting appears to be an appropriate instrument, together with lobbyism, in a clustered world of nation-by-nation competition. Currently, and definitely going into the future, in the wake of the second unbundling and the wave of digitalisation, a more embracing stand towards change and innovation to shape strategies, rather than being driven by them, seems advisable.

References

Baldwin, R. (2006): Globalisation: The great unbundling(s). Prime Minister's Office/Economic Council of Finland. A contribution to the Project "Globalisation Challenges for Europe and Finland. www.eu2006.fi.

Baldwin, R. (2011): Trade and Industrialisation after Globalisation's 2nd Unbundling: How Building and Joining a Supply Chain are Different and Why it Matters, in: National Bureau of Economic Research: Working Paper 17716, http://www.nber.org/papers/w17716.

Baldwin, R. (2012): WTO 2.0: Global governance of supply chain trade, in: Centre for Economic Policy Research, Policy Insight No. 64, December 2012, www.cepr.org.

Bernstein, W. (2008): A Splendid Exchange: How Trade Shaped the World, Grove PressChristopher, M. (2011): Logistics and Supply Chain Management, 4th ed., Harlow: Pearson

Cowan, C. C.; Todorovic, N. (2000): "Spiral dynamics: the layers of human values i.n strategy", in: Strategy & Leadership, Vol. 28 No. 1, 4-12.

Dynamar B.V. (pub.) (2017): Deepsea Ro/Ro Shipping II, Alkmaar.

Ferguson, N. (2011): The Six Killer Apps of Western Power. Pinguin, London.

Karboul, A. (2017): Coffin Corner Warum auch die besten Firmen abstürzen können, 2. ed Midas Management.

Landon, F. (2017): Port development: Building ports ´future ready´ is becoming harder to achieve, in: Port Strategy, October 2017.

Leclere, J.-C. (2016): Zusammenhang zwischen Corporate Sustainability und Innovation: Das CS/I-Modell. AV Akademikerverlag, Saarbrücken.

Manders, S. (2017): Keep ahead with the game-changers, in: Ports and Harbours. Journal of the International Association of Ports and Harbours. Vol. 62, No. 5, Sep/Oct 2017, 10-11.

Millar, M. (2017): Global Freight Forwarding – Overview of global forwarding sector and its impact on globalization. On: http://www.focuescargonetwork.com, accessed 07.09.2017.

Stern, J.; Stewart, G. Bennett; Chew, D. (1994): The EVA Financial Management System, in: Journal for Applied Corporate Finance, Vol. 8, No. 2, 32-46.

Stopford, M. (2009): Maritime Economics. 3rd ed. Routledge, London.

The Economist (ed) (2017a): Adidas' „Speedfactory", 14.01.2017.

The Economist (ed) (2017b): Wait for parts, 07.10.2017.

United Nations Conference on Trade and Development (UNCTAD) (2016): Review of Maritime Transport, Geneva.

Veenstra, A. W. (2015): Maritime Transport and Logistics as a Trade Facilitator, in: Song, Dong-Wook; Panayides, Photos: Maritime Logistics, 2. ed. Kogan, London.

Vries, P. (2012): Europe and the rest: Braudel on capitalism, on: https://www.researchgate.net/publication/282184064, accessed 02.09.2017.

Horizontal integration in container liner shipping

Nguyen Khoi Tran[1]

Abstract

Our chapter is to study the situation of container liner shipping, one of the most important modes of international transportation. We concentrate on the strategic decisions of operators in order to survive and grow in the bitter market. To seek competitive advantage, shipping lines have made use of various strategies such as capacity expansion, merger and acquisition, and alliance. While they have competed with other rivals, they also co-operated through the long-term commitment of strategic alliances or short-term agreement of slot exchange or joint operation.

1. Concentration in liner industry

The game has been progressively in the hands of global carriers, who can service the world-wide market. According to published information of Containerisation International Yearbooks (1991, 2001, 2012), the number of lines dropped from 708 in 1990, to 574 in 2000, and 329 in 2011. Statitics from UNCTAD (2013) also indicated a decline in the average number of liner operators per country from 22 in 2004 to 16 in 2013. At the beginning of the 1980s the top 20 lines controlled around 40% of the global capacity. The concentration was unclear throughout the decade; the share of the leading group was often up and down. The process has accelerated since the end of the decade. In 2016 the top 20 were responsible for 85.1% of the world armada, with 17.65m TEUs of 3,520 ships, in comparison with shares of 39% and 57% in 1990 and 2000 respectively. The upward tendency of the Herfindahl Hirschman index – HHI ($R^2 = 0.94$) again confirms the shrink in the liner industry. It moved up from 167 points in 1983 to 286 in 2000 and 708 in 2016 (Figure 1).

---

[1] Dr. Nguyen Khoi Tran, Research Fellow, Maritime Institute, Nanyang Technological University

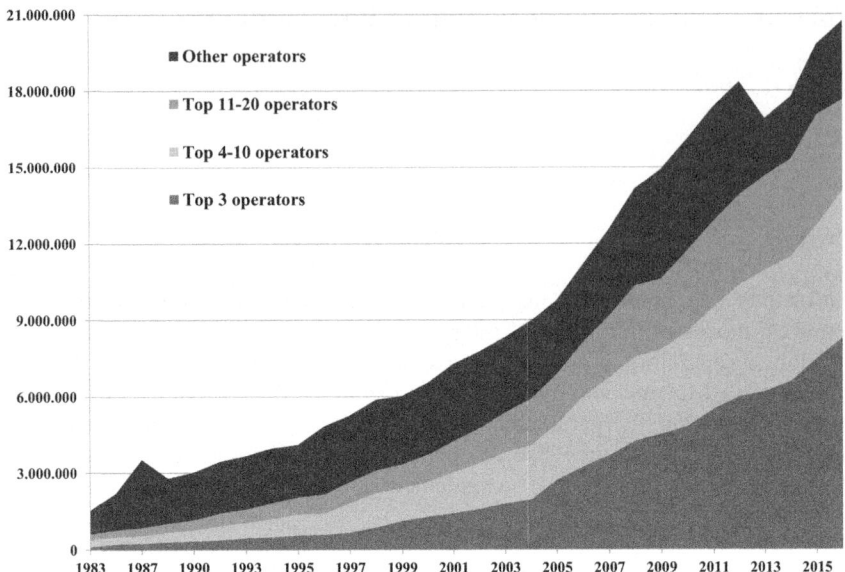

Fig. 1: Capacity of liner industry segments (unit: 10^6 million TEUs)
Source: Elaborated by the authors based on data published by Containerisation International Yearbook and Monthly (various issues)

Furthermore, some powerful players, especially the top 3, have a growing control of the market, therefore the gap between the forerunners and the rest has increased. In 1990, capacity differences between the largest and the 5th, 10th and 20th largest carriers were 1.9, 2.5 and 4.5 times respectively. These figures were 3.4, 5.6 and 26 in 2016. The top 3 carriers, Maersk Line (3.2m TEUs), MSC (2.78m TEUs) and CMA-CGM (2.3m TEUs) made up nearly 40% of the world capacity, which was almost four times higher than the top 3 share in 1990. They contributed over 45% of the share growth of the top 20 in the period 1990-2016. In particular, from 2005, almost all the share growth was from these players (Figure 2).

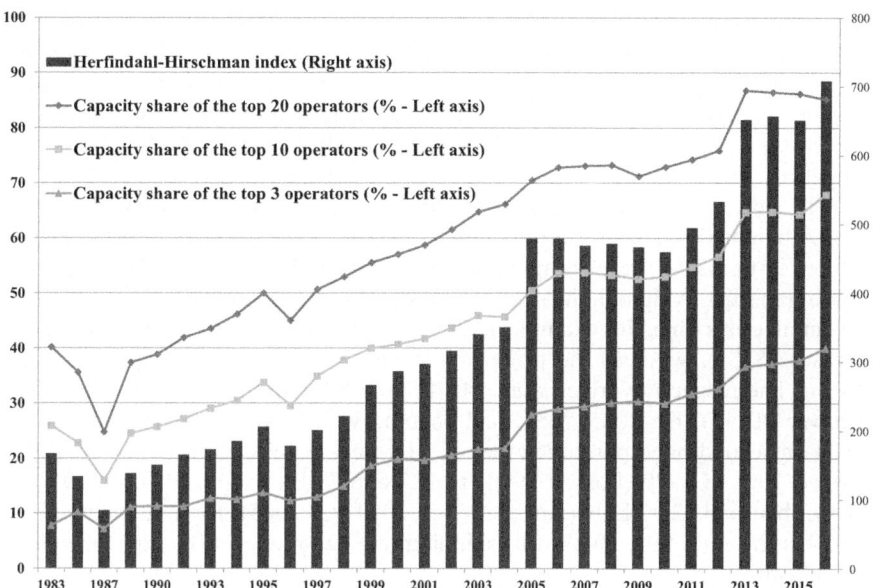

Fig. 2: Concentration in liner industry (1983-2016)
Source: Calculated by the authors based on data published by Containerisation International Yearbook and Monthly (various issues)

2. Capacity expansion

Capacity expansion plays a central role in the growth of shipping lines. New building market is a conventional place to increase their scale. According to the containership database of Clarkson (2012), in the years 1990-2011, the top 20 leading carriers occupied more than 6.3m TEUs (1,307 ships), out of 14.7m TEUs (4,635 ships) of the world newbuilding fleet. The three largest companies, Maersk, MSC and CMA-CGM, were also the biggest customers of the shipbuilding industry with new capacities of 1.16m TEUs (215 ships), 0.75m TEUs (127 ships) and 0.55m TEUs (96 ships), respectively.

A striking feature of fleet development has been the increasing order of mega vessels to create a cost leadership position for operators. On the Trans-Pacific route, the unit cost of a 1,200 TEU vessel is $648 per TEU, a 4,300 TEU vessel $457 per TEU, and that of an 11,000 TEU vessel is $360 per TEU (Stopford 2009).

The triple E series of 18,000 TEUs can decrease unit cost to 26% lower than current large ships in service. The maximum ship size was 4,300 TEUs in 1988, up to 7,100 TEUs in 1996, 15,500 TEUs in 2006, and over 20,000 TEUs in 2017. By 2011, 390 Post-Panamax ships, with the total capacity of nearly 3.8m TEUs, had entered service. Around 62% of the mammoth armada, 2.4m TEUs (246 ships), belongs to the top 20.

The sale and purchase market is another option for carriers to invest in their fleet. Albeit buyers can suffer from higher operating cost, the strategy is beneficial to them in terms of cheaper capital cost and shorter delivery time than the newbuilding market. Although the price gap is small in strong market, it becomes significant in crisis time. For example, in 2007, the newbuilding price of a 3,500 TEU ship was $58m, whereas the price of a 5 year old ship of the same size was $54.3m. The respective prices were $45.4m and $28.7m in the trough year 2009 (Drewry 2011a). By 2005, MSC had become well-known for its rapid growth based on second-hand purchased tonnage. Its fleet developed from 26,415 TEUs (ranked 19th) in 1990 (Fossey 1990) to 225,636 TEUs (ranked 4th) in 1999 (CI 2000), then 618,025 TEUs (ranked 2nd) in 2004 (CI 2005). Being outside of the top 20 at the end of the 1980s, this shipping line had moved to the top echelon of the industry.

Since the 1990s, chartering has become a viable choice for liner operators thanks to the influx of time-charter vessels financed by the German KG system (Drewry 1999; Stopford 2009). Similar to plane lessors (see more in Michaels, 2012), container ship lessors are capable of spreading their risks globally, raising debt at lower cost than operators, and taking advantage of preferential financial regulations. By participating into the charter market, shipping lines can avoid capital burden by removing ships from their balance sheet as well as adapt quickly to the surge of cargo demand. Nonetheless, they can be confronted with high charter rates or shortages of chartered tonnage in prosperous periods of shipping, as it happened in 2004 (see more in CI 2005).

In 2013, 50.1% (7.55m TEUs) of the top 20 carriers' capacity were from charter market (Alphaliner 2013), compared with 46% (2.2m TEUs) in 2001 (Dynamar 2002). In the last 13 years there has only been a slight difference between their owned and chartered capacity. Moreover, various chartering strategies of the top carriers can be realized. For instance, COSCON and Evergreen have profoundly extended the use of outside fleets, whereas CSCL has lowered its leased fraction by over 40 percentage points. Some carriers have heavily depended upon chartering: CSAV (80-100% of their capacity); CMA-CGM, Hanjin, Huyndai (60-80%); APL (60-70%). In contrast, some have preferred their owned fleet, so chartering has merely played a small part: NYK, Yangming (less than 40%). Between the two extremes, 9 or 10 players, including Maersk, MSC, Hapag Lloyd, MOL, and

Zim, have often tended to keep the balance between the two sides, so their share of chartered tonnage has often been in the range of 40-60%.

3. Merger and Acquisition

Several mega mergers and acquisitions (M&As) have taken place between the biggest carriers in the top 20 since the middle of the 1990s. The privatization of state-owned CGM created opportunity for CMA to join the two French shipping lines in 1996. In the same year, P&O and Nedlloyd merged to overcome their perennial financial underperformance. In 1997, NOL purchased APL; the case was different from others by the use of the latter as the brand name, instead of the buyer or a combination. The strange decision could stem from the better well-known image of APL in the market. Maersk Line has been the most fervent carrier to extend its scale by M&As. Three large players, Sealand and Safmarine in 1999, P&O Nedlloyd in 2005, were purchased by the Danish operator with the total acquired fleet of 700,000 TEUs.

Year	Firm 1			Firm 2		
	Name (Ranking)	Capacity (TEUs)	% world fleet	Name (Ranking)	Capacity (TEUs)	% world fleet
1996	CMA (20)	52,120	1.07%	CGM (n/a)	28,532	0.6%
1996	P&O (11)	94,250	2%	Nedlloyd (8)	106,889	2.2%
1997	NOL (19)	57,379	1.2%	APL (18)	67,072	1.4%
1997	Hanjin (7)	111,900	2.3%	Senator (17)	75,385	1.6%
1999	Maersk (1)	346,123	5.9%	Sealand (6)	211,358	3.6%
1999	Maersk (1)	346,123	5.9%	Safmarine (20)	55,584	0.95%
2005	Maersk (1)	900,509	15.2%	P&O Nedlloyd (4)	426,996	7.2%
2005	Hapag Lloyd (13)	221,763	2.3%	CP Ships (18)	178,920	1.8%
2014	Hapag Lloyd (6)	649,455	4.1%	CSAV (20)	264,985	1.7%
2015	Cosco (5)	852,502	4.1%	CSCL (6)	695,866	3.4%
2016	CMA-CGM (3)	1,816,974	8.8%	APL (13)	534,090	2.6%
2016	Hapag Lloyd (6)	916,174	4.4%	UASC (11)	541,146	2.6%

Tab. 1: Mega mergers and acquisitions in liner shipping
Source: Combined by the authors from various sources

After a long quiet period, M&A between the mega carriers has become more active in recent years. After purchasing CP Ships in 2005, Hapag Lloyd carried out another M&A with CSAV at the beginning of 2014. In the middle of 2016, the German carrier was close to acquire UASC – a large shipping line from the Middle East. In November 2015, the two Chinese operators COSCO and CSCL were approved by the government for a merger. According to an evaluation of the Wall Street Journal, the M&A deal was worth $80b, of which the value related to container shipping is around $20b. In June 2016, another mega M&A took place between CMA-CGM and NOL.

These mega M&As could be the fastest way for global carriers to broaden their coverage in principal trade routes as well as enhance service quality. It does not take time for them to purchase new ships, design marketing and operational networks; especially inheriting long-standing customers from acquired players. The merger between P&O and Nedlloyd overcame the absence of the former from South America and the latter from transpacific trade (Crichton 1996). Maersk Line had inevitably benefited from traditional cargo bases of Sealand in Northern and Southern America or of P&O Nedlloyd in Australia and New Zealand. Similarly, Hapag Lloyd had received strong business between Canada and Europe from CP Ships as well as Latin American business from CSAV.

Cost saving is expected a key outcome of M&As. The merging of P&O and Nedlloyd was expected to save at least $200m annually (Anonymous 1996a); the NOL and APL merger saved $130m/yr (Fossey 1997) and the Hapag Lloyd and CP Ships deal saved $200m/yr (Anonymous 2005a). Cost reduction may stem from scale economies of mega ships and broader networks, rationalization of labor, offices, IT and sale systems, improvement of container logistics, and better vessel and terminal utilization.

In addition to mega M&As, the leading lines have also been interested in taking over smaller lines to strengthen their activities in niche markets and secondary trades or to accommodate their feeder and regional distribution. Dynamar (2011) indicated 26 regional subsidiaries of the top 20 liners; Fusilo (2009, p 212) listed various cases of small M&As during 1993-2007. Before belonging to Hapag Lloyd, CP Ships had selected its growth strategy by acquiring small and niche carriers such as ANZDL, Canada Maritime, Cast, Contship, Ivaran Lines and Lykes Lines (see more in Alix et al. 1999; Brooks 2008). The growth of the third largest carrier CMA-CGM has been in line with several acquisitions of regional lines, for instance, ANL (Oceania routes) in 1998, MacAndrews (intra Europe) in 2003, Delmas (Europe - Africa) in 2005, Comanav (Mediterranean Sea), and CNC Line (Intra Asia) in 2007.

The M&A strategy is confronted with some difficulties as well. Firstly, compatibility is a challenge for acquirers when they must combine different operational, management and marketing systems. NOL, CP Ships and Maerks Line had suffered software problems after their acquisitions; Maersk Line had even faced a serious invoice crisis, blamed for its considerable loss in the first half of 2006 (Porter, 2006).

Secondly, liners must pay an extremely high expense to acquire their competitors, for instance the cost to take over APL was $825m (Fossey 1997), P&O Nedlloyd $2.8b (Beddow 2005) and CP Ships $2.3b (Drewry 2009a). Additionally, a lot of money must be spent to integrate different partners. Roughly $100m was spent to restructure the combined system of P&O and Nedlloyd (Crichton 1996); nearly $500m for Maersk Line to absorb P&O Nedlloyd (Anonymous 2005b). Maersk Line and Hapag Lloyd suffered considerable losses in 2006, – $597m and –$139m respectively (Drewry 2008), due to exceptional costs in their integration processes.

Lastly, market share can be lost, either by anti-trust regulations limiting an operator from dominating a market or by the retreat of customers from the acquired carriers. It was argued by a president of CP Ships that "one and one did not necessarily make two and that combining market share would usually amount instead to 1.7" (Anonymous 1997a). Maersk Line had lost approximately 40% of P&O Nedlloyd's traffic in the US during the first 9 months of 2006 as well as been obliged to give up some traffic in the Europe/South African trade lane (Beddow 2007).

4. Strategic alliances

Liner industry underwent pivotal restructuring in the second half of the 1990s with the establishment of global partnerships between top carriers through the so-called strategic alliances. As a result, the top carriers have been able to work together over a long-term period to serve backbone trade lanes along the east-west axis, as well as gain operational synergy. The new consortia were referred to mark a new generation in the development of containerization (Watanabe 2000). They have been a strategic response of liner shipping to the globalization of world economy (Midoro & Pitto 2000) and become a predominant form of cooperative agreement in liner shipping (Sheppard & Seidman 2001). Several empirical and optimization studies have underlined the profound impact of global alliances on liner operation, network and service (see for instance Cariou 2002; Cariou & Haralambides 1999; Ryo & Thanopolou 1999; Slack et al. 2002).

While conferences are mainly used to stabilize freight rates by controlling pooling capacity and regulating conference tariffs, strategic alliances are more oriented towards technical and operational arrangements to cut costs, extend and enhance shipping services, and utilize assets efficiently. Therefore, their members are still independent in terms of marketing, sale and price strategies. The new form of co-operation is not only regarding ocean operation such as vessel deployment and service design but can also deal with inland operation such as terminal activities, inland transportation and container management.

Between 1996 and 2001 was an unstable period for strategic alliances. In 1996, Grand Alliance (NYK, Hapag Lloyd, NOL & P&O), Global Alliance (APL, OOCL, MOL & Nedlloyd), and Maersk/Sealand Alliance started their operation whereas CKY Alliance (Coscon, Kline & Yangming) and United Alliance (Hanjin, DSR-Senator, Choyang, UASC) entered the industry two years later. Instability was a noticeable characteristic of the alliances during the first period. It could be attributed to their complex activities, inadequate member skills and competencies, fluctuating revenue and cost, and high coordination cost and especially changes of member ownership. Many variations had taken place as consequences of the reshuffle of members (OOCL from Global Alliance to Grand Alliance), merge and acquisition between shipping lines (P&O & Neddlloyd, NOL & APL), bankruptcy of carriers (Choyang), entry of new ones (Huyndai into Global Alliance). Global Alliance was converted into New World Alliance in 1998; the partnership between Maersk and Sealand resulted in a single liner in 1999; United Alliance came to an end in 2001.

The structure of global alliances has been more or less stable since 2001, with three key consortia: Grand Alliance (NYK, Hapag Lloyd, P&O Nedlloyd, and OOCL), New World Alliance (APL, MOL, HMM) and CKYH or Green Alliance (Coscon, Kline, and Yangming & Hanjin). The only profound change was the departure of P&O Nedlloyd from Grand Alliance due to its acquisition by Maersk Line.

Strategic alliances have become major actors in liner business. They have often included at least 10 carriers in the top 20 and controlled over 25% of the world capacity. In 2011, total member fleets of Grand Alliance, New World Alliance and Green Alliance were 1.4m TEUs (capacity share 8.1%), 1.33m TEUs (7.7%) and 1.82m TEUs (10.5%) respectively. Their scales are obviously comparable to those of the top 3.

In recent years, some new co-operations have emerged in the industry. In the 1990s and 2000s, Evergreen often favored the go-it-alone policy. Nevertheless, it has been changed to work closely and then become a member of Green Alliance (or CKYHE Alliance). At the beginning of 2012, Grand Alliance and New World Alliance launched G6 Alliance in response to the innovative scheme "Daily

Maersk" of Maersk Line. In 2013, the top 3 players, Maersk Line, MSC and CMA-CGM, planned to establish the so-called P3 alliance. After being rejected by the Chinese ministry of commerce, another co-operation has been proposed by the two former carriers with a joint-fleet of 193 ships (2.4m TEUs) capable to serving 77 ports in 22 routes. CMA-CGM cooperated with CSCL and UASA to form OCEAN 3.

Year	Alliances	Members	Capacity (TEUs)	% world capacity
1996	Grand Alliance	NYK, Hapag Lloyd, NOL, P&O	354,610	7.3%
	Global Alliance	APL, OOCL, MOL, Nedlloyd	371,560	7.7%
	Maersk/Sealand	Maersk, Sealand	390,554	8.1%
1998	Grand Alliance	NYK, Hapag Lloyd, OOCL, P&O Nedlloyd	595,730	10.1%
	New World Alliance	APL, MOL, HMM	451,400	7.7%
	CKY Alliance	Cosco, Kline, Yangming	371,651	6.3%
	Maersk/Sealand	Maersk, Sealand	557,481	9.5%
	United Alliance	Hanjin, DSR-Senator, UASC, Choyang	330,932	5.6%
2001	Grand Alliance	NYK, Hapag Lloyd, NOL, P&O Nedlloyd	818,600	11.3%
	New World Alliance	APL, MOL, HMM	530,712	6.8%
	CHKY Alliance	Cosco, Hanjin, Kline, Yangming	811,453	11.2%
2006	Grand Alliance	NYK, Hapag Lloyd, NOL	1,035,966	9.3%
	New World Alliance	APL, MOL, HMM	789,134	7.1%
	CHKY Alliance	Cosco, Hanjin, Kline, Yangming	1,137,472	10.2%
2011	Grand Alliance	NYK, Hapag Lloyd, NOL	1,408,958	8.1%
	New World Alliance	APL, MOL, HMM	1,338,166	7.7%
	Green (CHKY) Alliance	Cosco, Hanjin, Kline, Yangming	1,819,953	10.5%
2014	2M Alliance	Maersk Line, MSC	4965335	28%
	CKYHE Alliance	Cosco, Hanjin, Kline, Yangming, Evergreen	3150470	17.7%
	Ocean 3	CMA-CGM, UASC, CSCL	2591215	14.6%
2017	2M Alliance	Maersk Line, MSC	5.984.067	28.9%
	Ocean Alliance	CMA-CGM, Cosco, Evergreen, OOCL	5.383.006	26%
	The Alliance	Hapag Llloyd, Hanjin, Kline, MOL, NYK, Yangming	3.461.656	16.7%

Tab. 2: Structure of global alliances
Source: Combined by the authors from various sources

Some recent M&A deals have obviously influenced the structure of CKYHE Alliance and OCEAN 3. In 2016, an agreement was reached to establish OCEAN

Alliance, comprising CMA-CGM, Evergreen, COSCO (including CSCL) and OOCL. The ALLIANCE went into operation from 2017 with Hapag Lloyd (including UASC after the acquisition), KLINE, MOL, NYK and Yangming.

There are several driving factors of liner alliances. Firstly, the role of liner conference - a long-standing mechanism of collaboration in the industry - has been dropped because of its inflexibility and bureaucracy, competition from non-conference operators, growing pressure from influential shippers and regulations of governmental and international organizations. Alliances are without doubt a feasible model for shipping lines to coordinate to survive and grow in the cut-throat competition market.

Secondly, the dominance of several mammoth carriers has forced smaller ones to work closely if they do not want to leave the business. Fleet capacities of Huyndai (0.33m TEUs) and Yangming (0.38m TEUs) are only around one-seventh of that of Maersk Line (2.6m TEUs), so it is pretty challenging for them to compete in the global market without joining a specific consortium.

Next, alliance members can combine to provide broader market coverage, higher sailing frequency, better services, highly utilized mega vessels to reap economies of scale, and viably employ dedicated container terminals or inland facilities. These goals can be beyond a single operator's capability as they are subjected to market and capacity constraint, expensive investment, weak bargaining power, and extremely high risk. Global Alliance was able to provide more direct ports of call in Southeast Asia and China, and improve transit time and sailing frequency in many key port-to-port corridors (Anonymous 1995). CKY alliance had given Kline and Yangming direct services to main Chinese ports; simultaneously Cosco had had opportunity to load/unload its containers via Taiwanese ports (Anonymous 1996b).

Finally, cost saving can be achieved thanks to the rationalization of vessels, port facilities, and containers. The potential cost saving of members in a global alliance had been assessed in the range of $70-100 per TEU (Anonymous 1997b). Annual savings had been anticipated of $100m for Maersk Line and Sealand as a result of their partnership (Boyes 1995). Participating in a global alliance, MOL had alluded to save tens of millions of dollars by not having to invest a new series of big vessels for the Trans-Pacific route (Boyes 1996a).

5. Conclusions

The leading operators have strongly increased their scale through the horizontal intergration to cover the global market, improve market share and gain scale economies. Consequently, the industry has become more concentrated. Capacity expansion has been a prevailing way for the carriers to develop their business. It can be created through new building, second hand and chartering markets. The most marked tendency of this organic growth has been to deploy bigger and bigger vessels to drive down shipping costs. Merger and acquisition has been another option for shipping lines to develop quickly by taking over either a mega operator or a regional one.

While the above strategies are to enhance a single carrier's competitive advantage to fight against other competitors in the industry, strategic alliances have been a stable and long-term handshake between them to co-exist and develop in the bitter market. In addition to the durable alliances they have coordinated in loose forms such as slot exchange or joint operation. Co-operation with other rivals has inevitably played an important role in the growth strategy of shipping lines, even for lines who have often preferred the "go-in-alone" policy.

References

Alix, Y.; Slack, B and Comtois, C. (1999). Alliance or acquisition? Strategies for growth in the container shipping industry, the case of CP ships. Journal of Transport Geography, 7, 203-208.
Alphaliner (2012). Top 100 Operated fleets as per 17 July 2012. Retrieved August 17 2012 from the World Wide Web: http://www.alphaliner.com/top100/index.php.
Anonymous. (1995). Global Alliance's plans emerge. Containerisation International, November 1995, p 13.
Anonymous. (1996a). P&O Containers and Nedlloyd unify. Containerisation International, October 1996, p 9.
Anonymous. (1996b). Kline/Yangming/Cosco deal emerges. Containerisation International, September 1996, p 15.
Anonymous. (1997a). CP Ships's Ray Miles dismisses merger option. Containerisation International, January 1997, p 7.
Anonymous. (1997b). Relentless cost pressure. American Shipper, July 1997, 13-17.
Anonymous. (1997c). Carriers vs. Forwarders. American Shipper, July 1997, 17-19.
Anonymous. (2005a). Hapag Lloyd bids for CP Ships. Containerisation International, October 2005, p 9.
Anonymous. (2005b). APMM completes buyout of RPONL. CI September 2005, p 11.
Beddow, M. (2005). Timing is everything. Containerisation International, June 2005, 40-41.
Brooks, M. (2008). Sea change in liner shipping. Bingley: JAI Press.
Boyes, J. R. C. (1995). Mutual benefits. Containerisation International, November 1996, 50-53.
Boyes, J. R. C. (1996). An easy Alliance. Containerisation International, January 1996, 51-53.
Cariou, P. and Haralambides, H. E. (1999). Capacity pools in the liner market: An allocation model for the East-West trades. In Proceedings of IAME Conference, Halifax, Canada.
Cariou, P. (2002). Strategic Alliances in Liner Shipping: An Analysis of "Operational Synergies". In Proceedings of IAME Conference 13-15 November. Panama, Panama.
Containerisation International – CI (various years). Containerisation International Yearbook. London: Informa.
Clarkson (2012). The Containership register. London: Clarkson Research Services Ltd.
Crichton, J. (1996). Eight plus six makes one. Containerisation International, October 1996, 43-45.

Drewry. (1999). Containership charter market: A positive Course for the new Millenium. London: Drewry Shipping Consultants Ltd.

Drewry. (2008, 2009, 2011). Container market - annual review and forecast. London: Drewry Shipping Consultants.

Dynamar (2002). Top 25 container liner operators trading profiles. Alkmar: Dynamar.

Fossey, J. (1990). Top 20 carriers consolidate. Containerisation International, June 1990, 46-49.

Fossey, J. (1997). NOL/APL shockwaves. Containerisation International, December 1997, 6-7.

Fusilo, M. (2009). Structural factors underlying mergers and acquisitions in liner shipping. Maritime Economics and Logistics, 11, 209-226.

Michaels, D. (2012). Plane Lessor Avolon Sets Boeing Order. The Wall Street Journal, July 12, p 13.

Midoro, R and Pitto, A. (2000). A critical evaluation of strategic alliances in liner shipping. Maritime Policy & Management, 27(1), 31-40.

Porter, J. (2006). Maersk faces P&O Nedlloyd invoice crisis. Lloyd's list, 31.08.2006, p 1.

Ryo, D. K. and Thanopoulou, H. A. (1999). Liner alliances in the globalization era: a strategic tool for Asian container carriers. Maritime Policy and Management, 26(4), 349-367.

Sheppard, E. J. and Seidman, D. (2001). Ocean Shipping Alliances: The Wave of the Future? International Journal of Maritime Economics, 3, 351-367.

Slack, B; Comtois, C and McCalla, R. (2002). Strategic alliances in the container shipping industry: a global perspective. Maritime Policy and Management, 29(1), 65-76.

Stopford, M. (2009). Maritime Economics. London and New York: Routledge.

UNCTAD (2013). Review of Maritime Transport. United Nations: New York and Geneva.

Watanabe, I. (2000). The Fifth Generation of Containerisation: A Mixed Outlook. Ports and Harbors, April 2000, 11-15

II. Nachhaltige Logistik

Helping to establish pathways to a comprehensive framework of logistics performance

Irina Dovbischuk[1]

Abstract

A short critical review of the logistics performance is made following two steps: using the deductive approach, the state of development of logistics as a discipline and its scope are compared. Following the example of green surface freight and using the inductive approach, limitations of the existing logistics performance concept are shown. Both steps should underline the need to set a systematic and interdisciplinary theoretical framework and to establish methods of logistical performance measurement in order to cope with the growing complexity of business in the era of digitalization and sustainability.

1. Motivation

Scholars are drawing on a number of disciplines to analyse logistics performance. On one side, starting with a limited number of objects of inquiry, with the globalisation and the growing importance of environmental and social issues, scholars have started to update the scope of logistics systems and capture their complexity using different theoretical perspectives along different aggregation levels. Additionally, the output of logistics services also encompasses the so-called negative by-products, increasing in past decades, which stresses the need for a standardised comprehensive quantitative performance measurement at micro- and macroeconomic levels.

In this sense, the value of this contribution is not in the quantitative completeness, but in the showing qualitative differences within the performance measurement framework, depending on the scope of logistics as a discipline, and also in revealing the limited logistics performance measurement at macroeconomic level within the example of green surface freight in selected countries.

---

1 Dr. Irina Dovbischuk, Professoral Candidate, Chair of Maritime Business and Logistics, University of Bremen

© Springer Fachmedien Wiesbaden GmbH, ein Teil von Springer Nature 2018
I. Dovbischuk et al. (Hrsg.), *Nachhaltige Impulse für Produktion und Logistikmanagement*, https://doi.org/10.1007/978-3-658-21412-8_6

2. The scope of logistics and logistics performance

Although the importance of logistics is tremendous in the current business world, it has not yet been regarded as a clear, formulated independent scientific discipline or neither as a theory. The first considerations about logistics go back to military logistics and the first attempts to formulate logistics theory: 1950s in the USA (Morgenstern 1950) and 1970s in Germany (Kirsch 1971). It was more than half a century ago but until now logistics or logistics performance are not clearly defined.

That may be due to the fact that logistics stands at the intersection of so many disciplines and at the interplay of many other subject areas, so that it is known under many names, as Gudehus (2010: xix) admits. For example: material handling engineering, transport services, supply chain management etc. Depending on the view of what the objects of logistics are, there are different positions within literature on how to define a boundary of logistics definition, which, at the same, could serve as a boundary for logistics performance. Two different views are explained in the following.

There are two distinction possibilities: depending on the classification of logistics as a special management study, or depending on how wide the logistics function is considered to be in a company. The first distinction, which is, among others, partly linked with the second one, is as follows.

The German management studies are further divided into specialised management studies: factor, functional and leadership management studies (Weber 1996: 6).[2] The leadership management study has a superordinate leadership or the so-called "meta-leadership" level due to the complexity of leadership decisions, which are necessary to be coordinated at this meta-level (Weber 1996: 5). Thus, logistics is considered to be a meta-leadership management study as a result of its extensive coverage within the meta-leadership level in a company. Other scholars see only the functional role of logistics in the management and implementation of transportation, handling and storage. They consider logistics as a special functional management study.

Following the second distinction possibility, the difference in the defining of logistics in a company can be shown on the basis of three criteria: the objects of inquiry of logistics, its goals and its tasks (Göpfert 2016: 42). The analysis of different logistics schools in Germany and beyond of Göpfert (2016) shows two ways of defining logistics: as a flow of objects or as flowing value adding economic systems.

---

2 One another way is a breaking down into institutional specialised management studies as considered in Pfohl, 2010: 64.

The flow orientation of logistics is influenced by the Council of Supply Chain Management Professionals (CSCMP). According to them, logistics is "the process of planning, implementing, and controlling procedures for the efficient and effective transportation and storage of goods including services, and related information from the point of origin to the point of consumption for the purpose of conforming to customer requirements. This definition includes inbound, outbound, internal, and external movements" (CSCMP 2013: 117). Thus, logistics is seen as an efficient flow of objects at a company or inter-company level (Pfohl 2016: 4). The second view considers logistics as a specific perspective on economic relationships: these are flows of objects through logistics chains and networks of processes and activities (so-called flow systems) in order to minimize costs, maximize value and improve their adaptability to the environmental changes (Klaus 2002: 29). Thus, both views are flow-oriented but the second one has a larger coverage in terms of aggregation levels of logistics, essentially for a systematic and interdisciplinary framework for logistics performance, integrating micro- and macroeconomics perspectives.

In order to re-evaluate the understanding of the scope of logistics, taking into account the latest developments like digitalization or sustainability, the scientific advisory board of BVL proposed a position paper on logistics in 2010, which was updated in 2017. According them, logistics as an applied science provides recommendations on design and implementation of flowing economic systems, based on the division of labour. To do so it analyses and models these economic systems by breaking them down into networks of flows and objects through space and time. Thus, the primary scientific questions of logistics as a discipline relates to the configuration, organization and management of these networks, following the balanced fulfilment of economic, ecological and social objectives (Delfmann et al., 2010: 3). In the era of digitalization, logistics is becoming self-organized and adaptive or the so-called Logistics 4.0 (acatech 2013: 26, 109), designing the flowing economic systems within the fourth industrial revolution or Industry 4.0 for short (Delfmann et al. 2017: 5).

Taking into account this broad scope of logistics, it should be further interlinked with the multifaceted performance framework at micro- and macroeconomic levels. Following the empirically inductive approach, the limitations of logistics performance measurement at the macroeconomic level will be comparatively described for the economies of Germany, Vietnam and Thailand in the following.

3. Green surface freight

Green freight is commonly associated with a higher degree of logistics performance (Arvis et al. 2016: 35), resulting in site competitiveness and minimizing logistics costs and negative footprints locally and globally. It encompasses the use of smart technologies (ICT) as its enabler (ITF 2017). At least these three interrelated facets of logistics performance at macroeconomic level are obvious, but are not directly included into the countries' logistics performance like the Logistics Performance Index (LPI) or the Global Competitiveness Index (GCI) as it will be outlined in the following.

The newest estimation of the International Transport Forum (ITF) says that the total surface freight (rail and road) is expected to triple from 32 000 billion tonne-kilometres in 2015 to 83 000 tonne-kilometres in 2050 (OECD, ITF 2017: 58). The global footprint of the total freight transport amounted to 3780 billion tonnes, or about 7.56 % of all man-made emissions in 2015 in OECD countries. This, especially road freight, brings challenges within the baseline scenario – the global footprint of road freight (together with passenger transport) will grow by more than 70% until 2050 (OECD, ITF 2017: 61). Especially in Asia, where, the surface freight tonne-kilometres are expected to increase by a factor 3.2 from 2015-2050, accounting for over two-thirds of global surface freight CO_2 emissions (OECD, ITF 2017: 58).

Apart from the difficulties with the measurement and allocation of the global footprint, local footprints of logistics have many forms: air quality, noise, biodiversity, water environment, landscape etc. One of the air quality pollutants, caused by road transport, is particular matter (PM), limited by the Ambient Air Quality Directive to an annual mean of $25\mu g/m3$ in Germany, or recommended by the stricter Air Quality Guidelines, set by the WHO, to not exceed an annual mean of $10\mu g/m3$ (EEA 2016: 27). The assessments in Germany (with about 400 measurement stations, operated by the federal states) and Thailand (with only 19 air quality measurement stations in 14 provinces across the country) showed that most of the stations recorded levels higher than the WHO recommendation, especially in close proximity to major roads and affected by traffic sources (EEA 2017, Pratch 2017). Finally, Vietnam's urban areas are particularly affected by heavy traffic with an average PM 2.5 concentration of $54.6\mu g/m3$. The air quality in Hanoi was slightly further decreasing in the first quarter of 2017 and remained "unhealthy for sensitive groups" (VSEA 2017). Both global and local footprints should be included into the logistics performance following the balanced fulfilment of economic, ecological and social objectives.

The next dimension of logistics performance is the monetary one, expressing the logistics costs at a macroeconomic level. The first methodology to estimate national logistics costs goes back to the work of Heskett et al. (1973), who proposed to project the total national logistics costs of the USA as the sum of four types of commercial activities: transportation, inventory, warehousing and order processing. This methodology was further adjusted by CSCMP, so that only three key components remained: inventory costs including warehousing, transportation costs and administration costs. There are three ways to calculate logistics costs at a national level using this methodology: as a percentage comparison with the GDP, as an absolute amount or as a percentage of sales or turnover. Apart from a modelling using secondary statistics data, other applied methodologies may use collections of empirical data through a survey or case study method. These differences make the intercountry comparison difficult or impossible, even if the methodological framework remains the same. Thus, methodologies on how to measure logistics costs are country-specific in Germany, Thailand and Vietnam. All three are shortly described in the following, before a comparative overview is given.

In Germany, there is no national logistics costs estimation based on GDP to the author's knowledge but the German Logistics Association fulfilled a questionnaire-based study of industry, trade and service-oriented companies in 2008 and 2013 to find out logistics costs (Straube and Pfohl 2008, Handfield et al. 2013). The first study was based on responses of 897 respondents from Germany and 155 from Europe and covered five industry sectors: iron and metal, chemical, electronics / high tech, automotive, and plant engineering. The scope of the second study was larger in terms of both: respondents' feedback and cross-industry coverage. It was based on 1757 responses from different continents and covered five additional industry sectors: retail, fast moving consumer goods (FMCG), textile, materials / mining, and energy (Handfield et al. 2013: 13). Both studies consider transport costs with the help of six components: administrative costs, costs of value-added services, packaging, transportation costs, warehousing costs, and inventory costs (Handfield et al. 2013: 29). Table 1 shows the share of logistics costs as percentages of overall revenues in four industries: automotive, FMCG, textile, and plastic (Handfield et al. 2013: 19).

	Germany	Thailand	Vietnam
Logistics costs 2009 | 2016 | 2021 (% of GDP)	No data	16.8 | **14** | 12 (7)	22.5 | **20.8** | 18
Methodology		Statistics-based	No data
Industry-specific logistics costs automotive | FMCG | textiles | plastic (% of all sales/revenues, year)	6 | 8 | 9 | 10 (2012)	8.5 | 6.6 | 6.6 | 8.8 (2011)	No data
Methodology	Questionnaire-based	Questionnaire-based	
Inland road freight (% of total inland tkm, year)	72 (2014)	97.68 (2015)	75.28 (2012)

Tab. 1: Quantifying logistics costs in Germany, Thailand and Vietnam

In Thailand, two methods of transport costs estimation could be found in the literature: logistics costs as a share of GDP and as a share of sales in a cross-industrial comparison. The first method is conducted by the Office of the National Economic and Social Development Board (NESDB), which has applied the self-developed statistics-based model to quantify logistics costs since 2003. The latest report was made in 2010 (NESDB 2010) and has three components: transportation, inventory holding and logistics administration costs.

Furthermore, a questionnaire-based study on the Development of a Supply Chain Performance Tool was proposed and fulfilled in Thailand using the date from the supply chain performance database for different logistics service providers in 2011 (Banomyong and Supatn 2011). The logistics cost structure was similar to the German study but outlined for four (instead of six) cost components: administration, transportation, warehousing, and inventory costs (Banomyong and Supatn 2011: 26), which were further measured for different industry sectors. Table 1 clearly shows the shares for the sectors automotive, FMCG, textile, and plastic (Banomyong n.y.).

A special problem in the model split of Thailand is the unattractiveness of the rail transportation system for business, due to their unreliability, insufficient locomotives and carriages, and a frequency lower than the given demand. Furthermore, most of the double-track railways for major trade routes were still under construction in 2009 according to the last available version of the logistics report (NESDB 2010: 14). As a result, domestic transport relies on roads (97.68% in 2015), while international transport relies on waterways and roads by 86% and 13% respectively (TIR 2016: 5).

In Vietnam, there is to date no established method for how to measure national logistics costs, but an ongoing World Bank (2016) project exists to develop standardized trade logistics indicators and the methods for collecting, processing and reporting trade logistics data on an annual basis. The Japan International Cooperation Agency (JICA) estimated logistics costs, based on a combination of their own survey and the World Bank statistics, to 20-25% of the GDP in 2010 (JICA 2010: 4-47), showed as average in Table 1 above. The actual share and future goal were stated in the Vietnam logistics market report as 20.8% and 18% respectively (Biinform 2017, MoIT 2017). As Table 1 shows, road freight accounts for the highest share in the domestic cargo modal split at around 75 % in Vietnam, followed by the second-highest mode of inland waterways (17.56%). The coastal sea share (6.41%), railroad cargo (0.73%) and air cargo (0.02%) round up the picture from 2012 (Banomyong 2017). In the following, a comparative overview of the inclusion of the last introduced monetary facet of logistics performance – logistics costs – into two indicators as Logistics Performance Index (LPI) and Global Competitiveness Index (GCI) will be given.

4. Logistics performance ranks and green surface freight

Having sketched the present situation and future outlooks of green surface freight in the selected high- and middle-income countries by using selected inter-related facets of logistics performance in Section 3, the coverage of the logistics costs in two indicators as Logistics Performance Index (LPI) and Global Competitiveness Index (GCI) will be analysed in the following.

Starting with the LPI, logistics costs are included into ranking of countries, based on three input- and three output indicators. The input indicators are "Customs", "Infrastructure", and "Services quality" and are regarded as areas for policy regulations (Arvis et al. 2014: 7). These part scores are shown in Table 2 for three selected countries (Arvis et al. 2016: 39). Transport costs are included in the logistics performance using the following assumption: Germany, Thailand and Vietnam face transport costs are trade off between direct transportation costs and indirect or induced costs, as a result of the unreliability of supply chains. The LPI's view on transport costs is seen from the perspective of transportation costs in landlocked countries, in which not only direct transport operating costs but also time delays and unpredictability matters count as indirect or induced transport costs (Arvis et al. 2010: 1).

	Germany	Thailand	Vietnam
Logistics Performance Index (LPI), 2016			
Rank (of 160)	1	45	64
Part score "Infrastructure" (1.24-4.44)	4.44	3.12	2.70
Global Competitiveness Index (GCI), 2016			
Rank (of 138)	5	34	60
Part score "Quality of overall infrastructure" (1-7)	5	34	60
Normalized Score (LPI / GCI) "Infrastructure" (1-100)	100 / 78.33	58.75 / 51.67	45.63 / 43.33
Deviation LPI-GCI, in %	21.67	7.08	2.3

Tab. 2: Quantifying logistics costs in Germany, Thailand and Vietnam

Indirect transport costs are considered to be even larger than direct transport costs in the countries with very low LPI or landlocked countries (Arvis et al. 2010: 1). The definition of transportation costs is made as a relation between induced and direct freight costs, if putting them on a normalized scale: a nonmonetary measure of the relative level of costs across countries, as assessed by respondents in the survey (Arvis et al. 2007). By making such a logistics model, with a utility quadratic in the logistics performance index, both types of costs can be figured as curves, crossing each other at a particular mean score of the logistics performance index (Arvis et al. 2007: 16 (Fig. 2.2)). Thus, induced costs are the percentage of respondents saying that import shipments are not cleared and delivered on time. Direct costs are the percentage of respondents saying that overall direct logistics costs are high in comparison to international standards. In the LPI for year 2007 freight costs tended to increase after the overall LPI score reaches a mean score of 2.9. Thus, countries with lower mean scores like Vietnam or Thailand tend to have higher induced costs (as a part of general freight costs) in comparison to Germany. At the same time the induced costs are expected to be higher in Vietnam (mean score 2.98) in comparison to Thailand (mean score 3.36).

The Global Competitiveness Index (GCI), created by the World Economic Forum, is another ranking that includes, among others, a logistics performance sub-score. Comparing with the LPI, the GCI covers a broader scope – it captures concepts that matter for productivity and long-term prosperity in a country, and encompasses 144 indicators within 12 pillars (WEF 2016). Pillar 2 "Infrastructure" consists of two groups of indicators: "Transport infrastructure" and "Electricity and telephony infrastructure". Similar to the LPI, the scores of the subgroup "Transport infrastructure" are survey-based and multi-modal oriented, but the GCI does not collect data on the quality of warehousing & transloading or ICT directly. Nevertheless, the GCI sub-indicator of "Transport Infrastructure" – "Quality of overall infrastructure" – is comparable with the LPI's "Infrastructure" components, expressed as a question in the Executive Opinion Survey: "How do you assess the general state of infrastructure (e.g. transport, communications, and energy) in your country?" (WEF 2016: 372). By putting the sub-scores "Infrastructure" and "Overall quality of infrastructure" of both rankings on a scale of 0 to 100, where the higher scores represent the better values, using min-max method and the given minimum and maximum scores in the LPI and GCI of 1.24-4.44 and 1-7, respectively, the normalized values by the scale 0-100 are shown in Table 2. The highest deviation in the assessment of the quality of the infrastructure by comparing the two ranks is given by Germany (21.67%), followed by Thailand (7.08%) and Vietnam (2.3%).

5. Conclusions

Thus, this contribution emphasises the necessity to deliver new explanations for theoretical framework and to catalogue measures for performance measurement and its causal loops, among others within the scope of logistics, growing in parallel with the new trends and challenges of a company's environment. Using multidisciplinarity and the continuous back and forth between inductive and deductive research design, often fulfilled with the help of the Grounded Theory Method (Glaser and Strauss 1971: 49) or mix-method meta analysis (Creswell 2015), it is necessary to identify highly interrelated facets of performance in order to subtract a comprehensive framework of performance measurement at micro- and macroeconomic levels.

In the cross-cultural review of green freight, it is obvious that some important factors like global and local footprints are excluded from logistics performance. That means that a country with heavy smog in urban areas, partly induced by transport activity, can be regarded as one with a higher logistics performance in comparison with a country with a lower environmental footprint but higher logistics costs. It is necessary to assess local and global environmental costs and to regard them balanced with the direct logistics costs.

Furthermore, the ICT as an enabler of green freight should be more directly assessed due to its crucial role for the Logistics 4.0. Another important facet of performance, not regarded in the cross-cultural comparison, is the social sustainability, expressed, for example, through the employment conditions in the logistics sector, would further balance the overall rank of the logistics on a macro-economic level and sensitize business to the social issues. For example, in Germany, the country with the highest LPI and the share of 72% of the inland road freight, professional drivers are increasingly criticizing the circumstances of their working lives (BMVI 2017: 49).

Finally, a comprehensive and well-balanced framework for logistics performance is an important pillar of the "right" policy regulations for the enhancement of the overall logistics performance instead of only focusing on competitiveness or decarbonising transport.

References

Acatech (2013). Umsetzungsempfehlungen für das Zukunftsprojekt Industrie 4.0: Abschlussbericht des Arbeitskreises Industrie 4.0. acatech.
Arvis, J.-F.; Mustra, M. A.; Ojala, L.; Shepherd, B. & Saslavsky, D. (2010). Connecting to Compete 2010: Trade Logistics in the Global Economy. World Bank, Washington.
Arvis, J.-F.; Mustra, M. A., Panzer, J.; Ojala, L. & Naula, T. (2007). Connecting to Compete 2007: Trade Logistics in the Global Economy. World Bank, Washington.
Arvis, J.-F.; Saslavsky, D.; Ojala, L.; Shepherd, B.; Busch, C. & Raj, A. (2014). Connecting to Compete 2014 : Trade Logistics in the Global Economy – The Logistics Performance Index and Its Indicators. World Bank, Washington.
Arvis, J.-F.; Saslavsky, D.; Ojala, L.; Shepherd, B.; Busch, C., Raj, A. & Naula, T. (2016). Connecting to Compete 2016: Trade Logistics in the Global Economy – The Logistics Performance Index and Its Indicators. World Bank, Washington.
Bank, W. (2016). Vietnam Logistics Statistical System [Online]. Available: http://documents.worldbank.org/curated/en/686201468120555191/pdf/ISDSC16568.pdf [Accessed on 10.01.2018].
Banomyong, R. (2017). Vietnam in 2030. In: Hollweg, C. H., Smith, T. & Taglionil, D. (eds.) Vietnam at a crossroads: engaging in the next generation of Global Value Chains. World Bank, Washington.
Banomyong, R. (n.y.). Developing capicity & network in Thailand.
Banomyong, R. & Supatn, N. (2011). Developing a supply chain performance tool for SMEs in Thailand. Supply Chain Management: An International Journal, 16, 20-31.
Biinform (2017). Vietnam Logistics Market Report. Hanoi: Vietnam Business Insights.
BMVI (2017). Freight Transport and Logistics Action Plan. Berlin: Federal Ministry of Transport and Digital Infrastructure (BMVI).
Creswell, J. W. 2015. A concise introduction to mixed methods research, Thousands Oaks, SAGE.
CSCMP (2013). CSCMP Glossary.
Delfmann, W.; Dangelmaier, W.; Günthner, W.; Klaus, P., Overmeyer, L., Rothengatter, W., Weber, J. & Zentes, J. (2010). Positionspapier zum Grundverständnis der Logistik als wissenschaftliche Disziplin. In: Wimmer, T. & Delfmann, W. (eds.) Strukturwandel in der Logistik. Hamburg: DVV Media Group, Dt. Verkehrs-Verl.
Delfmann, W., Ten Hompel, M., Kersten, W., Schmidt, T. & Stölzle, W. (2017). Positionspapier des Wissenschaftlichen Beirats der Bundesregierung Logistik (BVL). Bremen: BVL e.V.
EEA (2016). Air quality in Europe – 2016 report. Luxembourg: European Environment Agency (EEA).
EEA (2017). Exceedances of air quality objectives due to traffic [Online]. Available: https://www.eea.europa.eu/data-and-maps/indicators/exceedances-of-air-quality-objectives [Accessed 10.01.2018].
Glaser, B. G. & Strauss, A. L. (1971). The discovery of grounded theory, New York, Aldine.

Göpfert, I. (2016). Logistik der Zukunft - Logistics for the Future, Wiesbaden, Springer Gabler.
Gudehus, T. (2010). Logistik, Berlin, Springer.
Handfield, R., Straube, F., Pfohl, H.-C. & Wieland, A. (2013). Trends and strategies in logistics and supply chain management. Bremen: BVL.
Heskett, J. L., Glaskowsky, N. A. & Ivie, R. M. (1973). Business logistics: physical distribution and materials management, New York, Ronald Press.
ITF (2017). Decarbonising Transport. Paris.
JICA 2010. The comprehensive study on the sustainable development of transport system in Vietnam (VITRANSS 2).
Kirsch, W. (1971). Betriebswirtschaftliche Logistik. Zeitschrift für Betriebswirtschaft, 41, 221-234.
Klaus, P. (2002). Die dritte Bedeutung der Logistik, Hamburg, Dt. Verkehrs-Verl.
MOIT (2017). [The Ministry of Industry and Trade] MoIT to lower logistics costs [Online]. Vietnam News. Available: http://vietnamnews.vn/economy/351259/ moit-to-lower-logistics-costs.html [Accessed 10.01.2018].
Morgenstern, O. (1950). Note on the formulation of the theory of logistics. Naval research logistics quarterly, 5, 129-136.
NESDB (2010). Thailand Logistics Report. Bangkok: Office of National Economic and Social Development Board (NESDB).
OECD/ITF (2017). ITF transport outlook: funding transport. Paris.
Pfohl, H.-C. (2010). Logistiksysteme, Berlin, Springer.
Pfohl, H.-C. (2016). Logistikmanagement, Berlin, Springer.
Pratch, R. (2017). Air pollution alert in 14 Thai provinces. The Jakarta Post.
Straube, F. & Pfohl, H.-C. (2008). Global Networks in an Era of Change – Environment, Security, Internationalisation, People. Bremen: BVL.
TIR (2016). Thailand Investment Review. In: Thailand Board of Investment. (ed.). Bangkok: Thailand Board of Investment.
VSEA. (2017). Air quality Update on 1st quarter 2017 for Hanoi and Ho Chi Minh City [Online]. Vietnam Sustainable Energy Alliance (VSEA). Available: https://www.vsea.info/single-post/2017/04/20/Air-quality-Update-on-1st-quarter-2017-for-Hanoi-and-Ho-Chi-Minh-City [Accessed 10.01.2018].
Weber, J. R. (1996). Zur Bildung und Strukturierung spezieller Betriebswirtschaftslehren. Ein Beitrag zur Standortbestimmung und weiteren Entwicklung, 56, 63-84.
WEF (2016). The Global Competitiveness Report 2016-2017.

Plädoyer für klimafreundliche multimodale Verkehre bis 2050

Herbert Kotzab[1], Hans Unseld[2]

Abstract

Verkehrspolitikern wird derzeit immer klarer, dass die bisherigen Strategien zur Steigerung von Marktanteilen des Schienengüterverkehrs offenbar zu wenig zur Erreichung der Klimaziele im Verkehr bis 2030 beitragen werden. Dieses Plädoyer schlägt anstelle des bisherigen evolutionären, einen disruptiven Ansatz mit Innovationen vor, der einen signifikant höheren Anteil von multimodalen Verkehren bis 2050 zu schaffen verspricht.

1. Ausgangspunkt der Überlegungen

Der Straßengütertransport und seine Leistungsparameter als Verkehrsmittel bestimmen heute nahezu ausnahmslos die außerbetrieblichen Transport-Dienstleistungen und bilden das Rückgrat aller wettbewerbsfähigen Logistikprozesse zwischen einer Vielzahl von Quellen und Senken, Produzenten und Verbrauchern (Gudehus, 2010). Diese Position gründet sich einerseits auf der hohen Innovationskraft der anbietenden Hersteller von Fahrzeugen, und der fokussierten Kreativität von Logistikdienstleistern in ihrer Rolle als deren Nutzer andererseits. Der Wettbewerb innerhalb der Branche verlangt darüber hinaus ein Höchstmaß an Flexibilität und Agilität, um den sich ständig verändernden Marktbedingungen gerecht zu werden (Kotzab und Unseld 2015).

Der Bahnverkehr kann schon seit Jahren dieser Entwicklung nicht mehr folgen; er verliert Marktanteile und die Verlagerung vom Straßen- auf den Bahnverkehr ist nur in ausgewählten Ausnahmefällen erfolgreich. Auch das derzeitige Leistungsangebot des kombinierten Ladungsverkehrs erfüllt die in ihn gesetzten Erwartungen eines deutlichen Klimaschutzbeitrags durch Verkehrsverlagerung offensichtlich nicht (Flämig et al. 2017). Diese Lage erfordert fortschrittlichere Konzepte für das System „Bahntransport und Logistik" (Flämig et al. 2017). Auf

---

1 Prof. Dr. Herbert Kotzab, Professor, Lehrstuhl für ABWL und Logistikmanagement, Universität Bremen
2 Hans G. Unseld, Systems Architect für Schienengüterverkehr, CargoInnovations Wien

© Springer Fachmedien Wiesbaden GmbH, ein Teil von Springer Nature 2018
I. Dovbischuk et al. (Hrsg.), *Nachhaltige Impulse für Produktion und Logistikmanagement*, https://doi.org/10.1007/978-3-658-21412-8_7

diese Konzepte und davon abgeleitete Optionen zielt dieses Plädoyer und soll in der Folge eine Debatte über *Multimodale Netzverkehre* (MN) anregen.

Die hier dargelegte Herausforderung besteht in der Integration der unschlagbaren spezifischen Energieeffizienz der Schiene mit der individuellen Flexibilität und Agilität des Straßentransports in einer neuen synergetischen Dimension, die mit der grundlegenden Fragestellung beginnt:

In welchem Ausmaß wird es gelingen, klimafreundliche Verkehre zu einem zentralen persönlichen Anliegen der Öffentlichkeit, der Konsumenten und der wesentlichen wirtschaftlichen Akteure im relevanten Entscheidungszeitraum zu machen, und wie soll dieser Veränderungsprozess durchgeführt werden?

2. Vorgeschlagene Vorgehensweise

Das hier vorgelegte Plädoyer für eine umfassend neue und disruptive Sichtweise auf den Schienengüterverkehr ist ein Aufruf zum schrittweisen Einsatz von aktuellen und künftigen Top-Innovationen auch an der Schnittstelle zum Bahnsektor und dessen Umfeld. Die Motivation dahinter ist die Erkenntnis, dass sich über einen ambitioniert-realistischen Weg der konventionelle kombinierte Ladungsverkehr zu der *neuen klimafreundlichen Verkehrsmodalität MN* weiterentwickeln und die Bahn zu einem wettbewerbsfähigen Transportleistungsträger im Sinne einer Verkehrswende ergänzen ließe.

Methodisch soll dies durch eine gezielte Modernisierung der Bahn und Nutzung der Digitalisierung geschehen, womit Verkehrsverlagerungen von der Straße auf die Schiene auch auf die empfohlenen kürzeren Distanzen attraktiver werden. Folglich sollte es mit diesem Verfahren gelingen, durch volumenstarke Verkehrsverlagerungen den Anteil der klimafreundlichsten Verkehre an der Verkehrsleistung schrittweise bis 2050 signifikant zu steigern (Bergk et al. 2016). Wir schlagen vor, bestehende Innovationsprogramme für die Güterverkehre auf Schiene und Straße um eine Migrationsstrategie hin zu einer durchgehend integrierten Multimodalität zu ergänzen. Unser Aufruf ergänzt somit die gegenwärtigen Diskussionen über zukünftige Bahnsysteme, Verkehrsverlagerung, Klimaschutz, Digitalisierung und Antrieb (Hecht und Schwedes n.d.; Jonuschat et al. 2016; Lobig et al. 2016) um Ideen zu einem vernetzten und integrierten multimodalen Logistik- und Transportsystem und unterstützt damit die aktuellen, in Madrid dargelegten Vorschläge zu Linienverkehren der Experten aus dem Projekt C4R (C4R, 2017).

3. Basisfundament für Multimodale Netzverkehre
3.1. Infrastruktur

Multimodale Netzwerke (MN) bauen auf der *Nutzung und Wahrung der gewachsenen Infrastrukturen für Bahnen und Straßen* sowie deren ohnehin fälligen Weiterentwicklungen auf. Dies ist mit einem zukunftsorientierten Migrationspfad auf der Grundlage von Building Information Modeling (Holness 2008) in Richtung Multimodalität, Netz- und Taktbetrieb sowie sehr hoher logistischer Leistungsfähigkeit zu verbinden (BMVDI 2017a, 2017b). In einem ersten Schritt können beispielsweise bestehende Bestands- und Ausbaupläne für die folgenden Themen beispielhaft untersucht werden:

(1) Zugangsstellen als 24/7/365h Betriebsstätten: Die flächendeckende Schaffung innovativ-effizienter Übergänge für Ladeeinheiten zur Verknüpfung von Straße und Schiene an ausgewählten Standorten;
(2) Digitalisierung: Die Installation eines flächendeckenden „way-side" Identifikationssystems inklusive eines Fahrtmanagementsystems für alle Fahrobjekte [Ladungen sowie automatisch und manuell fahrender Fahrzeuge auf Schiene und Straße];
(3) Nebenbetriebe an Fahrstraßen: Die Strukturierung der Transportwege nach sozioökonomischen Grundlagen an ausgewählten Standorten für geplante Verkehrsstromunterbrechungen für Verkehrsobjekte: Schaffung von Zonen für Fahrer (Ruhen), Fahrzeug (Laden und Tanken) und Fracht (Laden und Puffern).

3.2. Transportmittel und Technologien

Die derzeit eingesetzten Mittel unterliegen einer fortwährenden Neu- und Weiterentwicklung, wobei Markt, Wettbewerb, Standardisierung und politisch festgelegte Regeln treibende Faktoren sind. Während jeder Logistikdienstleister seine Anforderungen bei den angebotenen Straßenfahrzeugen weitestgehend erfüllt findet, trifft dies für einen Bahndienstleister, der aktiv mit der Straße konkurrieren will, im Rahmen seines Technologieumfeldes kaum zu (Unseld and Kotzab 2015).

Wir schlagen hierzu vor, über das Angebot eines multimodalen Netzwerks grundlegend günstigere Voraussetzungen für eine aktivere Nutzung des Bahnverkehrs für Logistikdienstleister zu schaffen, in dem sich Ladungen multimodal und als Objekte nach Algorithmen und Regeln auf Routen innerhalb des gesamten Netzwerks bewegen. Damit umreißt der Vorschlag systemtechnische Grundlagen für ein vom Markt getriebenes Programm zur Verlagerung auf klimafreundliche Verkehrsalternativen (siehe u.a. Flämig et al. 2017).

Die folgenden Kernfunktionen in einem MN-Netz erfordern grundlegende Innovationen zum schrittweisen Ausbau seines vollen Leistungsangebots:

(1) Logistik-Güterwagen: 5L-Güterwagen mit hoher Ladekubatur für den Transport von logistisch optimierten Ladeeinheiten;
(2) Ladeeinheiten: Neue Typenserie bahnspezifischer Ladeeinheiten für neue Bahnmärkte;
(3) Anlagenmodule: Modulare und autonome Hebe-, Lade-, intra-Terminaltransport- und Handlingsysteme vor allem zum Betrieb von multimodalen Linienverkehren.

Alle Themen müssen ladungsseitig abwärtskompatibel zum aktuellen Bestand sein.

3.3. Vernetzung, Big Data und IT-Systeme

Die Dienstleistungsangebote dieses Verkehrsnetzes sind nur mit Hilfe hoch leistungsfähiger IT-Systeme darstellbar, vor allem, wenn Netztransporte offen betrieben werden sollen (Jonuschat et al. 2016; Malleck und Mecklenbräuker 2015). Mit ersten Schritten sollen zum Einstieg Kernthemen über diese Fragen exemplarisch untersucht werden:

(1) Datenschutz und Sicherheit: Wie kann eine mandantensichere Kommunikation und Prozessführung in Echtzeit aussehen?
(2) Algorithmen und Big Data: Welche Prozessschritte erfordern eine planerische und / oder eine eventgesteuerte Optimierung, und wie mit welchen Algorithmen lassen sich Trennung und Steuerung von Material- und Transportfluss innerhalb der Supply-Chain auf Ladungsebene automatisieren?
(3) Serviceautomatisierung: Wie sieht die Wertschöpfung zu Beginn, entlang und am Ende des Materialflusses aus?

Themen wie diese werden für den Erfolg der Bahn 2050 wichtig werden.

Ein schrittweiser und kluger Aufbau eines *Netzes* für *MN* kann z.B. durch DB Netz als dem zentralen deutschen Bahninfrastrukturunternehmen innerhalb des Infrastrukturbestandes plan- und schrittweise zu einer stetigen Steigerung des besonders emissionsarmen Transports zu wettbewerbsfähigen Konditionen auf der

Schiene führen. Es ist vorstellbar, dass der klimafreundliche Multimodale Netzverkehr erheblich zu einer positiven Klimabilanz bis 2050 beitragen kann. Bis dahin bleiben noch 33 Jahre. Wenn noch 8 bis 10 Jahre zum „Hochfahren" der Logistikverkehre angesetzt werden, bleiben 25 Jahre Zeit zur Umsetzung dieses ambitionierten Vorhabens.

Als ein klares Bekenntnis zum klimafreundlichen Güterverkehr sollte das Vorhaben *neben der Elektromodalität* ohne Verzug durch den Eigentümer der Bahn und damit „im eigenen Haus" und *als ein weiterer für die Bevölkerung sichtbarer Beitrag* umgesetzt werden. Das wäre ein erkennbares Signal für eine vorbildliche Maßnahme des Bundes.

4. Menschen für klimafreundliche Verkehre gewinnen
4.1. Ausgleich zwischen Ökologie und Ökonomie

Die in der COP21 Konvention niedergelegten Fakten gelten seit der Pariser Klimakonferenz als eine globale Richtschnur zur Einhaltung einer maximal 2%-igen Klimaerwärmung bis 2050 (United Nations 2015). Diese globalen Strategien gehen konform mit jenen von der EU in ihrem Weißbuch zum Verkehr festgelegten Zielen (Europäische Kommission 2011). Sie sind auch eine Richtschnur für den nationalen Rahmen in Deutschland, der über den MKS-Prozess des BMVI seit 2012 nach Lösungen und Strategien für Maßnahmen sucht, mit denen diese Ziele in einem wissenschaftlich-sozialen Konsens erreicht werden könnten (BMVI 2017c).

Die bisherigen Bemühungen um eine Senkung der Schadstoffemissionen in Richtung 2020 deuten bisher nicht auf eine erfolgreiche deutsche Klimaschutzpolitik hin (BMUB 2017). Im Ausgleich von Ökonomie und Ökologie wird offenbar den aktuell belegbaren wirtschaftlichen Daten zu häufig eine höhere Gewichtung als den komplexen mittel- und langfristigen Wirkungsketten von schützenswerten Gütern eingeräumt. Dieses Dilemma der Disparität von in einer angenommenen Zukunft liegendem Wissen über die Wirkungen und die in dieser Zukunft liegenden ökologischen Rahmendaten und Prognosen muss gelöst werden. Dazu zählen auch Prognosen zu Transportkosten, insbesondere die für die Potenziale der Bahn. Schon allein aus diesem Grund muss die strukturelle Wettbewerbsfähigkeit des Bahnverkehrs mit höchster Priorität gesteigert werden. Dieser Prozess muss entlang langfristig wirtschaftlich attraktiver Lösungspfade, mit hohem Einsatz von Innovationen und Digitalisierung und transparent für öffentliche Meinungsbildner geführt werden.

4.2. Klimafreundliche Verkehre zu persönlichen Anliegen machen

Umso mehr stellt sich die Frage, wie ein gesellschaftlicher Konsens für Maßnahmen aussehen kann, der über „low-hanging-fruits" und kosmetische bzw. werbeträchtige Beiträge in Transport und Logistik hinausgehen muss. Dazu sollten auch Fragen zugelassen werden, welche eine deutliche Infragestellung bzw. sogar Abkehr von der aktuell und eindeutig am steigenden Konsum seiner Kunden orientierten wirtschaftspolitischen Strategien zum Ziel haben (Deckert 2016; Keim 2016).

Als Idee wird angeregt, eine populär als notwendig anerkannte Maßnahme, wie z.b. die Einführung des Breitbandnetzes mit der positiven Konotierung in Richtung Klimaschutz zu versehen. Damit ließe sich eine Brücke zwischen Nutzen der Digitalisierung in Beruf und Einkommen und einer unkomplizierten transparenten und individuellen Möglichkeit eines Beitrags zum Klimaschutz schlagen. Das könnte sogar in einem breit angelegten Meinungsbildungsprozess der Notwendigkeit einer Reduktion des C02-Fussabdrucks einen Wert vermitteln – einerseits wegen der globalen Verantwortung für eine lebenswerte Zukunft für die nächste Generation, und andererseits zum eigenen persönlichen Nutzen. In einem fälligen politischen Diskurs, z. B. im Rahmen eines Digitalen Bürgerportales, könnten notwendige Fragestellungen behandelt werden.

4.3. Den Nutzen für Konsumenten aufzeigen

Der Nutzen der Konsumenten muss monetärer Natur und kann auch relativ sein. Das können beispielsweise die Weiterentwicklung von Klimazertifikaten und ein individuell-personifiziertes CO_2-Konto sein. Darauf werden klimafreundliche Tätigkeiten und Aktivitäten des täglichen Lebens und Versorgung als „Leistungen" und klimabelastende als „Belastungen" verbucht. Am Jahresende wird abgerechnet und Beträge zum Klimaschutz saldiert und abgerechnet. Die sich verstärkende Datenvernetzung könnte es möglich machen, vergleichbar mit einem anderen behördlichen Konto auch einen individuellen CO_2-Fußabdruck zu vergeben, in dem Ort, Alter, Steuerklasse, Familienstand und sonstige Daten berücksichtigt sind, die für unsere individuelle CO_2-Bilanz maßgeblich sind. Dasselbe gilt natürlich auch für andere CO_2-Produzenten und Vermeider (Lohre und Gotthardt 2016).

Wenn es gelingt, diesem Ansatz auch noch eine Komponente für Fairness beizufügen, dann sollte damit ein von der Bevölkerung respektiertes Instrument zur Steuerung des individuellen CO_2-Fußabdrucks, oder gar eines individuell motivierbaren smarten Selbstbeitrags zum Klimaschutz auf freiwilliger Basis möglich werden.

4.4. Rahmenbedingungen für Transportdienstleistungen bis 2050

Die Rahmenbedingungen für Transportdienstleistungen in der Zukunft werden weitestgehend von Innovationen bestimmt, welche sich im Kräftedreieck von ihren physikalischen Grenzen, den Anforderungen des Umweltschutzes und den Reaktionen des Marktes bewegen (siehe u.a. Kotzab und Unseld 2015). Der Transport von Personen und Gütern auf der Bahn gilt stets als unbestrittene Favoriten, weil die Effizienz der Transportbewegung von schienengebundenen Transportsystemen aus physikalischen Gründen um Faktoren höher ist als die von radgetriebenen Systemen. Neben diesem streckenspezifischen Vorteil der Bahnfahrt müssen jedoch auch jene Faktoren und Prozesse in Betracht gezogen werden, welche aus einer einfachen Fahrtbewegung einen wettbewerbsfähigen Bahnservice machen. Diese Effizienz der Bahn ist derzeit die Grundlage des Einzelwagenladungsverkehrs, dem Transportmittel für Massengüter in speziellen Wagen. Sein Marktanteil wird im heutigen Marktsegment auch bis 2050 hoch bleiben. Dies deshalb, weil die gesamte logistische Prozesskette perfekt auf die Befriedigung der Kundenbedürfnisse abgestimmt ist und eine Änderung des Transportmittels zu keinerlei Nutzen- oder Kostenvorteilen führen würde. Aus den obigen Gründen werden die Logistikdienstleister und ihre Kunden zukünftig eine tendenziell stärkere Attraktivität des multimodalen Netzverkehrs wahrnehmen, weil die Migration von Energieeffizienz und neuartigen logistischen Services auf einem ansteigend hohen Qualitätslevel immer besser gelingen wird.

Eine zentrale Frage für zukünftige Transportprozesse werden die Kosten für Nutzung der verfügbaren Transportwege und Transportgefäße, sowie des erforderlichen Energieeinsatzes und die Verfügbarkeit des zur Wettbewerbsdifferenzierung erforderlichen ausgebildeten Personals sein. Bei allen Kostendimensionen verfügt die Bahn noch über kluge Digitalisierung erschließbare Nutzungspotenziale – auch innerhalb der bestehenden Transportinfrastrukturen. Unter der Annahme, dass die nachstehend skizzierten Vorschläge sukzessive umgesetzt werden, ist es vorstellbar, dass ab 2030 multimodale und CO_2-freie Linienverkehre mit mittleren Transportdistanzen ab 120 km wettbewerbsfähig und mit hoher Servicequalität darstellbar werden. Die Transportkosten des Bahnanteils einschließlich Zugangskosten werden denen der Straßenfahrzeuge entsprechen, mit weiter fallender Tendenz bis 2050.

5. Fazit: Neue Kompetenzen für die Bahn schaffen

Wenn nun für Transportdienstleistungen im Jahr 2050 der Bahntransport das primäre Transportmittel werden soll, dann müssen beide Komponenten - die Energieeffizienz der Schiene und die logistische Effizienz des Straßenverkehrs - zu einer neuen Dimension des multimodalen Transports zusammengeführt werden. Es muss daher das Ziel aller Entwicklungsaktivitäten auf dem Gebiet der Multimodalität sein, einen neuen technologisch hochstehenden Standard für anspruchsvollere multimodale Services und mit einer sehr starken Bahnkomponente zu schaffen und schrittweise umzusetzen.

Wenn sich darüber hinaus die derzeit absehbaren Trends bei Innovationen, Technologien und Digitalisierung auf weltweiter Front bestätigen, dann ist auch früher oder später mit deren Eindringen in die „Bahnwelt" zu rechnen. Neben automatisch fahrenden Zügen als publikumswirksames Ereignis bieten sämtliche logistisch orientierten Bahnprozesse ein weites Feld für Serviceautomation mit Wertschöpfungen, welche beim Straßentransport aus Prinzip nicht realisierbar werden. Wenn noch die Frage einer von Algorithmen gesteuerten Infrastruktur gelöst ist, dann wird auch die Frage der Verfügbarkeit einer multimodalen Infrastruktur mit hohem Bahnanteil positiv beantwortet werden können.

Ertragreiche Serviceangebote müssen künftig aus Kundensicht auf Augenhöhe mit den Angeboten eines monomodalen Straßenverkehrs konkurrieren können – am besten mit einer unkomplizierten und eindeutigen Klimabilanz auf der Grundlage von emissionsfreien Prozessen und Transporten. Das wird spätestens in 15 bis 20 Jahren zum Standard werden und ab dem Jahr 2040 in der Fläche anzuwenden sein. Die diese Verkehre beschreibenden Geschäftsmodelle werden sich herausbilden, wobei Industrie 4.0 und Digitalisierung zentrale Rollen übernehmen werden.

Literatur

Bergk, F.; Biemann, K.; Heidt, C.; Knörr; W., Lambrecht; U.; Schmidt, T. (2016). Klimaschutzbeitrag des Verkehrs bis 2050.
BMUB, I. des B.- (2017). Projektionsbericht 2017 für Deutschland gemäß Verordnung (EU) Nr. 525/2013 [WWW Document]. URL http://cdr.eionet.europa.eu/de/eu/mmr/art04-13-14_lcds_pams_projections/projections/envwqc4_g/170426_PB_2017_-_final.pdf (accessed 12.13.17).
BMVDI (2017a). Innovationsforum Personen- und Güterverkehr. Ergebnisbericht.
BMVDI (2017b). Masterplan Schienengüterverkehr.
BMVDI (2017c). Energie auf neuen Wegen. Aktuelles zur Weiterentwicklung der Mobilitäts- und Kraftstoffstrategie der Bundesregierung. ABCDruck Gmbh, Heidelberg.
C4R (2017). News – Capacity for Rail [WWW Document]. URL http://www.capacity4rail.eu/-news-#collapse1 (accessed 12.13.17).

Deckert, C. (2016). Nachhaltige Logistik, in: CSR und Logistik, Management-Reihe Corporate Social Responsibility. Springer Gabler, Berlin, Heidelberg, pp. 3-41. https://doi.org/10.1007/978-3-662-46934-7_1.

Europäische Kommission (2011). Weißbuch - Fahrplan zu einem einheitlichen europäischen Vekehrsraum – Hin zu einem wettbewerbsorientierten und ressourcenschonenden Verkehrssystem, Kom (2011) 144.

Flämig, H.; Gertz, C.; Mühlhausen, T. (2017). Personen- und Güterverkehr, in: Klimawandel in Deutschland. Springer Spektrum, Berlin, Heidelberg, pp. 215-223. https://doi.org/10.1007/978-3-662-50397-3_21

Gudehus, T. (2010). Logistik - Grundlagen - Strategien - Anwendungen. Springer, Berlin, Heidelberg.

Hecht, M.; Schwedes, O. (o.J.) Die Bahn als integriertes Gesamtsystem, in: IVP-Discussion Paper.

Holness, G.V.R. (2008). BIM Building Information Modeling gaining momentum. ASHRAE J.

Jonuschat, H.; Zweigel, R.; Jahn, V.; Walter, U. (2016). Update der Schiene: Innovationen im Bahverkehr. Partizipative Technikentwicklung im Projekt Galileo Online: GO! Int. Verkehrswesen 68, 65-67.

Keim, H. (2016). Die politischen Rahmenbedingungen der Nachhaltigkeit für Transport und Verkehr, in: CSR und Logistik, Management-Reihe Corporate Social Responsibility. Springer Gabler, Berlin, Heidelberg, pp. 167-183. https://doi.org/10.1007/978-3-662-46934-7_8.

Kotzab, H.; Unseld, H. (2015). Ein getakteter kombinierter Ladungsverkehr? Disruptive Innovationen für ein zeitpräzises Anlieferkonzept für Unternehmen mit robuster Produktion über ein multimodales Logistiknetzwerk. Industriemanagement 31, 41-44.

Lobig, A.; Liedtke, A.; Lischke, A.; Wolfermann, A.; Knörr, W. (2016.) Verkehrsverlagerungspotezial auf den Schienengüterverkehr in Deutschland.

Lohre, D.; Gotthardt, R. (2016). Carbon Footprinting in einer nachhaltig ausgerichteten Logis-tik, in: CSR und Logistik, Management-Reihe Corporate Social Responsibility. Springer Gabler, Berlin, Heidelberg, pp. 45-66. https://doi.org/10.1007/978-3-662-46934-7_2

Malleck, H.; Mecklenbräuker, C. (2015). Die Digitalisierung des Verkehrs – Mobilität 4.0. E Elektrotechnik Informationstechnik 132, 371-373. https://doi.org/10.1007/s00502-015-0347-9.

United Nations (2015). Report of the Conference of the Parties on its twenty-first session, held in Paris from 30 November to 13 December 2015.

Unseld, H.G.; Kotzab, H. (2015). Innovations for Accessing Rail Transport Networks, in: Logistics Management, Lecture Notes in Logistics. Springer, Cham, pp. 251-263. https://doi.org/10.1007/978-3-319-13177-1_20.

Wittenbrink, P. (2016). Nachhaltiges Transportmanagement, in: Deckert, C. (Ed.), CSR und Logistik – Spannungsfelder Green Logistics und City-Logistik. Springer, Berlin, Heidelberg, pp. 105-127. https://doi.org/10.1007/978-3-662-46934-7_5.

Resiliente intermodale Transporte – Gesundheits-Check-up für Supply Chains

Rainer Müller[1], Nils Meyer-Larsen[2], Felix Lange[3]

Abstract

Die langfristige Erhaltung der wesentlichen Eigenschaften eines Systems ist das maßgebliche Ziel der Nachhaltigkeit. Um ein System wie die maritime Logistik zu erhalten, muss es widerstandsfähig gegenüber Störungen sein. Die Bandbreite dieser möglichen Störungen reicht von Verzögerungen im Transportablauf über Ladungsdiebstahl bis hin zu terroristischen Angriffen. Der vorliegende Beitrag stellt Ergebnisse verschiedener Forschungsprojekte vor und behandelt das Thema Resilienz und Risikomanagement im Bereich der maritimen Logistik. Dabei wird die Verbindung zwischen der menschlichen Gesundheit und der Widerstandsfähigkeit eines Transportes, z.B. von pharmazeutischen Produkten, aufgezeigt. Neben der Beschreibung verschiedener Risiken werden Maßnahmen beschrieben, die eingesetzt werden können, um die Eintrittswahrscheinlichkeit oder die Konsequenzen von Risiken zu minimieren. Es wird dargestellt, wie die Erhöhung der Transparenz der Lieferkette das Risikomanagement von Transporten vereinfachen kann.

1. Blutbild eines Containers

Das Prinzip der Nachhaltigkeit soll sicherstellen, dass ein natürliches System in seinen wesentlichen Eigenschaften langfristig erhalten bleibt. Auch die maritime Logistik ist ein System, das durch verschiedene Faktoren gestört und somit dessen Nachhaltigkeit gefährdet werden kann. Ein wichtiger Aspekt in der Nachhaltigkeit ist die Resilienz – also die Fähigkeit eines Systems Störungen zu absorbieren um dadurch die wesentlichen Funktionen zu erhalten. Die Nachhaltigkeit und die

---

[1] Rainer Müller, Projektleiter, Institut für Seeverkehrswirtschaft und Logistik
[2] Dr. Nils Meyer-Larsen, Bereichsleiter „Maritime Security", Institut für Seeverkehrswirtschaft und Logistik
[3] Felix Lange, Projektleiter, Milkrun Logistics

© Springer Fachmedien Wiesbaden GmbH, ein Teil von Springer Nature 2018
I. Dovbischuk et al. (Hrsg.), *Nachhaltige Impulse für Produktion und Logistikmanagement*, https://doi.org/10.1007/978-3-658-21412-8_8

Resilienz von maritimen Transporten sind in etwa mit der Gesundheit eines Menschen und dessen Immunsystem vergleichbar. Auch die menschliche Gesundheit sollte nachhaltig erhalten werden – der menschliche Körper soll zu jeder Zeit funktionieren, wird dabei jedoch von verschiedenen Risiken im alltäglichen Leben bedroht, wie z.B. durch virale Infektionen. Tritt ein Risiko ein und der Körper wird tatsächlich von Viren heimgesucht, muss der Mensch sich auf ein gutes Immunsystem verlassen können.

Um das Risiko für eine Erkrankung zu minimieren, können verschiedene Arten von Maßnahmen ergriffen werden. Zu den präventiven Maßnahmen zählt das Stärken des Immunsystems z.b. durch leichten Sport oder eine gesunde Ernährung, um somit die Wahrscheinlichkeit einer Störung zu senken. Zu dem Bereich der beobachtenden Maßnahmen zählen regelmäßige Gesundheitschecks. Eine weitere Gruppe von Maßnahmen stellen die reaktiven Maßnahmen dar, z.b. die Einnahme von Medikamenten, um die Konsequenzen der Krankheit einzuschränken und um schnellstmöglich den Normalzustand des Systems wiederherzustellen. Das Gesamtpaket an Maßnahmen schränkt somit die Bedrohung durch eine Erkrankung ein – im besten Fall stellt es die dauerhafte Verfügbarkeit des menschlichen Körpers nachhaltig sicher.

Maritime Supply Chains werden von ähnlichen Infekten bedroht – verschiedene Risiken können den Transport erheblich stören und im schlimmsten Fall den Prozess zum Stillstand bringen. Neben operativen Risiken, wie z.b. der verspäteten Ankunft eines Containers am Terminal, werden die Ketten auch durch sicherheitsrelevante Risiken bedroht. Hierzu gehören neben terroristischen Anschlägen auch kriminelle Handlungen wie Ladungsdiebstahl oder Schmuggel.

Seit dem Anschlag auf das World Trade Center in den USA am 11. September 2001 besteht die Angst vor einem Anschlag auf das Transportnetzwerk oder einen Transportknoten. Ein Anschlag auf eines der Seehafenterminals könnte viele Supply Chains empfindlich treffen und für längere Zeit stark behindern.

Im Bereich Ladungsdiebstahl wird laut European Parliament Directorate (2006: 16) allein in Europa ein Schaden von 8,2 Milliarden Euro pro Jahr verzeichnet. Zum Ladungsdiebstahl zählen z.B. der Diebstahl aus einem parkenden Lkw oder die unerlaubte Abholung von Waren aus einem Lager (Europol 2009: 25).

Cybercrime stellt laut Sensiguard (2017: 2) die größte Bedrohung in der Logistik dar. Die Anzahl der Berichte über Schadsoftware und Hackerangriffe auf Schiffs- und Dispositionssysteme haben sich im Bereich der maritimen Logistik stark erhöht. Auch Seehafenterminals wurden in den letzten Jahren Ziele von Hackangriffen (Department of Homeland Security 2017: 9).

Eine weitere Form der Bedrohung ist Schmuggel, der indirekt legale Transporte verzögern kann. Zollbehörden nehmen für jeden Container eine Risikobewertung vor, auf deren Basis entschieden wird, ob der jeweilige Container ggf. gescannt oder physisch untersucht werden soll. Diese Risikobewertung betrachtet u.a. auch das Herkunftsland, wodurch legale Container aus einem für Drogen bekannten Land ggf. einer höheren Risikostufe zugewiesen werden. Hierdurch kann es dann aufgrund entsprechender Überprüfungen zu Verzögerungen eines legalen Containers kommen.

2. Gesunde und resiliente Supply Chains

Das Institut für Seeverkehrswirtschaft und Logistik (ISL) ist seit vielen Jahren im Rahmen von EU- und nationalen Projekten im Container Security-Bereich tätig. Hervorzuheben sind die aufeinander aufbauenden Projekte INTEGRITY, CASSANDRA und CORE, die durch die EU gefördert wurden. Das Ziel dieser drei Projekte ist es, das Immunsystem der Supply Chain zu stärken und diese hierdurch sicher und resilient zu machen. Im Detail bedeutet dies, dass die Transportketten gegen kriminelle und terroristische Angriffe abgesichert werden sollen. Gleichzeitig soll die Widerstandsfähigkeit der Transportketten verbessert werden – unabhängig davon, ob es sich um eine Störung aus dem Sicherheitsbereich oder um eine operative Störung handelt. Somit soll durch entsprechende Maßnahmen sichergestellt werden, dass die Transportkette bei Störungen im besten Fall wie im regulären Betrieb weiter funktioniert oder zumindest innerhalb kürzester Zeit wieder in den Normalbetrieb übergehen kann. Grundvoraussetzung ist hierfür ein effektives Supply Chain Risiko Management. Hierzu werden die Risiken zunächst identifiziert und anschließend hinsichtlich ihrer Eintrittswahrscheinlichkeit und Auswirkungen bewertet. Hieran schließt sich dann die Auswahl geeigneter Maßnahmen an, um die Eintrittswahrscheinlichkeit eines Risikos bzw. dessen Auswirkungen zu senken. Dabei folgt man klassischerweise den folgenden vier Prinzipien: Risikovermeidung, Risikoakzeptanz, Risikotransfer (z.B. Versicherungen) und Risikoverminderung durch beobachtende, präventive und reaktive Maßnahmen.

Für ein effizientes Risikomanagement von globalen intermodalen Transportketten ist eine hohe Datenqualität bezüglich der Planung und des Ablaufs des Transportes unabdingbar. An solchen Transporten ist eine Vielzahl an unterschiedlichen Partnern und deren heterogenen Softwaresysteme beteiligt. Der gesamte Transportprozess weist eine hohe Komplexität auf und wird dadurch erschwert, dass die Datenqualität und -verfügbarkeit eher dürftig ist. Alle drei o.g. Projekte hatten als gemeinsames Hauptziel die Erhöhung der Datenqualität und die Verbesserung der Datenverfügbarkeit in diesen globalen intermodalen Transportketten.

2.1. Anamnese und Diagnose

In der Logistik wird Security oftmals als Kostentreiber ohne Mehrwert angesehen. Das Projekt INTEGRITY (Integrity 2017) verfolgte den Ansatz, eine Win-Win-Situation sowohl aus Sicht der Logistik als auch aus Sicht der Security herzustellen. Hierzu sollten einerseits die logistischen Prozesse unterstützt und gleichzeitig die Sicherheit in internationalen Transportketten erhöht werden. Dies wird durch die Optimierung der Transparenz der Transportketten erreicht, indem allen beteiligten Partnern zeitnah alle Informationen zur Verfügung gestellt werden, die sie zur optimalen Durchführung ihrer Aufgaben benötigen. Diese Daten werden zusätzlich für ein Risikomanagement verwendet und ermöglichen es, Risiken und Störungen im Transportablauf möglichst früh zu erkennen und entsprechende Gegenmaßnahmen zu treffen.

Um die Transparenz der Transportketten zu verbessern, wurde eine sogenannte Data-Pipeline entwickelt und demonstriert. Mit Hilfe dieser Data-Pipeline können alle relevanten Daten der Supply Chain, etwa aus dem Kaufvertrag, den Ladepapieren etc., aggregiert werden. Zusätzlich können Informationen, die während des Transports auftreten, wie z.B. Ergebnisse von Überprüfungen, Verspätungsmeldungen oder sonstige relevante Ereignisse in der Data-Pipeline aufgenommen werden. Diese qualitativ hochwertigen Daten werden in der Pipeline bereits vor bzw. zeitnah während des Transportablaufs durch die Akteure der Supply Chain (z.B. Verlader, Spediteure, Reedereien etc.) gesammelt und können durch diese abgerufen werden, sofern sie für den Zugriff berechtigt sind. Logistische Akteure können die Data-Pipeline für die Effizienzsteigerung ihrer Prozesse und für ihr Risikomanagement einsetzen. Neben diesen logistischen Akteuren könnten auch Behörden wie der Zoll und das Veterinäramt Zugriff auf die Data-Pipeline erhalten. So könnte z.B. der Zoll die Daten für seine Risikoanalysen und Kontrollen nutzen. Bei der heutigen Vorgehensweise verwendet der Zoll für seine Risikoanalyse die qualitativ minderwertigen Daten aus der Zollanmeldung. Der Einsatz der Data-Pipeline würde einen deutlichen Vorteil bedeuten, da der Zoll die qualitativ hochwertigen Daten aus der Data-Pipeline für seine Risikoanalyse einsetzen und dadurch die Sicherheit erhöhen könnte.

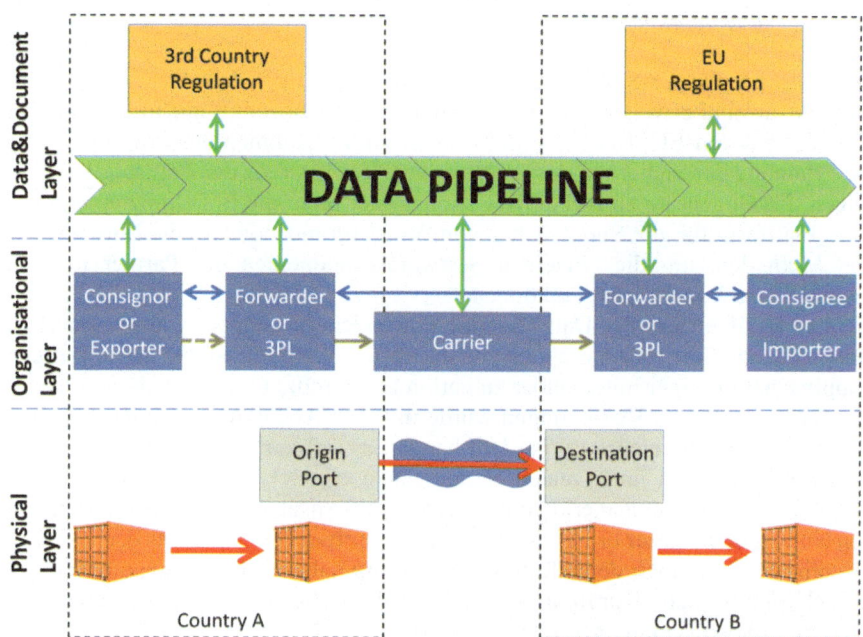

Abb. 1: Die Data-Pipeline gewährleistet zeitnah Zugriff auf qualitativ hochwertige Transportdaten

Die Data-Pipeline ist zentraler Bestandteil der Software-Plattform SICIS (Shared Intermodal Container Information System), die im Rahmen von INTEGRITY entwickelt wurde. SICIS führt Daten aus verschiedenen Quellen, u.a. Systemen der Containerterminals, Container Security Devices (CSDs) sowie Positionsmeldungen der Seeschiffe über deren AIS-Transponder, zusammen und konsolidiert sie, so dass ein umfassender Überblick über den jeweiligen Transportprozess entsteht.

Die entwickelte Data-Pipeline wurde im Rahmen einer umfassen Demonstration erprobt. Hierzu wurden mehr als 5400 Container mit Hilfe von SICIS auf ihrem Weg von den chinesischen Containerhäfen Hongkong und Yantian nach Europa überwacht. Es wurde eindrucksvoll gezeigt, dass mit Hilfe von Systemen wie SICIS verlässliche Daten in hoher Qualität zur Verfügung gestellt werden können. Als Folge ließ sich die Vorhersagbarkeit der Abläufe in der Supply Chain deutlich erhöhen, so dass sowohl die Sicherheit der Transportkette als auch die logistischen Prozesse deutlich optimiert werden konnten.

2.2. Therapiemaßnahmen

Das Folgeprojekt CASSANDRA (Cassandra 2017) griff den Ansatz der Data-Pipeline auf und erweiterte die Demonstration des Konzeptes auf insgesamt drei Korridore: Asien-EU, EU-USA und EU-Afrika. Im Rahmen des Projektes sollte die Erhöhung der Sicherheit durch eine höhere Transparenz der Transportkette erfolgen. Im Gegensatz zu INTEGRITY stand hier nicht die Erstellung einer zentralen Plattform für alle Supply Chains im Vordergrund, sondern die Entwicklung von Methoden, um die einzelnen Softwarekomponenten der Partner je nach Supply Chain kombinieren zu können.

Um das Konzept der Data-Pipeline anwenden zu können, wurden zunächst entsprechende Software-Komponenten entworfen, um die Systeme der jeweiligen Supply Chain Partner miteinander zu verbinden. Für die Demonstration der Data-Pipeline unter realen Bedingungen wurde in CASSANDRA der Living Lab-Ansatz eingesetzt. Bei einem Living Lab handelt es sich um ein gelebtes Labor, bei dem Entwicklungen unter realen Bedingungen entwickelt und getestet werden können. Herausstellungsmerkmal des Living Lab-Ansatzes ist die Zentrierung auf den Nutzer, denn dieser bringt sich aktiv in den Entwicklungsprozess der Software Systeme ein. Somit wurde im Rahmen der Living Labs das Data-Pipeline Konzept je nach Supply Chain Konfiguration und den Wünschen der Nutzer implementiert und unter realen Bedingungen demonstriert.

Jedes der Living-Labs hatte neben den geographischen Besonderheiten spezielle Anforderungen, die durch die Nutzer definiert wurden. Im Living Lab Asien-EU wurde die Data-Pipeline dazu genutzt, um die Systeme des Konsolidierungscenters in China und eines Spediteurs in Europa zu verbinden. Hierdurch konnte die Transparenz der Transporte deutlich erhöht werden, denn der Spediteur hatte mehr Daten und in besserer Qualität zur Verfügung. Im Living Lab EU-USA konnte ein Problem auf der deutschen Seite behoben werden, denn die eingeführte Analyse von Transportdaten wurde für Hafenbehörden eingesetzt, um bessere Daten für die Identifikation von falsch deklarierten Gefahrgutcontainern zu erhalten.

CASSANDRA zielte zum einen darauf ab, die Datenverfügbarkeit zu erhöhen und möglichst zeitnah Daten innerhalb der Supply Chain erhalten zu können. Zum anderen besteht, neben der zeitlichen Komponente, das Problem, dass die Daten durch verschiedene Akteure der Supply Chain immer weitergereicht und oftmals aggregiert werden. Durch Medienbrüche und die Aggregation der Daten nimmt die Datenqualität signifikant ab. Um die Qualität der Daten zu erhöhen wurde in CASSANDRA der Ansatz verfolgt, die Daten nach Möglichkeit direkt von der Quelle zu verwenden. Die Umsetzung dieses Ansatzes stellt sich in globalen Supply Chains jedoch durch die Vielzahl an Akteuren als schwierig dar. Im Rahmen der Living Labs konnte dies aber durch die Verwendung des Data-Pipeline

Konzeptes realisiert werden. Um die Datenqualität zusätzlich zu verbessern kann der der automatische Abgleich von Daten aus verschiedenen Datenquellen genutzt werden. So kann z.b. eine Schiffabfahrtsmeldung sowohl von einem Terminal als auch von einem Reeder erfolgen; der Vergleich der Daten beider Quellen führt zu einer höheren Verlässlichkeit. In Asien werden oftmals sogenannte Tallymans eingesetzt, um neben der Beladungsmeldung durch das Terminal eine weitere Datenquelle als Vergleich nutzen zu können.

Die hier beschriebenen Maßnahmen zur Verbesserung der Datenqualität werden bei Unternehmen oftmals für ein verbessertes Risikomanagement im Bereich der operativen Risiken eingesetzt. Die logistischen Akteure der Supply Chains haben ein hohes Interesse an einer hohen Datenqualität, diese konnte dank der Data-Pipeline erfolgreich realisiert werden. Die an dem Projekt beteiligten Zollbehörden konnten neben den Daten aus den gesetzlich vorgeschriebenen Zollanmeldungen auch auf die aktuelleren und qualitativ höherwertigeren Daten aus der Data-Pipeline zugreifen und diese für ihre Risikobewertung hinsichtlich der Entdeckung von verdächtigen Containern verwenden. Hierdurch konnten die Zollbehörden die Sicherheit für die Transporte in den Living Labs erhöhen, da die Trefferquote hinsichtlich der Container mit fragwürdigem Inhalt im Rahmen der Living Labs gesteigert werden konnte.

In CASSANDRA wurde darüber hinaus ein Leitfaden für das Risikomanagement in Supply Chains entwickelt, welcher Unternehmen im strategischen, taktischen und operativen Risikomanagement unterstützt. Durch die Implementierung des Leitfadens können Risiken identifiziert, analysiert sowie entsprechende Gegenmaßnahmen eingeführt werden. Die Maßnahmen zielen sowohl auf operative als auch auf sicherheitsrelevante Risiken, wodurch die Supply Chain weniger anfällig für mögliche Attacken und somit sicherer und resilienter wird. Unternehmen, die ein effizientes Risikomanagement implementieren, sind sich ihrer Verantwortung für ihre Supply Chain hinsichtlich der Risiken bewusst. Die Zollbehörden wiederum können bei ihrer Risiko-Bewertung diese verantwortlich agierenden Unternehmen als sicherer einstufen, da der Zoll davon ausgehen kann, dass die Wahrscheinlichkeit für ein sicherheitsrelevantes Risiko bei Unternehmen mit effizientem Risikomanagement niedriger ist. Hierdurch ergibt sich ein weiterer Vorteil für diese Unternehmen, denn durch die Einstufung als verantwortlich agierendes Unternehmen kann die Wahrscheinlichkeit für eine Überprüfung gesenkt und somit die Abfertigung beim Zoll beschleunigt werden.

2.3. Stärkung des Immunsystems durch Resilienz

Das Projekt CORE (Consistently Optimized Resilient Secure Global Supply Chains (Core 2017) startete im Mai 2014 und hat eine Laufzeit von vier Jahren. CORE ist mit rund 70 Partnern eines der bislang größten europäischen Forschungs- und Demonstrationsvorhaben. Die Innovationen zur Sicherheit und Transparenz in der Supply Chain, die in früheren Projekten wie CASSANDRA und INTEGRITY erforscht und entwickelt wurden, sollen nun in CORE integriert und demonstriert werden. CORE zielt darauf ab, globale Transportketten zu schützen und ihre Resilienz zu erhöhen. Das Projekt verfolgt die Maximierung der Geschwindigkeit und Zuverlässigkeit sowie die Minimierung der Kosten im Rahmen globaler Handelsgeschäfte. Supply Chains sollen transparent und belastbar werden sowie Sicherheit auf höchstem Niveau bieten.

CORE ist als Demonstrationsprojekt aufgesetzt und bietet somit eine Vielzahl an Demonstratoren für den Transport von Gütern mit unterschiedlichen Konformitätsanforderungen des Handels, mit unterschiedlichen Verkehrsträgern sowie aus unterschiedlichen geographischen Räumen. Im Rahmen der Demonstratoren soll der Datenaustausch verbessert werden, um den Unternehmen und den Behörden eine bessere Kontrolle über die Risiken ermöglichen. Ein weiterer Aspekt von CORE ist die Nachhaltigkeit der Transporte. Unter Einsatz von einer Carbon Footprint Optimierung und Co-Modality soll zu einem nachhaltigeren Verkehr beigetragen werden.

In neun Demonstrationsszenarien soll CORE die im Projekt entwickelten Lösungen unter realen Bedingungen testen und validieren. Anschließend sollen sie in den Echtbetrieb übernommen werden.

3. Behandlungserfolg

Um der Nachhaltigkeit in der maritimen Logistik gerecht zu werden, gilt es, die globalen intermodalen Transportketten funktionsfähig zu halten. Hierfür ist es unabdingbar, gegen Störungen gewappnet zu sein, damit diese Ketten widerstandsfähig sind. Für die Gewährleistung der Resilienz solcher Ketten ist ein effizientes Supply Chain Risk Management erforderlich, welches eine hohe Datenqualität voraussetzt. Die hier vorgestellten Projekte verbessern die Datenqualität für die logistischen Supply Chain Partner und die Behörden. Ferner ermöglicht die erreichte Datenqualität ein effizientes Supply Chain Risk Management, welches in letzter Instanz in die Resilienz der Supply Chains mündet. Die entwickelten Konzepte, insbesondere die Data-Pipeline, wurden nach ihrer Implementierung in großen Demonstrationsszenarien erfolgreich getestet.

Im Rahmen des Supply Chain Risk Management wird zunächst die Anamnese der Supply Chain aufgenommen und mögliche Risiken diagnostiziert. Hieran schließt sich die Auswahl geeigneter Therapiemaßnahmen an um die Eintrittswahrscheinlichkeit oder die Auswirkungen der Risiken einzuschränken. Durch die effiziente Behandlung der Risiken kann das Immunsystem der Supply Chain nachhaltig gestärkt und die Resilienz erreicht werden.

Am Ende schließt sich der Kreis – zurück zu der Erhaltung der menschlichen Gesundheit: Die hier vorgestellten Projekte stellen sicher, dass z.B. auch Transportketten im pharmazeutischen Bereich funktionieren und somit der erkrankte Mensch in der Apotheke sein Medikament erhält.

Literatur

CASSANDRA (2017): www.cassandra-project.eu.
CORE (2017): www.coreproject.eu.
Department of Homeland Security (2017): Consequences at Seaport Operations from Malicious Cyber Activity, Department of Homeland Security, National Protection and Programs Directorate, Office of Cyber and Infrastructure Analysis (OCIA), Link (26.10.2017) https://info.publicintelligence.net/DHS-SeaportCyberAttacks.pdf).
Europol (2009): Cargo Theft Report, Den Haag.
European Parliament Directorate General Internal Policies of the Union, Policy Department Structural and Cohesion Policies (2006): IP/B/TRAN/IC/2006_194, Transport and Tourism, Organised theft of commercial vehicles and their loads in the European Union, 2006.
INTEGRITY (2017): www.integrity-supplychain.eu.
Sensiguard (2017): Global Intelligence Note 6 October 2017, SensiGuard Supply Chain Intelligence Center.

Nachhaltige makrologistische Zentren – Effekte der Güterverkehrszentren (GVZ) in Europa

Thomas Nobel[1]

Abstract

Die deutschen Güterverkehrszentren haben sich im Logistikmarkt sowie im europäischen Standortwettbewerb erfolgreich positioniert und etabliert. Wie aber stehen sie im europäischen Vergleich da und wie hat sich die „GVZ-Landschaft" seit 2010 entwickelt? Welches sind die Top-Standorte in Europa?

Diesen und vielen weiteren Fragestellungen widmet sich der vorliegende Beitrag (Die Ausführungen basieren auf dem zweiten europäischen GVZ-Ranking der Deutschland – vgl. Nestler, Nobel (2016)). Ziel ist es, die internationale „GVZ-Landschaft" zu veranschaulichen und darüber hinaus Anregungen für die nachhaltige Weiterentwicklung dieses makrologistischen Konzepts in Europa zu geben.

Hinsichtlich der Bewertung der Entwicklung der GVZ in Deutschland und Europa führt die Deutsche GVZ-Gesellschaft (DGG) regelmäßig umfangreiche Datenerhebungen in Deutschland und Europa durch. Die gesammelten Daten erlauben einen fundierten Überblick über den Status Quo der untersuchten GVZ (national bzw. international) und ermöglichen die Erstellung eines Rankings, um so beispielsweise Best Practices zu identifizieren. Bestreben ist es dabei, die Transferierung von positiven und nachhaltigen Effekten, die GVZ auf lokaler und regionaler Ebene generieren, auf die nationale bzw. die europäische Ebene zu unterstützen. Die DGG fungiert dabei seit Jahren als Kommunikationsplattform für den Erfahrungsaustausch – im Sinne des Benchmarkinggedankens – über Leistungs- und Angebotsstrukturen in den deutschen und europäischen Güterverkehrszentren.

---

1 Dr. Thomas Nobel, Geschäftsführer, DGG – Deutsche GVZ-Gesellschaft mbH

© Springer Fachmedien Wiesbaden GmbH, ein Teil von Springer Nature 2018
I. Dovbischuk et al. (Hrsg.), *Nachhaltige Impulse für Produktion und Logistikmanagement*, https://doi.org/10.1007/978-3-658-21412-8_9

1. Methodische Vorgehensweise

GVZ sind dem Verständnis der DGG folgend in erster Linie nachhaltige makrologistische Schnittstellen „Straße-Schiene" und grenzen sich dadurch von klassischen (Binnen-) Häfen ab. Gleiches gilt für unimodale Logistikparks, die häufig an Autobahnen und in Gewerbeagglomerationen anzutreffen sind (Nobel 2004: 61).

Die unterschiedliche Ausprägung der Ansätze in den einzelnen europäischen Ländern erlaubt zunächst keine unmittelbare Übertragung der deutschen Definition. Um eine möglichst umfassende Analyse der jeweiligen nationalen Entwicklungsstände zu realisieren, wird zunächst ein weites Begriffsverständnis gewählt, um eine hohe Zahl an potentiellen „GVZ" zu erreichen. Dazu erfolgt der Rückgriff auf den „Dry Port Ansatz" (Vgl. in Anlehnung an Roso 2006: 33):

- A Dry Port is an inland intermodal terminal directly connected by road or rail to a seaport and operating as a centre for the transshipment of sea cargo to inland destinations.
- In addition to their role in cargo transshipment, dry ports may also include facilities for storage and consolidation of goods, maintenance for road or rail cargo carriers and customs clearance services. The location of these facilities at a dry port relieves competition for storage and customs space at the seaport itself.

Zudem wurde bei der Auswahl der Standorte für das europäische GVZ-Ranking die Definition der Vereinigung der europäischen Güterverkehrszentren EUROPLATFORMS berücksichtigt:

- "A Logistics Center is a center in a defined area within which all activities relating to transport, logistics and the distribution of goods – both for national and international transit, are carried out by various operators on a commercial basis. The operators can either be owners or tenants of buildings and facilities (warehouses, distribution centres, storage areas, offices, truck services, etc.), which have been built here.
- In order to comply with free competition rules, a Logistics Center must be open to allow access to all companies involved in the activities set out above. A Logistics Center must also be equipped with all facilities to carry out the mentioned operations. If possible, it should include public services for the staff and equipment for the users.
- In order to encourage intermodal transport for the handling of goods, a Logistics Center should preferably be served by a multiplicity of transport modes (road, rail, sea, inland waterway, air). To ensure synergy and commercial cooperation, it is important that a Logistics Center is managed in a single and neutral legal body (preferably by a Public-Private-Partnership). Finally, a Logistics Center must comply with European standards and quality performance to provide the framework for commercial and sustainable transport solutions"(Europlatforms EEIG o.J.) .

Damit liegt die Herausforderung bei der Auswahl der zu analysierenden GVZ-Standorte in der weiteren Abgrenzung zu Binnenhafen und funktional den Seehäfen zugehörigen Flächen bzw. „reinen" Transportgewerbegebieten ohne Schnittstelle zum intermodalen Verkehr (vielfach als [unimodale] „Logistikparks" bezeichnet). Es erfolgt somit eine Konzentration auf folgende Aspekte bzw. Inhalte:

- Intermodalität mit klarem Schwerpunkt Straße/Schiene.
- Etablierung eines KV-Terminals als wichtiger Kern des Güterverkehrszentrums mit möglichst diskriminierungsfreiem Zugang.
- Vorhandensein einer (neutralen/zentralen) Managementorganisation.

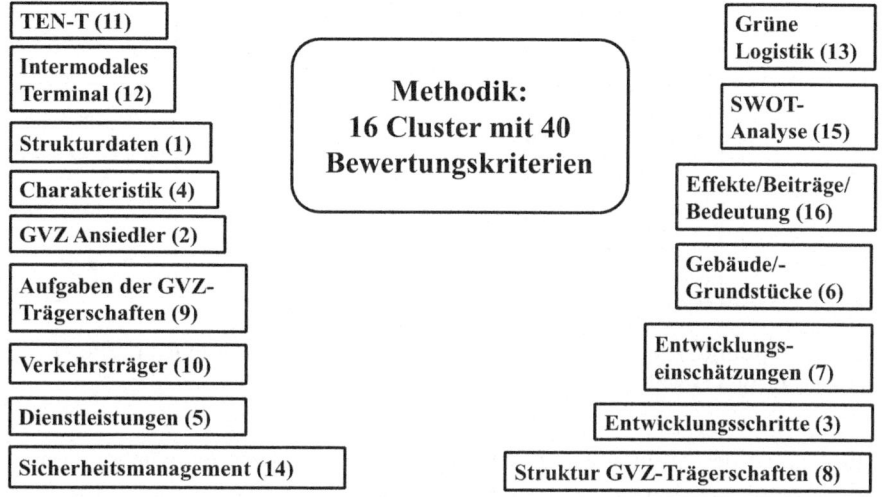

Abb. 1: GVZ-Bewertungskriterien nach Clustern (eigene Darstellung)

Das aktuelle europäische Ranking 2015/2016 basiert hinsichtlich seiner Methodik auf 40 Bewertungskriterien, die wiederum in 16 Cluster untergliedert sind. Im Rahmen der Datenerhebung konnten über 300 Güterverkehrszentren in 32 europäischen Ländern identifiziert und die Analysen einbezogen werden.

Die Bewertungskriterien sind an die Kriterien des ersten europäischen Rankings von 2010 angelehnt (Nobel et al. 2010). Es erfolgt jedoch eine Erweiterung von 29 auf 40 Bewertungskriterien, welche nicht mehr in 4, sondern - wie dargestellt - in 16 Cluster eingeteilt sind.

Zu Beginn der Auswertung zum finalen Ranking ist eine Gewichtung der Benchmarkingkriterien erforderlich. Als Grundlage der Gewichtung dient die Bedeutung der einzelnen Kriterien. Die Punktespanne geht dabei von 1 (=geringe

Bedeutung) bis 6 (=extrem hohe Bedeutung). Durch diese Abstufung ist sichergestellt, dass wichtige Kriterien wie die aktuelle Beschäftigtenzahl in der Bewertung die entsprechende Beachtung finden.

Kriterium Nummer	Kriterium	Gewichtung	max. Ausprägung	max. Performance punkte
6	Aktuelle Unternehmensanzahl	3	3	9
7	Endausbau Unternehmensanzahl	3	3	9
8	Aktuelle Beschäftigtenanzahl	6	3	18
9	Endausbau Beschäftigtenanzahl	4	3	12
10	Beschäftigte pro ha vermarkteter Fläche	3	3	9

Abb. 2: Cluster (2) „GVZ-Ansiedler" - Erläuterung der Bewertungskriterien 6 bis 10 (eigene Darstellung)

Zur Analyse der Ausprägung an den einzelnen GVZ-Standorten wurden die Bewertungskriterien anhand einer vierstufigen Skala von 0 bis 3 geprüft. Eine Ausprägung von 0 bezeichnet dabei z.B. das Fehlen des Merkmals am Standort. Wird ein Kriterium mit einer 3 bewertet, so hat dieses eine hohe Bedeutung für den Standort.

Zur „Belohnung" für besonders fortschrittliche Standorte, sogenannte „Best in Class", konnten Sonderpunkte vergeben werden. Zur Ermittlung der Punktzahl (= Performance) eines Kriteriums wurde die Ausprägung mit der Gewichtung multipliziert.

Zur finalen Erstellung des Rankings wurden über die tabellarische Auflistung der Standorte mit ihren Antworten die gewichteten Bewertungskriterien gelegt. Die Einzelwertung pro Kriterium eines jeden Standortes wurde am Ende aufsummiert, sodass jeder Standort eine Gesamtpunktzahl zwischen 0 (Minimum) und 380 (Maximum) besitzt.

2. Ausgewählte Erkenntnisse und Teilergebnisse des europäischen Rankings

Der Entwicklungsstand des eigenen GVZ, des jeweiligen Landes und in Europa wurde im umfassenden Rankingprozess durch die GVZ-Management-Gesellschaften eingeschätzt. Dies stellt ein zentrales und wichtiges Ergebnis des Rankingprozesses dar.

Die nachstehende Abbildung zeigt einen Vergleich der Jahre 2010 und 2015 der durchschnittlichen europäischen Einschätzungen des Entwicklungsstands. Eine deutlich positive Tendenz, besonders im Bereich der Einschätzung des Entwicklungsstands des eigenen GVZ (+1.2), lässt sich deutlich erkennen.

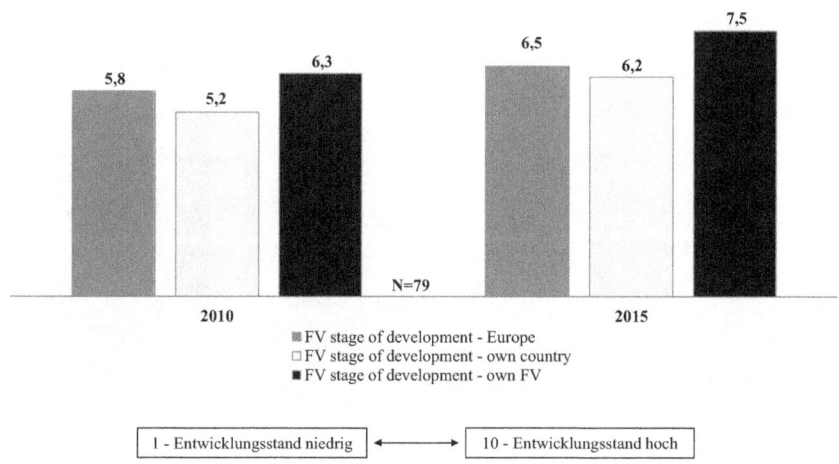

Abb. 3: Europäische GVZ-Entwicklungsstände im Vergleich (2010-2015) (eigene Darstellung)

Ein weiteres interessantes Ergebnis ergibt sich aus der (Selbst-)Gesamteinschätzung der Effekte, Beiträge und Bedeutung des jeweiligen GVZ-Standortes. Anhand einer Skala von null (kein oder sehr gering) bis 10 (sehr hoch) wurden Bewertungen zu den Kriterien „Modale Verkehrsverlagerung", „Urban Logistics", „Grüne Logistik" und „Bedeutung des GVZ insgesamt für die Region" abgegeben.

Die modalen Beiträge zur Verlagerung von der Straße auf die Schiene bzw. Binnenwasserstraße wurden durchschnittlich mit einer *8,0* bewertet. Die modale

Verkehrsverlagerung manifestiert somit einen der wichtigsten „Markenkerne" des europäischen GVZ-Gedankens.

Die Reduzierung des Verkehrs im urbanen Raum wurde durchschnittlich mit einer *7,3* auf einer Skala von 0 (sehr gering) bis 10 (sehr hoch) bemessen. Mitunter fallen die zunehmenden Aktivitäten der Standorte in den Bereich „Urban Logistics".

Der Bedeutung der „Grünen Logistik" wurde eine geringere Bewertung gegeben. Durchschnittlich liegt der Beitrag, den die europäischen GVZ-Standorte z.B. Themen wie Energieeffizienz zusprechen, bei einer *6,4* auf einer Skala von 0 bis 10. Nichtsdestotrotz ist der Stellenwert durchaus beachtlich, wenngleich hierbei nicht nur konkrete Maßnahmen, sondern auch die räumliche Lage der GVZ eine Rolle spielt.

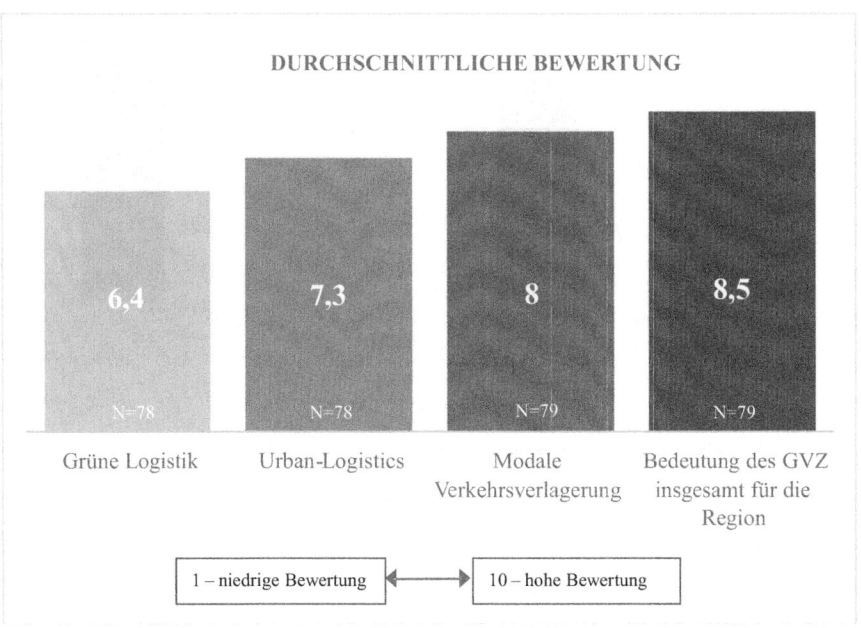

Abb. 4: Bedeutung, Beiträge und Effekte von europäischen GVZ-Standorten (Eigene Darstellung)

Nachweislich vollzieht sich beim Thema „Grüne Logistik" eine Weiterentwicklung hin zu einem umfassenden Nachhaltigkeitsansatz. Dieser umfasst die drei

Säulen Ökologie, Ökonomie und Soziales. Lag der Fokus bislang auf den beiden erstgenannten, so kann seit geraumer Zeit eine zunehmende Berücksichtigung der sozialen Komponente festgestellt werden (Haasis 2014: 61). Die Bedeutung des GVZ insgesamt, d.h., seine Wirkung hinsichtlich Verkehr, Beschäftigung und Umwelt für die Region, wurde durchschnittlich mit einer *8,5* bewertet. Das zeigt, dass der Stellenwert der Güterverkehrszentren innerhalb der Region relativ groß ist und sie einen wichtigen Einfluss auf die Standorte ausüben. Die GVZ-Standorte gelten somit oftmals als Leuchttürme der regionalen Entwicklung.

3. Gesamtergebnis des europäischen GVZ Rankings

Durch das zweite Ranking der europäischen GVZ-Standorte ergibt sich folgendes Gesamtbild:

- Im Vergleich zum ersten europäischen Ranking 2010 gibt es bei dem Ranking 2015 unter den ersten drei Platzierten keine Veränderung. Die Top-Standorte in Europa sind nach wie vor Interporto Verona, GVZ Bremen und GVZ Nürnberg.
- Mit dem Interporto Verona konnte einer der zentralen (intermodalen) GVZ-Standorte in Europa die Spitzenposition und damit wiederum den Platz 1 im Ranking einnehmen.
- Es gibt deutsche Neuplatzierungen wie das GVZ Berlin Wustermark und das GVZ Südwestsachsen in den TOP 20. Sechs deutsche Standorte konnten sich insgesamt unter den TOP 20 etablieren. Das GVZ Leipzig (Platz 9) und das GVZ Berlin Süd Großbeeren (Platz 4) gliedern sich zu den bereits genannten deutschen Standorten in das Ranking relativ weit oben ein. Insbesondere das GVZ Berlin Süd Großbeeren hat im Vergleich zum ersten europäischen Ranking mehrere Plätze gutgemacht. Ein Grund hierfür ist in der hohen Vermarktungsdynamik zu sehen. Diese beruht u.a. auf den vielen Logistikansiedlungen im Kontext des boomenden Internethandels (b2c) und der Konsumgüterversorgung der Hauptstadtregion.
- Die deutschen Güterverkehrszentren und italienischen Interporti zählen zu den führenden Standorten in Europa und setzen damit die internationalen Leistungsstandards. Dies ist zurückzuführen auf die hoch professionellen italienischen GVZ-Trägerschaften. Die sehr gute Positionierung der deutschen Güterverkehrszentren beruht in erster Linie auf den sehr hohen Beschäftigungswirkungen und umfangreichen Flächenoptionen.

- Daneben zählt Spanien ebenfalls zu den Vorreitern der erfolgreichen Etablierung der GVZ-Idee. Ein Newcomer unter den Top 20 ist Polen – CLIP Logistics, was zeigt, dass die Etablierung der GVZ-Idee in Osteuropa weiter vorangeschritten ist. Dieses wird auch durch die Platzierung unter den TOP 20 von BILK Logistics Center (Budapest) bestätigt.

1. **Interporto Verona**
2. **GVZ Bremen**
3. **GVZ Nürnberg**
4. **GVZ Berlin Süd Großbeeren**
5. Plaza Logistica Zaragoza
6. Interporto Nola Campano
7. Interporto Padova
8. Interporto Bologna
9. GVZ Leipzig
10. Interporto Parma
11. ZAL Barcelona
12. Interporto di Torino
13. **BILK Logistics Centre (Budapest)**
14. Interporto Novara
15. CLIP Logistics (Poznan)
16. Delta 3 Dourges (Lille)
17. GVZ Berlin West Wustermark
18. **Cargo Center Graz**
19. GVZ Südwestsachsen
20. DIRFT Daventry

Abb. 5: TOP 20 GVZ-Standorte in Europa (2015/16) (eigene Darstellung)

4. Fazit

Das vorliegende Ranking kann u.a. ein weiterer Schritt auf dem Weg zu einem Vergleich der weltweiten GVZ-Strukturen sein. Dieser Vergleich könnte u.a. helfen, die nachhaltige Vernetzung der internationalen Standorte (perspektivisch) weiter voranzutreiben. Mögliche Ziele/Herausforderungen, die zur weiteren Verstetigung des begonnenen Prozesses beitragen können:

- (Permanente) Erfassung weiterer (neuer) Standorte und Pflege entsprechender Datenbanken.
- Entwicklung eines „Grob"-Rankings, d.h. zunächst basierend auf einigen wenigen Kriterien, könnte eine vergleichende Analyse angeschoben werden. Diese hätte im Ergebnis u.a. eine nicht zu unterschätzende Öffentlichkeitswirkung in den entsprechenden (Fach)Medien.
- Generierung von Hilfestellungen für Logistikimmobilienentwickler und Logistiker bei deren (internationalen) Marktanalysen.
- Unterstützung von Seehafenbetreibern/Reedereien beim Aufbau/Komplettierung ihrer Hinterlandstandortnetzwerke.

Literatur

Europlatforms EEIG. The European Logiatics Platforms Association (o.J.): Definition. http://www.europlatforms.eu/?page_id=150 (Abruf: 16.08.2017).

Haasis, H.-D.; Mackenthun, F.; Nestler, S.; Nobel, T. (2014): Nachhaltigkeit und Logistik - wie grün sind Deutschlands Güterverkehrszentren? In: Internationales Verkehrswesen (66), Heft Nr. 1, S. 61-64, DVV Media Group, Hamburg.

Nestler, S.; Nobel, T. (2016): Güterverkehrszentren (GVZ) in Europa – Ergebnisse des zweiten europäischen Rankings. DGG Schriftenreihe „Makrologistische Knoten", Band 6, wissenschaftlicher Verlag Berlin.

Nobel, T. (2004): Entwicklung der Güterverkehrszentren in Deutschland - Eine am methodischen Instrument Benchmarking orientierte Untersuchung. Institut für Seeverkehrswirtschaft (ISL) Book Series, No. 30, Bremen.

Nobel, T.; Nestler, S. (2010): Ranking der europäischen GVZ-Standorte – Benchmarking der europäischen Erfahrungen. DGG Schriftenreihe „Makrologistische Knoten", Band 1, wissenschaftlicher Verlag Berlin.

Roso, V. (2006): Emergence and significance of dry ports. Division of Logistics and Transportation, CHALMERS University of Technology, Report 65, Göteborg.

Cooperative governance for green transport corridors

Gunnar Prause[1]

Abstract

The EU White Paper on Transport from 2011 emphasized the green transport corridors (GTC) as sustainable logistics solutions for cargo transportation in the European Union. Until today, the first implementations of GTC concepts have been finalized and the Baltic Sea Region (BSR) enjoys a vanguard position in the development. The results of the first GTC projects showed that besides technical and infrastructural issues the management and governance of GTC play a crucial role in the success and the performance of a corridor.

Already, the GTC definition of the European Commission pointed out the need for an open and fair access to corridors and their trans-shipment facilities, making it possible for every corridor user to participate in the corridor and utilize the GTC resources. The results of realized GCT initiatives highlighted cooperation and cooperative governance models as success factors for GTC implementation and revealed similarities between the management of the GTC resource system and the theory of commons.

The author participated in some GTC initiatives and contributed to the academic discussion of the GTC concept. The paper highlights the current status of research of GTC by focusing on cooperation and governance aspects, its links to common-pool resources and the successful implementation of GTC concepts.

1. Introduction

In reaction to the estimated growth of passenger and freight transport in the European Union, the European Commission presented a couple of White Papers on transport, starting with the first version in 2001 and continuing publication until the current version of the White Paper in 2011, in order to set a political framework for the EU transport policy development for the next decades (COM 2001, 2011). A common aim of all White Papers on transport was the necessity to shift significant cargo volumes away from the dominant road traffic to greener transport

---

[1] Prof. Dr. Gunnar Prause, Professor of Business Development, School of Business and Governance, Tallinn University of Technology

© Springer Fachmedien Wiesbaden GmbH, ein Teil von Springer Nature 2018
I. Dovbischuk et al. (Hrsg.), *Nachhaltige Impulse für Produktion und Logistikmanagement*, https://doi.org/10.1007/978-3-658-21412-8_10

modes. This goal was linked to the preparation of an environmentally friendly transport sector and at the same time to provide safer and efficient transportation by reducing accidents, congestions and negative impacts through emissions, i.e. noise and pollution.

After the revision of the first EU White paper in 2006, the European Commission introduced in 2007 the concept of a green transport corridor (GTC) in the context of the Freight Transport Logistics Action Plan (COM 2006, 2007). According to the Freight Transport Logistics Action Plan, GTC "reflects an integrated transport concept where short sea shipping, rail, inland waterways and road complement each other to enable the choice of environmentally friendly transport". Important further steps in the development of the GTC concept on EU level have been the Green Paper on TEN-T from 2009, as well as the TEN-T Policy Review from 2011 and the EC White Paper on "A Sustainable Future of Transport".

The latest version of the White Paper of Transport (COM 2011) is aiming for a dramatic reduction of Europe's dependence on imported oil and tries to achieve cuts of carbon emissions in transport by 60% by 2050. As measures to reach this target by the middle of the century, they promote the introduction of non-conventionally-fueled cars in cities: the use of 40% sustainable low carbon fuels in aviation, at least a 40% cut in shipping emissions as well as a 50% shift of medium distance intercity passenger and freight journeys from road to rail and waterborne transport. The concept of the GTC contributes to the attainment of the 2050 targets by establishing multimodal trans-shipment routes with a concentration of freight traffic between major hubs and by relatively long distances of transport, now being marked by reduced environmental and climate impact while increasing safety and efficiency with the application of sustainable logistics solutions.

Consequently, an increasing number of initiatives at national and EU levels for greener and more efficient logistic solutions have been developed and tested, including green transportation corridor approaches. The BSR played an important role in the implementation of green transportation, especially for the design of sustainable and environmentally-friendly multi-modal transport solutions. The first general overview of the logistics situation in the BSR after the fall of the Berlin Wall was given by the Interreg project "LogOn Baltic – Developing Regions through Spatial Planning and Logistics & ICT Competence" between 2006 and 2007. The results of the LogOn Baltic research project revealed huge differences in the logistics competencies around the BSR, which are still valid today (Kersten et al. 2007; Korn, Prause 2008).

Since 2008, several projects on territorial cooperation were launched aiming at improving sustainable transportation in the European Union. The following list will briefly describe some of the most important initiatives. It should be mentioned that this list is not complete since in the following years and also in upcoming periods more project initiatives have been or will be established to promote green transportation (Hunke, Prause 2012).

- The Swedish Logistics Forum Green Corridor Initiative, consisting of 30 local projects within the Nordic States where the infrastructure and transportation sector is already advanced, is trying to demonstrate the usage of innovative transport solutions, to promote the development of green corridors in EU transport policy, and to establish international partnerships involving the Nordic region.
- EWTC II – The East West Transport Corridor II corridor links Denmark, Sweden, Germany, Lithuania and Russia together in a network. The defined corridor runs from Esbjerg in the western part of Denmark across the Great Belt bridge and from North Eastern part of Germany across the Baltic Sea further on to Karlshamn in Sweden, and from here on, via the Baltic Sea to Klaipeda in Lithuania and further on to Moscow or Belorussia to Central Asia. The corridor is mainly land-based, through intermodal train solutions, and sea-based solutions across the Baltic Sea (Kusch et al. 2011).
- Scandria – The Scandria corridor, which is adjacent to the SoNorA corridor, covers the area from the southwestern part of Norway and southeastern part of Finland via Sweden (Region Halland and Region Skåne) and further on via Zealand to Berlin/Brandenburg in Germany. At present, the corridor is mainly a road-based corridor supplemented with ferries/bridge when crossing the Øresund and Femern, but with a possibility of introducing more intermodal rail, especially in the German part.
- TransBaltic – The TransBaltic initiative has its focus on improving the transport system around the Baltic Sea and cores partners from Norway, Sweden, Denmark, Germany, Poland, The Baltic States and Finland.
- NECL II – The North East Cargo Link II project tries to develop and promote a Midnordic Green Transport Corridor as a cost-effective and environmentally friendly transport route with partners from Norway, Sweden, Finland and Russia.
- RBGC – The Rail Baltica Growth Corridor initiative tried to prepare the development of a European gauge railway corridor from Tallinn via Riga and Kaunas to Warsaw in order to link the Baltic States to the European railway system so that seamless rail transport becomes possible.
- SuperGreen – The FP7 project, supported by the European Commission (DG-TREN), promote the development of European freight logistics in an environmentally friendly manner and evaluate a series of 'green corridors' covering some representative regions and main transport routes throughout Europe.

- BSR Transport Cluster – A Baltic Sea umbrella project for sustainable, multimodal and green transport corridors as a platform for the whole Baltic Sea Region to strive towards a green BSR transport network, in order to develop a coherent concept for sustainable macro-regional transport and regional growth policies for the BSR at the European level.

Currently, the most important new GTC project within BSR is related to the construction of the 18 km long tunnel – the Fehmarn (Femern) belt tunnel - which allows the use of road and train traffic between Ringsted and Lübeck and which will bring shorter and faster links regionally and between Scandinavia and central Europe. The tunnel is planned to be ready by 2024 and is expected to create new opportunities for international freight transport. Once opened, freight trains between Hamburg and Scandinavia will be saved the 160 km detour via the current freight train route across the Great Belt (Femern 2017).

All in all, the European Commission adopted, with the publication of the White paper in 2011, a roadmap of 40 concrete initiatives for the next decade to build a competitive transport system that will increase mobility and employment. The experiences of the already executed GTC initiatives revealed common properties and principles linked with the successful corridor implementations, comprising openness, collaboration and cooperation, fairness and inclusion (Prause, Hunke 2014b). These frame conditions, especially the corporatism and the openness, are representing new and uncharacteristic properties for the logistics sector, which are not in line with the traditional business structures.

Nevertheless, literature review manifests that only a little research has been carried out on cooperative governance models of GTC. This paper intends to fill this gap by discussing cooperative approaches for GTC including links to the theory of commons. The research is subdivided into four parts: The first part provides the theoretical background for the frame conditions and governance models of GTC as well as for cooperatives and the open use of GTC resources. Secondly, the research methodology for the empirical part is described. Subsequently, empirical results from secondary data analysis, expert interviews as well as case studies are presented and discussed. Finally, the paper summarizes these results and proposes respective implications.

2. Theoretical background of Green Transport Corridors

Despite the fact that the different GTC initiatives vary significantly in their interpretations of green transportation, there exist also common topics which are recognized by all GTC initiatives. First, "co-modality" enables the choice of environmentally friendly transport along the transport route, since reduced emissions represent one of the obvious objectives of greener transportation. Secondly, important success factors for green transport consist in all cases of adequate, and high performing trans-shipment facilities, innovative transport units and vehicles together with advanced ITS applications, i.e. these elements can be considered as base components of GTC since customers expect beyond environmental friendliness also economic advantages of the corridor use in form of cost and time savings (Hunke, Prause 2012, 2013; Prause 2014b).

But the common characteristics of GTC comprise additional topics, namely entrepreneurial growth and cluster development, representing two other important issues which are attributed to GTC and which have been the center of nearly all GTC projects (Prause, Hunke 2014b; Prause 2014b). Other properties which are located in the intersection of all GTC initiatives are linked to fair and non-discriminatory access to corridors and their trans-shipment facilities. Prause and Hoffmann (2017) studied cooperative business structures for GTCs by analyzing how far cooperative concepts are contained in the GTC concept, and to what extent cooperative governance and ownership structures are appropriate concepts for the successful management of GTC.

An important progress in the development represents the green corridor initiative of the Swedish Logistics Forum which started in 2008 and consisted of about 30 local green transportation projects. Psaraftis and Panagakos (2012) highlighted the gained experiences and conclusions of the Swedish Logistics Forum initiative and gave a very simple definition by stating "Green Corridors aim at reducing environmental and climate impact while increasing safety and efficiency".They concluded six concrete and clear characterizations of a green corridor, which do not differ significantly from the definition provided by the European Commission, as it comprises the central criteria: (1) sustainable logistics solutions with documented reductions of environmental and climate impact, high safety, high quality and strong efficiency; (2) integrated logistics concepts with optimal utilization of all transport modes (so-called "co-modality"); (3) a concentration of national and international freight traffic on relatively long transport routes; (4) efficient and strategically placed trans-shipment points, as well as an adapted, supportive infrastructure; (5) harmonized regulations with openness for all actors; (6) a platform for development and demonstration of innovative logistics solutions, including information systems, collaborative models and technology. The points (1) to (4) refer to substantial tasks which have to be performed by a green corridor, but points (5) and (6) formulate requirements referring to its internal structure, touching the business and governance models of a green corridor by highlighting openness, harmonization and collaboration.

Essential for future development is point 5, the demand for openness and harmonization for the participating stakeholders of green corridors: The challenging task to realize the organizational and political framework for such green corridor concepts isto create a fair and balanced transport spot market within the corridors, enabling market leaders and SMEs to interact at a low cost.

Pt. 6 has not yet been efficiently met by existing market structures, as the realization of such a platform represents a task which is placed far beyond the existing business and ownership models in supply chains. These requirements force the current logistics players to open their closed business models and to integrate them into an integrated logistics platform which is linked to the loss of their influence and market power. In order to succeed with these tasks, more research on green corridor business models and the possible benefits of integral corridor management for all participants will be necessary.

Another outstanding GTC initiative in the BSR was the EWTC project, since it presented for the first time a GTC manual which described important frame conditions for the corridor implementation and introduced a KPI system for sustainable management comprising economic, ecologic and social aspects. Together with the KPI system, a strategic instrument was launched in the form of a dashboard for infrastructural monitoring to safeguard a successful corridor development (EWTC 2012). The results of the EWTC project advanced the outcomes of the green corridor initiative of the Swedish Logistics Forum and the SuperGreen project. Scientifically, the EWTC results were strongly influenced by the research of Gustafsson (2008) on a holistic approach for co-modality of freight.

A key element for organizing and managing green transport corridors is the creation and implementation of an integrated transportation ICT-system. This offers the different stakeholders of BSR logistics an ICT-platform to facilitate the organization, the management and the cooperation according to the frame conditions and to improve the performance, safety and efficiency of green corridors (Prause, Hunke 2014b). Even though the final structure of such an overall system is still open, some cornerstones of such ICT-systems for green corridors are already visible since they will rely on an open architecture, use standards and realize green and democratic models for efficient multimodal logistics markets.

However, these necessary functionalities are representing the more technical part of the requirements that have to be fulfilled by an integrated ICT-system. The more challenging task is to realize the organizational and political framework for such system architecture. By summing up the results of green corridor initiatives from BSR together with the discussions of the paper it can be stated that integrated ICT-systems have to meet the following system requirements (Info Broker 2012; Prause, Hunke 2014b):

- Open architecture
- Oriented on standards
- Focus on interoperability and co-modality
- Independent of technology
- Endorsed and adopted by major freight ICT-systems providers and logistics operators
- Support the European transport and logistics system to be more efficient and environmental-friendly
- Create a fair and balanced transport spot market within the corridors, enabling market leaders and SMEs to interact at a low cost

Another strong barrier for the implementation of green corridor ICT-systems is related to the fact that creating open databases comprising freight tariffs and contracting conditions, in order to be able to build transparent spot markets, is again a politically sensitive topic.More incentives than general arguments have to be developed in order to increase the will to participate among the main logistics players in a green corridor.

In case a critical mass of logistics companies agree to participate in such systems, it is still necessary to develop a communication system between these co-operating companies and to agree on underlying business models, standards of documents and messages. However, an important constraint for successful future applications and solutions in BSR is to be open and affordable for the small and medium companies due to the dominance of the SME sector in logistics.

Beside the discussed technical issues, the results of the first implemented green corridors in BSR already revealed that political and cultural topics also play a crucial role in the acceptance and success of the green corridor concept. Important preconditions for the implementation of green corridor ICT-systems are related to transparency, cooperation and trust, since the creation of open databases comprising freight tariffs and contracting conditions are necessary to build transparent spot markets. At the same time these strategic and politically sensitive topics represent major obstacles to the participation of the main logistics players in a green corridor.

So in order to safeguard the success of green corridor concepts, the scope of research has to include cultural and political topics touching issues beyond ICT-systems, so that the participation of a critical mass of logistics companies in such systems can be realized. However, the solutions of these questions need much further research, which is on the agenda for running and upcoming green corridor projects.

3. Cooperative models for Green Transport Corridors

Until now, the discussed topics suggest that cooperative issues play an important role in the success and performance of GTC, which is also reflected in literature. Prause (2014a) developed a GTC balanced scorecard by highlighting cooperation and aspects of soft logistics, i.e. political and cultural topics including transparency and trust, as success factors for GTC. Prause and Hoffman (2017) followed these considerations and investigated cooperative business and ownership models for GTC. Their conclusion is that a cooperative, together with the legal form of a European Cooperative Society (SCE), represents a promising approach to organizing a GTC due to its democratic construction and openness, and its focus on cooperation, matching to a large extent the demands of a GTC. Thus, GTC entities in the form of an SCE are capable of guaranteeing good governance in a multi-stakeholder environment and coping with the strategies and vision of GTC entities.

The mentioned frame requirements for green corridors have to be reflected in the management structures and ownership models related to green corridors. The different available legal structures for a corridor should be further oriented on EU legal form since all considered green corridor projects are touching more than one EU member state and often include countries outside the European Union.

Possible European legal forms are:

- Non-profit organizations (NGO) or associations
- European Economic Interest Groupings (EEIG)
- European Cooperative Society (SCE)
- European Private Company (SPE)
- European Society (SE)

The advantage of EU based corridor management solutions are the underlying common legal regulation frameworks for business models defining value propositions to clients of the green transport corridor, and to stakeholders to use and support the common assets and solutions of the corridor (Osterwalder 2004). NGOs and other non-corporate forms of organization do not provide sufficiently consistent and pan-European recognition; so instruments set up by European regulations are preferable.

These considerations also apply to the organization of common resources, like the integrated green corridor ICT – system "Information Broker" of the EWTC2 – project. In the case of the ownership of the Information Broker, the main task is about selecting and organizing owners for the ICT-system to ensure maximum value for the vision of the East West Transport Corridor. However, the requirements for an ownership model and the choice of the legal form depend on the type of owner. While small businesses concentrate primarily on taxation, risk management and access to green corridor transport markets, businesses with multiple owners or NGO's may prioritize other commercial and environmental goals differently.

The choice of a suitable legal business entity might be further complicated by the need for legal, social, competitive and political considerations. Just as national cooperatives, SCEs are also member-owned and member-managed entities that accumulate benefits for its members. A company or institution that wants to become a member of an SCE applies for membership and buys a share, in order to return various types of value to the cooperative, not only benefiting from it but also participating in the cooperative decision-making process.

SCEs usually provide some products and services to its members for free. In the Information Broker membership, these common (free) services could comprise:

- access to the information exchange and the application programming interface (API) of the Information Broker and other information sources
- (legal) document templates
- system service and support
- seminars and newsletters
- other products and services like information brokerage and consulting and implementation services

A possible solution for the demands of the Information broker can be found in the structures of the SCE (Prause, Hoffmann 2017). The structure of the SCE corresponds generally with the structure of the SE, including the rule "one-member-one-vote" applying for SCEs, which makes it comply with the democratic and balanced frame conditions of green corridors, especially because the value of member shares can vary among the members allowing economically stronger members to take bigger financial shares than smaller members. Since each cooperative has a fixed mission, the cooperative can develop the green corridor towards a common vision. Any profit generated by the Information Broker can be distributed as dividends among the members, or reinvested in the financial stability or value of the SCE for its members, since the member capital is the preferred source of financing in a cooperative. Other sources include bank loans and grants from governments and non-profit organizations.

Furthermore, the SCE makes sure that various benefits of the Information broker's members are implemented in the organizational structure, raising considerable synergies. Lower integration costs make incorporating new corridor investments and assets to quick and collective actions of the cooperative towards the suppliersand create financial advantages in purchasing processes. Incorporating new hardware and integrating ICT/ITS solutions between partners is often costly and time-consuming. By collectively putting pressure on ICT/ITS suppliers the suppliers would have incentives for creating interfaces between their hardware and software solutions and the Information Broker, significantly facilitating such efforts and lowering the costs for the SCE members.

Therefore the SCE would make sure that various benefits are implemented in a structured manner, in line with the cooperative business objectives and vision for ICT/ITS in the East West Transport Corridor. This procedure has the effect that the Information Broker's strategy will support reaching the East West Transport corridor's objectives.

On the other hand, an SCE is generally threatened to realise slow decision-making processes. A democratic business model and decision-making procedures require strong communication policies and an active involvement from members. This can be time-consuming and more costly than in other legal forms.

Also, complicated financing procedures can arise due to the possibility of members blocking the put up of equity, which might be needed for start-ups and investments of the cooperative. Access to capital might be a problem if members will not put up the equity needed for the start-up and the investments of the cooperative.

Further conflicts can emerge from heterogeneous member sets with different agendas and interests, which require time-consuming and ineffective compromises in the cooperative; e.g. larger actors might not be willing to give the smaller actors some benefits, that they themselves already have, without involving the Information Broker if they perceive that they do not receive anything in return by doing so.

So by summing up the discussion, it can be stated that Green Corridor entities in the form of SCEs are capable of guaranteeing financial stability and reflecting cooperative governance structures, as well as underlining the respective strategies and vision of Green Corridor entities. The involvement of the public sector in the relevant countries retains the focus on both the public good and business benefits for corridor stakeholders at the same time.

4. GTC resources and the theory of commons

Elinor Claire was awarded the 2009 Nobel Memorial Prize in Economic Sciences, which she shared with Oliver E. Williamson. Her main research topic was the "analysis of economic governance, especially the commons" i.e. her scientific work was dedicated to the research question of how communities manage common pool finite resources (common property resources) of natural and human-made origin. By analyzing a variety of communities around the world, Ostrom's research was able to point out that private property is not the only concept of protecting finite resources from ruin or depletion and she documented how communities devise ways to govern sustainable commons for generations. Her studies were able to show how societies have developed diverse institutional arrangements for managing common resources by preventing ecosystems from collapsing, even though some arrangements have failed to prevent resource exhaustion. Ostrom's work also showcased the multifaceted nature of human–ecosystem interaction and stressed the impossibility of the existence of a singular "panacea" for all social-ecological system problems (Hanisch, 2010).

GTC represent socio-ecological transport systems that offer a limited number of logistics services and recourses to their users. The underlying infrastructure of the corridor, consisting of transport links, hubs, ICT – systems and other GTC resources, are used by the GTC stakeholders and have to be built, maintained and sustainably developed by investments. In this sense, the GTC resources enjoy properties of commons comprising the limited availability of the GTC resources, the open and fair access to the corridor resources in a transparent, democratic and cooperative environment. Prause and Hoffmann (2017) pointed out that by taking into account these frame conditions an appropriate governance model can be found in the shape of a European cooperative. But they also highlighted tentative conflicts within GTC which are linked to cooperatives and which depict parallels to the characteristic for common-pool resources like overuse or congestions.

Common-pool resources typically consist of a core resource which defines the stock variable while providing a limited quantity of extractable fringe units, defining the flow variable. While the core resource is to be protected or nurtured in order to allow for its continuous exploitation, the fringe units can be harvested or consumed (Ostrom 1990, 2009). Ostrom continued her investigations by identifying eight "design principles" of stable local common pool resource management:

- Clearly defined (clear definition of the contents of the common pool resource and effective exclusion of external un-entitled parties)
- The appropriation and provision of common resources that are adapted to local conditions

- Collective-choice arrangements that allow most resource appropriators to participate in the decision-making process
- Effective monitoring by monitors who are part of or accountable to the appropriators
- A scale of graduated sanctions for resource appropriators who violate community rules
- Mechanisms of conflict resolution that are cheap and of easy access
- Self-determination of the community recognized by higher-level authorities; and in the case of larger common-pool resources, the organization in the form of multiple layers of nested enterprises, with small local CPRs at the base level.

These principles have since been slightly modified and expanded to include a number of additional variables believed to affect the success of self-organized governance systems, including effective communication, internal trust and reciprocity, and the nature of the resource system as a whole.

In the case of GTC, the core resources consist of transport capacities and available services which are monitored by the GTC dashboard and the enabling and operating criteria (Hunke and Prause, 2013). The governance of common pool resources which are used by many stakeholders in common has been discussed by many scholars. Both state control, as well as the privatization of resources, have been advocated by different scientists, but in general neither the state nor the markets have been successful in managing common pool resources. Elinor Ostrom came to the conclusion that common pool resources can be managed successfully and sustainably by their users in the form of self-organization, without state control or privatization. This self-organized management of common pool resources requires a multi-level approach, comprising an operative, a collective and a constitutional level necessary for the users to keep cooperation and self-organization (Ostrom 1990, 2009). These principles can be transferred to GTC governance after the discussion in this paragraph.

5. Sustainable development and management of green corridors

Management and sustainable development of GTC require effective management control systems. A literature review reveals that supply chain management represents the main source of controlling approaches for GTC. Consequently, existing GTC controlling concepts that have been discussed by several scholars are based on green supply chains approaches. Beside the discussion of specific controlling tools, still no theory exists in this field (Seuring 2006; Seuring and Müller 2008).

An important reason, therefore, is that the development perspective of green transport corridors goes far beyond the supply chain dimension, since other dimensions like entrepreneurship, growth along the corridor and savings of greenhouse gases and materials related to the corridor activities play an important role (Prause, Hunke 2014a; Hunke, Prause 2014).

Since GTC are embedded into international network environments, new concepts and instruments are required that are concentrating on the multi-dimensional evaluation of collective strategies and processes taking into account international and cross-company aspects. However, such network-oriented controlling approaches are still in the early stage of development (Sydow, Möllering 2009). A widespread approach for a network-oriented controlling is based on the balanced scorecard concept of Kaplan and Norton (1996), which has been transferred and adapted to cross-company interactions leading to "cooperative scorecards" or "network-balanced scorecards" (Hippe 1997; Lange et al. 2001; Hess 2002).

The current scientific discussion stresses the performance monitoring of green corridors with different sets of Key Performance Indicators (KPI) for the management of GTC. These approaches mainly cover sustainable aspects of GTC development by neglecting network-oriented controlling aspects so that a general concept for green corridor controlling is still missing. First experiences with implemented green corridor projects reveal that the existing KPI sets strongly depend on the underlying governance models (Hunke and Prause 2013).

While the KPI approach emphasizes the operational aspects of the corridor performance, a complementing strategic controlling concept is needed to safeguard an efficient, innovative, safe and environmental friendly long-term development. Weber (2002) and Ackermann (2003) initiated important steps towards supply chain and network-oriented controlling concepts. Ackermann (2003) proposed a "supply chain balanced scorecard" by maintaining the traditional perspectives related to finance, processes, clients and learning, however these perspectives are oriented on the integrated supply chain instead of unique companies or stakeholders. Weber (2002) created a cross-company balanced scorecard for a supply chain by integrating the two classical perspectives of finance and processes with two cooperation perspectives, describing the "hard factors" and "soft factors" of the cooperation, i.e. Weber emphasized strongly the cooperative aspects and proposed a supply chain balanced scorecard approach based on the four perspectives:

- financial perspective
- process perspective
- cooperation intensity
- cooperation quality

Since the two cooperation perspectives apply also to GTC in the same way as supply chains, it is recommendable to keep these two network perspectives in a GTC controlling concept. Compared to the classical balanced scorecard approaches, the proposal of Weber (2002) is missing the learning, the client and the growth perspectives.

Based on these results, Prause (2014a) developed a new GTC balanced scorecard by taking into account the conclusions of the EWTC "Green Corridor Manual" and used the underlying KPI system to create a "sustainability" perspective covering economic, ecologic and social aspects. Therefore, by following the EWTC understanding the financial and process perspectives are integrated into the sustainability perspective (EWTC2 2012). However a GTC enjoys a underlying network or a tubular cluster structure, so that development and growth represent as important elements due to inter-organizational knowledge transfer among the network partners, facilitating the generation of innovations and new service design solutions for the clients as well as the implementation of process and organizational innovations in the corridor. Therefore, the integration of a growth perspective as the fourth dimension for a GTC is necessary, leading to the following green corridor balanced scorecard approach (Prause 2014a):

- Sustainability perspective
  - comprising economic, environmental and social efficiency
- Growth perspective
  - comprising innovation activities, new services and their turnovers as well as GTC stakeholder fluctuation
- Cooperation intensity
  - comprising data exchange and coordination needs
- Cooperation quality
  - comprising openness, trust, transparency and conflict levels

This balanced scorecard includes all important perspectives for a GTC and highlights the underlying network properties and corporatism aspects of a sustainable green corridor development. Furthermore, it constitutes the KPI system of the EWTC2 project, even if the set of GTC indicators is not complete until now. Recently, Schröder and Prause (2015, 2016) extended the GTC balanced scorecard approach to a risk management concept for GTC and applied the results to the transport of dangerous goods through corridors (Prause, Schröder 2015).

6. Conclusions

Since the EU White Paper on Transport in 2011, the concept of green transport corridors enjoys great attention in the EU transport policy development. Already, the green transport corridor definition of the European Commission pointed out that, beyond technical requirements, the successful implementation of the GTC concept along with socio-economic frame conditions like sustainability, openness, fairness, and non-discriminatory access to corridors, resources have to be safeguarded in order to benefit from the corridor potentials. The results of already executed GTC initiatives revealed that besides economic, ecologic and social sustainability together with cooperation among the stakeholders, represent success factors for GTC concepts. These properties are characteristics for cooperative governance models and the management of commonly used GTC resources. Research points out these parallels with the theory of commons and shows that common-pool resource frame conditions based on self-organization and cooperation can be applied successfully to sustainable governance models of GTC.

This discussion of appropriate governance and ownership model for a GTC leads to the legal form of the European SCE, which facilitates cooperative ownership and management models for GTC due to its democratic construction and its general openness. Further advantages of the legal form of an SCE are linked to their availability within the European Union, their easy implementation, the low integration costs and the flexibility and scalability of the underlying cooperative.

GTC entities in the form of an SCE are capable of guaranteeing financial stability and good governance as well as underlining the respective strategies and vision of GTC entities. The involvement of the public and private sector in the involved countries along a GTC retains the focus on both the public good and business benefits for corridor stakeholders and paves the way toward a construction on a multi-level governance model.

The results and experiences of important GTC initiatives in the Baltic Sea Region laid the ground for management control systems based on the balanced scorecard approach. Firstly, the KPI system of the vanguard EWTC project can be integrated into a balanced scorecard concept, safeguarding the "sustainability" perspective. Furthermore, the importance of corporatism in the green corridor concept can be linked with the balanced scorecard concept, by dedicating two perspectives to the cooperation within the corridor, making it possible to safeguard a sustainable development and management of the corridor.

Additionally, the GTC balanced scorecard enjoys the advantage that it is compatible with risk management extensions from the underlying supply chains of a GTC. In summary, the GTC balanced scorecard, together with its extensions, includes a powerful management control system for sustainable and successful GTC implementation and management. Nevertheless, it has to be mentioned that the research on GTC governance and management is still ongoing.

References

Ackermann, I. (2003). Using the balanced scorecard for supply chain management – Prerequisites, integration issues, and performance measures. In: Seuring, S.; Müller, M.; Goldbach, M.; Schneidewind, U. (Hrsg.): Strategy and organization in supply chains. Heidelberg and New York, 289-304.
Blecker; Kersten, W. and Ringle, C. M. (Eds.). Josef-Eul-Verlag, Lohmar-Köln, 265-282.
COM (2001). White Paper: European transport policy for 2010: time to decide. Commission of the European Communities. Brussels, 12.09.2001.
COM (2006). Keep Europe moving - Sustainable mobility for our continent, Mid-term review of the European Commission's 2001 Transport White Paper. Commission of European Communities. Brussels, 22.06.2006.
COM (2007). Communication from the Commission: Freight Transport Logistics Action Plan. Commission of European Communities. Brussels, 18.10.2007.
COM (2011). Roadmap to a Single European Transport Area – Towards a competitive and resource efficient transport system. Commission of European Communities. Brussels, 28.03.2011.
EWTC 2 (2012). Green Corridor Manual – Task 3B of the EWTC II project.
Femern (2017). Femern.com, accessed 01.10.2017.
Hanisch, M. (2010): Die Organisation von Kooperation – was die Genossenschaftswissenschaft von Elinor Ostrom lernen könnte. Zeitschrift für das gesamte Genossenschaftswesen 60(4), 251-263.
Gustafsson, I. (2008). Interaction Infrastructure – A holistic approach to support co-modality for freight. Blekinge Institute of Technology, Doctoral Thesis No. 2008:01, School of Technoculture, Humanities and Planning. Karlskrona 2008.
Hess, T. (2002). Netzwerkcontrolling: Instrumente und ihre Werkzeugunterstützung. Wiesbaden.
Hippe, A. (1997). Interdependenzen von Strategie und Controlling in Unternehmensnetzwerken, Wiesbaden
Hunke, K.; Prause G. (2012). Hub Development along Green Transport Corridors in Baltic Sea Region. Pioneering Supply Chain Design - A comprehensive Insight into emerging Trends, Technologies and Applications. Thorsten
Hunke, K.; Prause, G. (2013). Management of Green Corridor Performance. Transport and Telecommunication, 14(4), 292 - 299.
Hunke, K.; Prause, G. (2014). Sustainable supply chain management in German automotive industry: experiences and success factors. Journal of Security and Sustainability Issues, 3(3), 15 – 22.
Info Broker (2012). A key to efficient performance with as small ecological footprint as possible. EWTC II, Net.Port Karlshamn
Kaplan, R.; Norton, D. (1996). The Balanced Scorecard. Translating Strategy into Action, Boston.
Kersten, W., Boeger, M.; Schroeder, M.; Singer, C. (2007). Developing Regions through Spatial Planning and Logistics & ICT competence – final report. As part of the publication series of the EU project LogOn Baltic, Turku School of Economics, report no. 1:2007, Turku.
Kron, E.; Prause, G. (2008). LogOn Baltic aggregated ICT Survey Report, Turku School of Economics, Turku.
Kusch, T.; Prause, G.; Hunke, K. (2011). The East-West Transport Corridor and the Shuttle Train "VIKING". Wismar University.
Lange, C.; Schaefer, S.; Daldrup, H. (2001). Integriertes Controlling in strategischen Unternehmensnetzwerken, Controlling 13(2), 75-83.

Osterwalder, A. (2004). The Business Model Ontology: A proposition in a design science approach, Ph.D. thesis, Lausanne.
Ostrom, E. (1990). Governing the Commons. The Evolution of Institutions for Collective Action, Cambridge, ISBN 978-1-107-56978-2.
Ostrom, E. (2009). A General Framework for Analyzing Sustainability of Social-Ecological Systems, Science, Vol. 325, Issue 5939, pp. 419-422, DOI: 10.1126/science.1172133.
Prause, G. (2014a). A Green Corridor Balanced Scorecard. Transport and Telecommunication, 15 (4), 299–307.10.2478/ttj-2014-0026.
Prause, G. (2014b). Sustainable Development of Logistics Clusters in Green Transport Corridors. Journal of Security and Sustainability Issues, 4(1), 59–68.10.9770/jssi.2014.4.1(5).
Prause, G.; Hoffmann, T. (2017). Cooperative Business Structures for Green Transport Corridors. Baltic Journal of European Studies, 7 (2), forthcoming.
Prause, G.; Hunke, K. (2014a). Sustainable Entrepreneurship along green corridors. Journal of Entrepreneurship and Sustainability Issues, 1(3), 124 - 133.
Prause, G.; Hunke, K. (2014b). Secure and Sustainable Supply Chain Management: Integrated ICT-Systems for Green Transport Corridors. Journal of Security and Sustainability Issues, 3(4), 5 – 16.
Prause, G.; Schröder, M. (2015). KPI Building Blocks for Successful Green Transport Corridor Implementation. Transport and Telecommunication, 16 (4), 277–287.10.1515/ttj-2015-0025.
Psaraftis, H.; Panagakos, G. (2012). Green Corridors in European Surface Freight Logistics and the SuperGreen Project, Procedia - Social and Behavioral Sciences, Volume 48, 1723-1732, https://doi.org/10.1016/j.sbspro.2012.06.1147.
Schröder, M.; Prause, G. (2015). Risk management for green transport corridors. Journal of Security and Sustainability Issues, 5 (2), 229–239.10.9770/jssi.2015.5.2(8).
Schröder, M.; Prause, G. (2016). Transportation of dangerous goods in green transport corridors - conclusions from Baltic sea region. Transport and Telecommunication, 17 (4), 322–334.10.1515/ttj-2016-0029.
Seuring, S. (2006). Supply Chain Controlling: summarizing recent developments in German literature, Supply Chain Management: An International Journal, Vol. 11(1), 10 – 14.
Seuring, S.; Müller, M. (2008). From literature review to a conceptual framework for sustainable supply chain managmement, Journal of Cleaner Production, Vol. 16, 1699 – 1710.
Sydow, J.; Möllering, G. (2009). Produktion in Netzwerken, Verlag Franz Vahlen, 2nd edition, München
Weber J. (2002). Logistik - und Supply Chain Controlling. 5th edition. Stuttgart.

III. Nachhaltiges Supply Chain Management

Nachhaltiges Prozessmanagement in der Supply Chain

Claudia Breuer[1], Guido Siestrup[2]

Abstract

Wesentliche Elemente eines nachhaltigen und auf die Supply Chain ausgerichteten Prozessmanagements sind die Gestaltung und die Steuerung von Prozessen zur Erreichung definierter Nachhaltigkeitsziele. Aufgrund von Verflechtungen und Interdependenzen ist hierbei häufig auch der Einbezug von Lieferanten- und Kundenprozessen erforderlich, um eine nachhaltige Wirtschaftsweise ermöglichen zu können. In diesem Beitrag wird der Frage nachgegangen, wie unternehmerische Nachhaltigkeitsziele und daraus abgeleitete Strategien Eingang in ein nachhaltig orientiertes Prozessmanagement finden und was dies mit Blick auf Supply Chain-Prozesse bedeutet. Zudem werden Ideen zur Etablierung nachhaltiger Supply Chain-Prozesse aufgezeigt.

1. Einleitung

Die Porter'sche Wertkette (Porter 1985: 33 ff.) hat in den vergangenen Dekaden maßgeblich zu einer neuen ablauforganisatorischen Unternehmenssicht beigetragen, die zunehmend auf Prozessdenken und Kundenorientierung ausgerichtet wurde. Insbesondere gilt dies auch für Supply Chain-Prozesse heutiger Prägung, die Wertschöpfungsketten zu globalen Netzwerken integrieren (Baumgarten 2008: 13 ff.). Neue Möglichkeiten und Herausforderungen für das Supply Chain Management (SCM) ergeben sich im Zuge des Megatrends der „Digitalisierung": diese basiert auf einer Vielzahl von „Enabler-Technologien", die insbesondere den Informationstechnologien zuzuordnen sind (wie etwa Internet of Things, Smart Systems, Cloud Computing, Big Data Analytics) und teilweise auch in Kombination eingesetzt werden. Von dieser sog. Digitalen Transformation sind weitergehende Innovationsimpulse für die Planung, Steuerung und Kontrolle der SC-Prozesse zu erwarten. An erster Stelle der hier dargestellten Evolutionskette,

---

[1] Dr. Claudia Breuer, Qualitätsmanagement, insbesondere Prozessmanagement, Albert-Ludwigs-Universität Freiburg
[2] Prof. Dr. Guido Siestrup, Professor, Professur für Betriebswirtschaftslehre, insbesondere Logistik und SCM, Hochschule Furtwangen

© Springer Fachmedien Wiesbaden GmbH, ein Teil von Springer Nature 2018
I. Dovbischuk et al. (Hrsg.), *Nachhaltige Impulse für Produktion und Logistikmanagement*, https://doi.org/10.1007/978-3-658-21412-8_11

steht das Streben nach Aufbau und Erhalt der Wettbewerbsfähigkeit der Akteure, primär ausgerichtet auf eine *ökonomische* Nachhaltigkeit. So konstatiert etwa Elkington, dass „… most business leaders prioritize issues that are financially material." (Elkington 2017). Gleichzeitig warnt der Autor vor einer solchen Verengung der Unternehmensziele, die einer nachhaltigen Wirtschaftsweise nicht gerecht werden und sich zukünftig zu einem Risiko für die ganze SC und sogar die Wirtschaft entwickeln könnten (Elkington 2017).

Wie in diesem Beitrag noch gezeigt werden wird, legen die Autoren im weiteren Verlauf einen Nachhaltigkeitsbegriff zu Grunde, der gleichermaßen auch die *sozialen* und *ökologischen* Dimensionen mit einbezieht. Die gelebte Praxis sieht allerdings häufig anders aus, Anspruch und Wirklichkeit weichen teilweise erheblich voneinander ab. Zwar finden sich auch in der Literatur und Praxis Beispiele dafür, dass ökonomische, soziale und ökologische Ziele idealerweise zusammenpassen, in diesem Falle wird vom Erreichen des „sustainability sweet spot" (Nguyen, Slater 2010) gesprochen. Allerdings erscheinen viele Maßnahmen aktuell „…immer noch eher marketinggetrieben und … als tastende erste Versuche…" (Bretzke 2014: 1).

Ziel dieses Beitrags ist es, Ideen auf dem Wege zu einem nachhaltig orientierten Prozessmanagement für das SCM aufzuzeigen. Die zentrale Frage, der in diesem Beitrag nachgegangen werden soll, lautet: Wie können unternehmerische Nachhaltigkeitsziele und daraus abgeleitete Strategien Eingang in ein nachhaltiges Prozessmanagement finden und was bedeutet dies mit Blick auf SC-Prozesse?

2. Nachhaltiges Wirtschaften

Nachhaltigkeit ist ein facettenreicher Begriff, der in der Forschung und Praxis sehr unterschiedlich definiert und genutzt wird (Fischer 2017: 35). Dies begründet die nachfolgende Befassung mit den Ursprüngen des Begriffs und mit dem in diesem Beitrag unterstellten Verständnis.

Wesentliche Meilensteine auf dem Entwicklungspfad zu einem Bewusstsein für dieses Thema sind zum einen der Beitrag „Limits of Growth" (Meadows et al. 1972) und der Bericht der sog. Brundtland-Kommission (WCDE 1987). Letzterer hatte große Bedeutung für die weitere Prägung des Begriffs der Nachhaltigkeit. Einleitend heißt es:

> „Sustainable development is development that meets the needs of the present without compromising the ability of future generations to meet their own needs." (WCDE 1987, Chapter 2)

Der Bericht bildet die Grundlage für eine bis dahin neue Sicht auf den Begriff der Nachhaltigkeit: ökologische, soziale und ökonomische Belange werden in einen gemeinsamen Handlungskontext gebracht. Diese Sichtweise hat in der Folge auch bis auf die Mikroebene bzw. Unternehmensebene gewirkt, allerdings mit einiger Verzögerung: So werden ökologische und soziale Ziele im Zusammenhang mit der Unternehmensentwicklung erst seit Ende der 1990er Jahre verstärkt diskutiert (Meyer, Teuteberg 2012: 2).

Zur Strukturierung der Nachhaltigkeitsdimensionen finden sich in der Literatur verschiedene Ansätze (vgl. Abb. 1): Säulenkonzept, Schnittmengenmodell und Nachhaltigkeitsdreieck (vgl. etwa Hauff 2014: 159 ff. sowie Osranek 2017: 43 ff.). Alle Modelle betonen die Bedeutung der drei Nachhaltigkeitsaspekte für ein nachhaltiges Wirtschaften. Das Drei-Säulen-Modell hat große Verbreitung gefunden, allerdings wird diesem auch Kritik zuteil, u. a. weil „…keine klaren Austauschbeziehungen oder Abhängigkeiten zwischen den Säulen bestehen" (Hauff 2014: 164). Im Schnittmengen-Modell und im Nachhaltigkeitsdreieck können hingegen auch die Interdependenzen zwischen Nachhaltigkeitsdimensionen berücksichtigt werden.

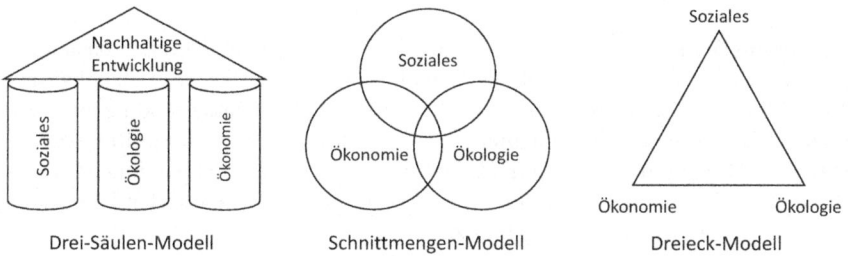

Abb. 1: Nachhaltigkeitsmodelle (in Anlehnung an Hauff 2014: 163 ff.)

Eine Erweiterung des letztgenannten Ansatzes stellt das sog. Integrierende Nachhaltigkeitsdreieck (Hauff 2014: 169 ff.) dar. Es integriert die drei Nachhaltigkeitsdimensionen und ermöglicht eine Quantifizierung des Verhältnisses zwischen den drei Dimensionen, die in ihrer Gesamtheit 100% ergeben. In der nachfolgenden Abb. 2 ist als Beispiel eine Verteilung von 20:50:30 hinsichtlich der sozialen, ökonomischen und ökologischen Dimensionen dargestellt.

Für Unternehmen, die nachhaltiges Wirtschaften umsetzen wollen, sind quantitative Konzepte interessant, um eine Operationalisierung durch Indikatoren bis auf die operative Entscheidungsebene zu ermöglichen. Mit Blick auf die Umsetzung im betrieblichen Prozessmanagement sehen die Autoren allerdings noch großen Forschungsbedarf.

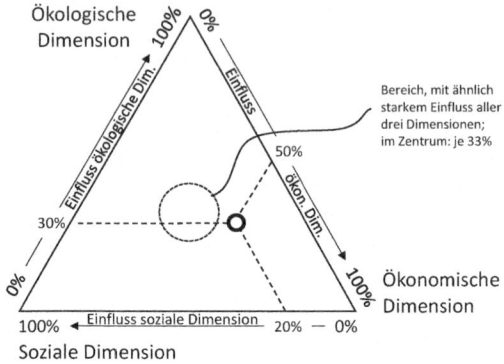

Abb. 2: Gibbsches Dreieck/Nachhaltigkeitsdreieck (Abbildung modifiziert, zit. n. Hauff 2014: 169-170)

Das diesem Beitrag zugrunde liegende Verständnis von Nachhaltigkeit basiert auf der Grundidee des Integrierenden Nachhaltigkeitsdreiecks. Ein nachhaltiges Wirtschaften berücksichtigt kurz- und langfristige Maßnahmen und ist auf Dauerhaftigkeit ausgelegt. Es beinhaltet zudem eine fortlaufende Überprüfung der ergriffenen Maßnahmen und Indikatoren sowie ggf. deren Anpassung (Bretzke 2014: 28). Die Anteile der ökonomischen, ökologischen und sozialen Dimension (je Prozess) können sich dadurch im Zeitverlauf verändern.

3. Prozessmanagement und der Nachhaltigkeitsaspekt

Für den Begriff des Prozessmanagements (PM) existieren in der Literatur unterschiedliche Definitionen und Begriffsabgrenzungen. Häufig unterscheiden sich diese in den verwendeten Begrifflichkeiten. Aber auch der Umfang an den dem PM zugeschriebenen Aufgaben gestaltet sich unterschiedlich. Definitionen finden sich u. a. bei Becker et al. (2009: 3) und Gadatsch (2017: 1-2). Die nachfolgenden Ausführungen erfolgen in Anlehnung an die Definition von Bayer und Kühn (2013: 12-13), welche die Planung, die Steuerung, die Ausführung und die Kontrolle aller Geschäftsprozesse als die Aufgaben des PM ansehen. Bayer und Kühn sehen dabei die Aufgaben des PM im Zusammenhang mit der Unternehmensstrategie, der Aufbauorganisation, der technischen Ressourcen und der Informationstechnologie.

Zur Umsetzung der Aufgaben kann der Lebenszyklus des PM (Process Management Life Cycle) herangezogen werden (Bayer, Kühn 2013: 5). Dieser besteht aus den Phasen Prozessstrategie, Prozessdokumentation, Prozessoptimierung, Prozessumsetzung, Prozessdurchführung und Prozesscontrolling. Mit Bezug auf das im vorhergehenden Kapitel formulierte Verständnis des Nachhaltigkeitsbegriffs, der sowohl einen kurz- als auch einen langfristigen Zeithorizont beinhaltet, soll für die Betrachtung des PM zudem die strategische und die operative Ebene berücksichtigt werden.

PM umfasst demnach die Dokumentation, die Analyse und Optimierung, die Umsetzung, die Durchführung sowie die Bewertung und Kontrolle von Geschäftsprozessen auf operativer Ebene. Die Aufgaben des PM werden durch die Prozessstrategie bestimmt, indem wichtige Prozesse identifiziert und Prozessziele definiert werden. Sie legt zudem die Gestaltungsprinzipien für das PM fest. Diese können sich dabei auf die Wege der Prozessgestaltung, den Standardisierungsgrad der Prozesse, aber auch auf die Auslagerung von Prozessen beziehen (Bayer, Kühn 2013: 22-23). Bei der Prozessgestaltung wird grundsätzlich zwischen der radikalen Neugestaltung von Prozessen im Sinne eines Business Process Reengineering (BPR) und der schrittweisen Veränderung von Prozessen im Sinne eines kontinuierlichen Verbesserungsprozesses (KVP) unterschieden. Aber auch weitere Methoden sind denkbar.

Die Berücksichtigung von Nachhaltigkeitsaspekten im Zusammenhang mit PM erfolgt sowohl auf der strategischen, als auch auf der operativen Ebene. Ausgehend von den Nachhaltigkeitszielen eines Unternehmens sind auf der strategischen Ebene Nachhaltigkeitsaspekte bei der Definition der Prozessziele zu berücksichtigen. Hierfür sind auch die für ein nachhaltiges Wirtschaften relevanten Prozesse zu identifizieren. Zudem sind auf der strategischen Ebene die Prinzipien des PM von den Wegen der Gestaltung, über die Standardisierung bis hin zur Auslagerung von Prozessen unter Berücksichtigung von Nachhaltigkeitsaspekten festzulegen. Durch die radikale Neugestaltung von Prozessen im Rahmen des BPR können Nachhaltigkeitsaspekte mit Beginn der Dokumentation von identifizierten nachhaltigkeitsrelevanten Prozessen bis hin zur Umsetzung und Durchführung berücksichtigt werden. Im Zusammenhang mit einem KVP werden Nachhaltigkeitsaspekte regelmäßig überprüft und schrittweise angepasst bzw. integriert. Nachhaltigkeit wird aber auch erreicht, indem Prozesse standardisiert ablaufen, dadurch weniger Fehler passieren, was Einfluss auf die ökonomische, aber auch auf die soziale Dimension hat, indem z. B. die Zufriedenheit der Mitarbeiter aufgrund von reibungslosen Abläufen steigt. Kritisch ist hier anzumerken, dass die Anwendung von PM gerade bei einem großen technologischen Wandel eine der Nachhaltigkeit gegenläufige Wirkung haben kann. In einer Studie hat Benner festgestellt, dass in diesem Fall die für die Entwicklung neuer Produkte erforderliche Reaktion oder Anpassung der Ressourcen durch das PM abgemildert werden kann (Benner 2009: 484). Auf strategischer Ebene sind daher auch die Wirkungen des PM hinsichtlich der Reaktionsfreude und Anpassungsfähigkeit bei einem größeren Wandel zu beachten und zu kontrollieren.

Auf der operativen Ebene erfolgt die Integration von Nachhaltigkeitsaspekten in die Prozesse bzw. in die prozessunterstützenden Informationssysteme. Im Rahmen der Dokumentation und der Analyse von Prozessen sind die nachhaltigkeitsrelevanten Faktoren und Prozessmerkmale herauszuarbeiten. Die analysierten Prozesse sind anhand der aus den Prozesszielen abgeleiteten ökologischen, ökonomischen und sozialen Indikatoren zu bewerten und entsprechend der unter Berücksichtigung von Nachhaltigkeitsaspekten festgelegten Strategien zu gestalten, umzusetzen und durchzuführen. Bei der technischen Umsetzung von Prozessen mittels Informationstechnologien können Geschäftsregeln, sog. Business Rules, hinterlegt werden. Business Rules beziehen sich auf betriebliche Aspekte und stellen Einschränkungen hinsichtlich des betrieblichen Handelns oder Unterlassens dar (Noak 2014: 24). Entsprechend den Nachhaltigkeitszielen eines Unternehmens können auch Business Rules mit Bezug zu Nachhaltigkeitsaspekten in den Informationssystemen integriert und Prozessabläufe dadurch gesteuert werden. Zu diesen Informationssystemen zählen Prozessplattformen, wie etwa Business Process Management Systeme (BPMS) bzw. die gemäß Gartner-Studie (Dunie et al. 2017) weiterentwickelten Intelligent Business Process Suites (iBPMS). Ziel des Einsatzes solcher Systeme ist eine weitergehende Automatisierung von end-to-end-Prozessen unter Einbindung aller relevanten Akteure und Systeme entlang der Prozesskette. Mittels Prozessportalen wird dem Nutzer (dies können Prozessverantwortliche aber auch Kunden, Lieferanten und andere Stakeholder sein) eine Zusammenführung von Informationen, Diensten und Applikationen aus unterschiedlichen Geschäftsprozessen auf einer Benutzeroberfläche angeboten (Schmelzer, Sesselmann 2013: 486).

In Abb. 3 sind die Ausführungen zum nachhaltigen PM graphisch dargestellt.

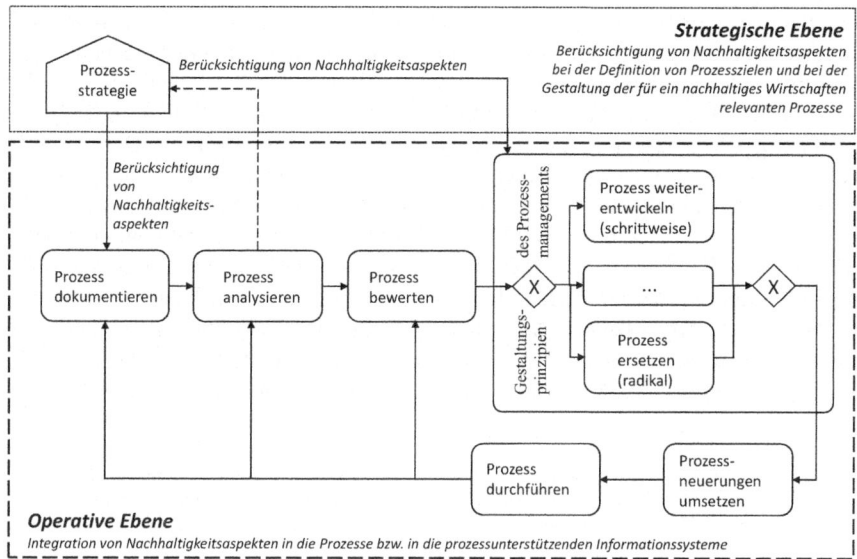

Abb. 3: Integration von Nachhaltigkeitsaspekten im PM-Lifecycle

Wesentliche Aspekte im PM sind die Steuerung und Gestaltung von Prozessen, weshalb diese beiden Punkte im nachfolgenden Kapitel im Zusammenhang mit der Integration von Nachhaltigkeitsaspekten in SC-Prozessen aufgegriffen werden.

4. Nachhaltiges Prozessmanagement in der Supply Chain

Der Begriffsabgrenzung des Council of Supply Chain Management Professionals folgend, wird SCM in diesem Beitrag als der übergeordnete Begriff verstanden, der die Logistik mit einschließt: „Supply chain management encompasses the planning and management of all activities involved in sourcing and procurement, conversion, and all logistics management activities. […] In essence, supply chain management integrates supply and demand management within and across companies." (CSCMP 2017). Für nachhaltiges SCM wird auch der Begriff Sustainable Supply Chain Management (SSCM) gebraucht (vgl. etwa Hansen et al. 2011: 87 ff.). Nachhaltigkeitsthemen des SCM sind dringlich und erfordern gleichsam Aufmerksamkeit seitens der Unternehmen, der Regierungen und der Gesellschaft (Clausen et al. 2016: 11).

Nachhaltiges PM im Zusammenhang mit SCM beschäftigt sich entsprechend mit der Planung und Steuerung der unternehmensinternen und unternehmensübergreifenden Abläufe unter integrativem Einbezug der drei Nachhaltigkeitsdimensionen. Hierbei kommt der Identifikation von geeigneten Indikatoren für ein nachhaltiges Management von SC-Prozessen eine Schlüsselrolle zu. Dem Grundsatz von Norton/Kaplan „If you can't measure it, you can't manage it" (Kaplan, Norton 1996: 21) folgend, müssen die unternehmenseigenen Nachhaltigkeitsziele Eingang in den Strategieprozess finden und letztlich weiter operationalisiert werden, so dass diese bis in die operative Steuerungsebene hinein einsetzbar sind.

Anforderungen an zu entwickelnde Indikatoren sind dabei insbesondere: Steuerungsrelevanz, Objektivität, Akzeptanz, Integration, Vergangenheits- und Zukunftsorientierung, Verantwortung und Wirtschaftlichkeit (Schmelzer, Sesselmann 2013: 294-295). Allerdings greifen die bewährten Indikatorenmodelle zu kurz:

> „Traditional performance indicators such as cost, throughput time or technical quality of products are insufficient to find the best sustainable configuration of the supply chain." (Bloemhof, Soysal 2017: 397)

Dies lässt sich gleichsam auch für Indikatoren folgern, die in der SC-Prozesssteuerung eingesetzt werden und mit deren Hilfe die Zustandsbeschreibung eines nachhaltigen Systems im operativen Kontext ermöglicht wird. Diese kann aber immer nur eine Momentaufnahme sein, da sich in einer dynamischen Umwelt permanent Änderungen ergeben können und somit Handlungs- und Anpassungsbedarfe erforderlich werden (Bretzke 2014: 26).

Da es das Ziel dieses Beitrags ist, Ideen auf dem Wege zu einem nachhaltig orientierten Prozessmanagement für das SCM aufzuzeigen, wird der Aspekt der Operationalisierung von Nachhaltigkeitszielen an dieser Stelle nicht weiter verfolgt. Es werden vielmehr Möglichkeiten zur Integration von Nachhaltigkeitsaspekten bei der Gestaltung und der Steuerung der SC-Prozesse aufgezeigt.

Gestaltung nachhaltiger SC-Prozesse: Die Gestaltung der Ablauforganisation ist eng verbunden mit der Strukturplanung (Entscheidungen zur Standortsuche, Dimensionierung von Lagerhäusern, Festlegungen zu Transportketten, Auswahl der IT-Systeme etc.). In der Gestaltungsphase werden auch wesentliche Festlegungen für die zu erzielende Nachhaltigkeit in der Prozessausführung getroffen. Mit dem SC-Design werden ökonomische, ökologische und soziale Handlungsspielräume vorbestimmt. Entsprechend groß ist das Potential zur Etablierung nachhaltiger Lösungen, soweit dies unter den gegebenen Rahmenbedingungen – etwa im Hinblick auf die Wettbewerbssituation – aus einzelwirtschaftlicher Sichtweise auch tragfähig ist.

Die Etablierung nachhaltiger Lösungen kann auf verschiedenen Wegen erfolgen. Eine Möglichkeit ist die schrittweise Verbesserung des Nachhaltigkeitszustands durch Etablierung eines KVP. Falls der Status quo nicht ausreicht, die angestrebten Nachhaltigkeitsziele durch KVP zu erreichen, ist zu prüfen, ob eine Neugestaltung von Prozessen, z. B. im Sinne des BPR den angestrebten Beitrag liefern könnte. Treiber und Ermöglicher einer solchen Entwicklung können etwa neue und auf Nachhaltigkeit ausgerichtete Geschäftsmodelle (Ahrend 2016), Kooperationsformen wie etwa Shared Services oder auch neue Technologien sein. Nachfolgend werden exemplarisch drei mögliche Handlungsfelder betrachtet.

Nachhaltiges PM und Additive Manufacturing (auch 3-D-Druck oder 3-D-Printing): Dieses vergleichsweise neue Fertigungsverfahren beruht auf dem Prinzip, Material schichtweise aufzutragen. Aus Nachhaltigkeitssicht birgt dieser Ansatz im Gegensatz zu traditionellen Verfahren einige Potentiale: Materialverluste, die z. B. beim Drehen, Bohren, Fräsen, Sägen, Schleifen, Stanzen etc. entstehen, können verringert werden. Wenn das Material gezielter eingesetzt wird, erscheint es möglich, dass auch die Energiebilanz günstiger ausfällt. Die Gefahr obsoleter Bestände sinkt zudem, wenn auf Bedarf produziert wird. Aus SCM-Sicht ist bedeutend, dass dieses Konzept einhergeht mit einer möglichen Verlagerung der Produktion in Kundennähe. Die Hauptaufgabe des SCM wäre dann die Lagerhaltung der Rohstoffe und deren Transport zum Herstellungsort, der in letzter Konsequenz sogar mit dem Verwendungsort zusammenfallen könnte, wenn Kunden ihre Bedarfe künftig selbst produzieren (oder dies zumindest kundennah erfolgt). Dieser Komplexitätsreduktion für das SCM steht andererseits eine Aufwertung etwa der Logistikdienstleister gegenüber, die auch Produktionsaufgaben (value added services) in Form des Additive Manufacturing übernehmen könnten. Genannt werden kann hier etwa die angekündigte Kooperation von SAP und UPS, die einen durchgängigen Prozess für ein 3-D-Druck-Netzwerk auf dem amerikanischen Markt planen (o.V. 2016).

Nachhaltige SC-Prozesse durch Kreislaufwirtschaft und nachhaltiges Produktdesign: Die heutige Wirtschaftsweise ist nach wie vor vom Durchlaufprinzip geprägt. Zwar existieren Recyclingkreisläufe für verschiedenste Stoffe, dennoch kommt der Wieder- und Weiterverwendung auf hohem energetischem Niveau (etwa im Vergleich zum Downcycling) im Sinne von Produktkreislaufsystemen (Siestrup, Haasis 1997: 149 ff.) eine vergleichsweise geringe Bedeutung zu. Der zu beobachtende Trend hin zu kürzeren Produktlebenszyklen verstärkt sowohl die Probleme der Ressourcenausnutzung als auch die Probleme auf der Abfallseite. Langlebige und demontierbar (und damit reparierbar und dem technologischen Fortschritt entsprechend aufrüstbar) konstruierte Produkte sind die Voraussetzung für solche Produktkreisläufe, bei denen die Produktdienstleistung (Haasis 2008: 155 ff.) für den Kunden im Vordergrund steht.

Nachhaltige Prozesssynchronisation: Kurze Reaktionszeiten und schnelle Belieferung werden insbesondere im Online-Handel, aber auch in der Industrie immer weiter forciert. Dieser Wettlauf führt aus Sicht einer nachhaltigen Wirtschaftsweise zu unerwünschten Nebeneffekten, die sich bspw. im Risiko schlechter ausgelasteter Transporte zeigt. In der Folge führt dies zu einer ansteigenden Belastung der Verkehrssituation und zeigt somit die Grenzen für eine weitere Entwicklung in diese Richtung auf. Entsprechend finden sich auch Forderungen, die in Bezug auf das Zeitverhalten von Prozessen eine mögliche Notwendigkeit zur Entschleunigung und Beruhigung adressieren, wenn Rahmenbedingungen und die gesetzten unternehmerischen Ziele dies erfordern (Delfmann et al. 2010: 9). Gefordert wird in diesem Zusammenhang eine Lockerung des Zeitdrucks, verbunden mit einer Erhöhung der Zeittoleranz, um zusätzlichen Handlungsspielraum für nachhaltige Lösungen (zurück-)gewinnen zu können (Bretzke 2014: 525-526).

SC-Steuerung und Nachhaltigkeit: Als Treiber für die fortschreitende Digitalisierung (Bölzing 2016: 91 ff.) können Technologien aus den Themenfeldern Industrie 4.0, Internet of Things und Big Data Analytics genannt werden. Für die Steuerungsebene der SC-Prozesse bedeutet dies eine weitergehende Automatisierung etwa im Shop-Floor durch Machine-to-Machine-Kommunikation (z. B. durch automatischen Austausch von Informationen zwischen Endgeräten, Ladehilfsmitteln, Rampen etc.) sowie in der Auftragsabwicklung durch den Einsatz von workflowunterstützenden Systemen, wie BPMS bzw. iBPMS. Neben den zu erfüllenden technischen Voraussetzungen bei der Implementierung dieser Systeme sind auch Business Rules zu formulieren, die zur Prozessausführung an den Entscheidungsknoten benötigt werden. Inhaltlich müssten diese jedoch auch in Richtung Nachhaltigkeit spezifiziert und ausgestaltet werden. Nur wenn auch Business Rules definiert und systemisch hinterlegt werden, die dem Nachhaltigkeitsgedanken Rechnung tragen, können diese in weiter automatisierten Systemen in der Ausführung Berücksichtigung finden.

5. Fazit und Ausblick

SCM-Prozesse stellen wesentliche Bindeglieder in und zwischen Wertketten von Produktions- und Handelsunternehmen dar. Der Planung und Steuerung dieser Prozesse kommt mit Blick auf die Umsetzung nachhaltiger Unternehmensstrategien eine große Bedeutung zu. Es sind aber nicht nur die Unternehmen, die das Thema Nachhaltigkeit voranbringen können und müssen: Neben den Unternehmen ebenso gefordert sind vor allem auch Kunden und die gesetzgebenden Institutionen. Die Kunden, die etwa bereit sein müssen, nachhaltige Produkte und

Dienstleistungen wertzuschätzen und die Gesetzgebung, die adäquate Standards setzt. In einer globalisierten Wirtschaftswelt kann letzteres allerdings nur funktionieren, wenn internationale Initiativen vergleichbare Standards schaffen. Insgesamt kann daher resümiert werden: „Vor uns liegt ein hochanspruchsvoller gesellschaftlicher Lern-, Entdeckungs- und Konsensfindungsprozess, der nicht als endliche Übungsaufgabe gedacht werden darf." (Bretzke 2014: 28).

Mit Blick auf ein nachhaltiges PM ist festzustellen, dass es bei der Formulierung der Nachhaltigkeitsziele, aber auch bei der Bewertung der Nachhaltigkeitsleistung durch Indikatoren Forschungsbedarf gibt: Die Formulierung der Nachhaltigkeitsziele ist nicht trivial. Einerseits sind drei Dimensionen zu berücksichtigen und zu gewichten, andererseits bestehen aber auch Interdependenzen zwischen diesen drei Dimensionen, die ebenfalls zu beachten sind. Erschwerend kommt hinzu, dass die formulierten Nachhaltigkeitsziele mit allen SC-Partnern abzustimmen und in die gesamte SC zu integrieren sind. Hinsichtlich der Bewertung der Nachhaltigkeitsleistung können zukünftige Forschungen auf die Schaffung von Indikatorenmodellen fokussieren, die die nachhaltigen Dimensionen für SCM-Prozesse hinreichend abbilden und die als Basis, z. B. für Soll-/Ist-Analysen bis auf die operative Ausführungsebene, genutzt werden können.

Literatur

Ahrend, K.-M. (2016): Geschäftsmodell Nachhaltigkeit: Ökologische und soziale Innovationen als unternehmerische Chance. Berlin, Heidelberg: Springer Gabler.
Baumgarten, H. (Hrsg.) (2008): Das Beste der Logistik: Innovationen, Strategien, Umsetzungen. Berlin, Heidelberg: Springer.
Baumgarten, H. (2008): Das Beste der Logistik: Auf dem Weg zu logistischer Exzellenz. In: Baumgarten (2008): 11-19.
Bayer, F.; Kühn, H. (2013): Prozessmanagement für Experten: Impulse für aktuelle und wiederkehrende Themen. Berlin, Heidelberg: Springer.
Becker, J.; Mathas, C.; Winkelmann, A. (2009): Geschäftsprozessmanagement. Berlin, Heidelberg: Springer.
Benner, M. J. (2009): Dynamic or Static Capabilities? Process Management Practices and Response to Technological Change. In: Journal of Product Innovation Management. 2009. Volume 26 Issue 5. 473-486.
Bloemhof, J. M.; Soysal, M. (2016): Sustainable Food Supply Chain Design. In: Bouchery et al. (2016): 395-412.
Bölzing, D. (2016): Digitale Transformation – Richtig handeln durch zielgerichtete Evolutionsstrategie. In: Zeitschrift für Führung und Organisation. 85. Jg. 2/2016. 91-98.
Bouchery, Y.; Corbett, C. J.; Fransoo, J. C.; Tan, T. (Hrsg.) (2016): Sustainable Supply Chains: A Research Based Textbook on Operations and Strategy. Springer Series in Supply Chain Management.
Bretzke, W.-R. (2014): Nachhaltige Logistik. Zukunftsfähige Netzwerk- und Prozessmodelle. Berlin, Heidelberg: Springer.

Clausen, U.; De Bock, J.; Lu, M. (2016): Logistics Trends, Challenges and Needs for Further Research and Innovation. In: Lu/De Bock (2016): 1-13.

CSCMP Council of Supply Chain Management Professionals (2017): CSCMP's Definition of SCM. http://cscmp.org/CSCMP/Educate/SCM_Definitions_and_Glossary_of_Terms/CSCMP/Educate/SCM_Definitions_and_Glossary_of_Terms.aspx (abgerufen: 2017-12-14).

Delfmann, W.; Dangelmaier, W.; Günthner, W. A.; Peter Klaus, P.; Overmeyer, L.; Rothengatter, W.; Jürgen Weber, J.; Zentes, J. (2010): Grundverständnis der Logistik als wissenschaftliche Disziplin. In: Delfmann, W.; Wimmer, T. (2010): 3-11.

Delfmann, W.; Wimmer, T. (Hrsg.) (2010): BVL-Schriftenreihe: Strukturwandel in der Logistik, Wissenschaft und Praxis im Dialog. Hamburg: Deutscher Verkehrsverlag.

Dunie, R.; Schulte, W. R.; Kerremans, M.; Cantaraet, M. (2016): Magic Quadrant for Intelligent Business Process Management Suites. Gartner Report. August 2016.

Elkington, J. (2017): The 6 Ways Business Leaders Talk about Sustainability. In: Harvard Business Review (digital), October 2017. https://hbr.org/2017/10/the-6-ways-business-leaders-talk-about-sustainability (abgerufen: 2017-12-15).

Fischer, K. (2017): Corporate Sustainability Governance: Nachhaltigkeitsbezogene Steuerung von Unternehmen in einer globalisierten Welt. Wiesbaden: Springer Spektrum.

Gadatsch, A. (2017): Grundkurs Geschäftsprozess-Management: Analyse, Modellierung, Optimierung und Controlling von Prozessen. Wiesbaden: Springer.

Haasis, H.-D. (2008): Produktions- und Logistikmanagement: Planung und Gestaltung von Wertschöpfungsprozessen. Wiesbaden: Gabler GWV Fachverlage.

Hansen, E. G.; Harms, D.; Schaltegger, S. (2011): Sustainable Supply Chain Management im globalen Kontext: Praxisstand des Lieferantenmanagements in DAX- und MDAX-Unternehmen. In: Die Unternehmung, 65. Jg., 2/2011. 87-110.

Hauff, M. von (2014): Nachhaltige Entwicklung. Grundlagen und Umsetzung. München: Oldenbourg Wissenschaftsverlag.

Kaplan, R. S.; Norton, D. P. (1996): The Balanced Scorecard: Translating Strategy into Action. Harvard Business School Press, Boston.

Lu, M.; De Bock, J. (Hrsg.) (2106) Sustainable Logistics and Supply Chain Management: Innovations and Integral Approaches. Cham u. a.: Springer.

Mattfeld, D. C.; Robra-Bissantz, S. (Hrsg.) (2012): Tagungsband der Multikonferenz Wirtschaftsinformatik 2012.

Meadows, D. H.; Meadows, D.; Randers, J.; Behrens, W. W. (1972): The Limits to Growth: A Report for the Club of Rome's Project on the Predicament of Mankind. New York

Meyer, J.; Teuteberg, F. (2012): Nachhaltiges Geschäftsprozessmanagement: Status Quo und Forschungsagenda. In: Mattfeld, Dirk C./Robra-Bissantz (2012): Tagungsband zur Multikonferenz Wirtschaftsinformatik 2012. 16 Seiten. https://publikationsserver.tu-braunschweig.de/receive/dbbs_mods_00048217 (abgerufen: 2017-12-06).

Nguyen, D. K.; Slater, S. F. (2010): Hitting the Sustainability Sweet Spot: Having it all. In: Journal of Business Strategy. 2010. Volume 31 Issue 3. 5-11.

Noak, A. (2014): Business Rules – Geschäftsregeln: Konzepte, Modellierungsansätze, Softwaresysteme. Hamburg: disserta Verlag.

Osranek, R. (2017): Nachhaltigkeit in Unternehmen: Überprüfung eines hypothetischen Modells zur Initiierung und Stabilisierung nachhaltigen Verhaltens. Wiesbaden: Springer Gabler.

o.V. (2016): UPS und SAP 3-D-Druck-Netz. In: DVZ. 2016. Nr. 41 vom 24.05.2016.

Porter, M. E. (1985): Competitive Advantage. Creating and Sustaining Superior Performance. New York: Free Press.

Schmelzer, H. J.; Sesselmann, W. (2013): Geschäftsprozessmanagement in der Praxis: Kunden zufriedenstellen, Produktivität steigern, Wert erhöhen. München: Hanser.

Siestrup, G.; Haasis, H.-D. (1997): Strategische Planung von Produktkreislaufsystemen. In: Zeitschrift für Planung. 1997. Nr. 8. 149-167.

WCED (1987): World Commission on Environment and Development: Our Common Future, Chapter 2: Towards sustainable development. Oxford. http://www.un-documents.net/ocf-02.htm (abgerufen: 2017-12-06).

Managing risks under highly dependent supplier-producer relation in modern automotive industry

Arshia Khan[1]

Abstract

Outsourcing, modularization and other modern supply chain approaches have increased the dependence on modern supply chains, since automobile producers prefer to get complete modules from a few suppliers, instead of getting components and building parts in-house. This dependence on supply chain has made them vulnerable to risks; many incidents happened when automotive producers had to stop the production because of first or second tier suppliers. In this paper we analysed how automotive producers are managing high dependence in the supply chain and how suppliers perceive the orignal equipment manufacturer (OEM). For this purpose, we compare policies from three German automotive companies by which they manage relations with the suppliers, moreover it is investigated how suppliers perceive the regulation policies of automotive companies. The analysis showed that when the companies are highly dependent on the supplier, the management of supplier-producer relation is more efficient while when the dependence is less, and the management of relation with supplier is inefficent.

1. Introduction

In the modern production, the OEMs are highly dependent upon the supplier; about 70 to 80 % of the car value is created by the suppliers (Bennett, Klug 2012; Harrison, Van Hoek 2008). This dependence has made automotive companies vulnerable to many kinds of risks. There are number of times when production in automotive companies was halted due to second or third tier suppliers. In recent times, the production at Volkswagen was severely affected when a first tier supplier went into a dispute with the company and as a result, production in half of their German plants was halted as the Bosnian supplier stopped the supply

---

[1] Arshia Khan, Doctoral candidate, Chair of Maritime Business and Logistics, University of Bremen

© Springer Fachmedien Wiesbaden GmbH, ein Teil von Springer Nature 2018
I. Dovbischuk et al. (Hrsg.), *Nachhaltige Impulse für Produktion und Logistikmanagement*, https://doi.org/10.1007/978-3-658-21412-8_12

(Kollewe 2016). Such problems can also be caused by second or third tier suppliers, e.g. in January 2017 at BMW, a supplier of the first tier supplier (Bosch) couldn't provide the required supply, thus the whole supply chain was affected and production of BMW models 1,2,3 and 4 stopped (Lopez, McKevitt 2017). Another incident in January 2017 stopped car production at BMW, Mercedes Benz and Volkswagen as a fire broke out in a plant at Recticel, which was the major supplier of various first tier suppliers (Adamowski, Robinson 2017). Land rover stopped production in 2001, as the supplier fell to bankruptcy (Thun, Hoenig 2011; Sheffi, Rice 2005). Such examples show that dependence on supply chains has made automotive production vulnerable to risks (Thun, Hoenig 2011). In this regard, literature shows that disruptions in the supply chains are due to high dependence, and can cause high losses to OEM. Some companies have even left the industry after entailing the losses of $50-$100 million dollars per day due to supply chain disruptions (Thun, Hoenig 2011; Rice, Caniato 2003).

Although dependence in supply chain has impacted the automotive companies several times, this dependence is still increasing. Nowadays, automotive companies are receiving complete modules of different parts from the suppliers just in time. If the supplier fails to provide the required module, the production will be stopped and can lead to huge losses. This high dependency on the supply chain can lead to catastrophic situations. Many regulations, terms with suppliers, risk evaluation methods and penalties have been developed in the producer-supplier relation to manage the catastrophic situations. It is also important that the supplier is also satisfied by the OEM, as when the production is highly dependent on the supplier, the supply chain is at high risk.

Keeping this situation in the background, the purpose of this paper is to investigate the dependence that exists between automotive companies and suppliers in modern automotive supply chains, i.e. to evaluate how different automotive companies are managing this dependence and how the suppliers perceive regulations which are set to manage the risky relation. For this purpose, in section 1.2 we will discuss selective modern production methods, which have increased dependence in the supply chain. In section 1.3 three automotive companies of Germany are compared, to investigate how they are managing dependency (caused by approaches disussed in section 1.2) with their supplier through different policies and regulations. Section 1.4, discusses how suppliers perceive the OEMs regulations to manage the relations. Section 1.5 will conclude the paper.

2. Modern production methods and associated problems

As discussed in the previous section, dependence in the modern automotive supply chain has increased. In this section, different approaches which have increased dependence on supply chains will be discussed.

2.1. Outsourcing

In modern production, the focus is to outsource major subsystems, not only in the automatic industry but also in other industries as previously; Boeing aircrafts were developed through in- house operations, however for the newer Boeing 787 model, about 70% of the aircraft is developed by the suppliers. A similar situation is prevailing in the automotive industry, which has outsourced major subsystems to the suppliers (Kotha et al. 2005; Ülkü, Schmidt 2011; Christensen, Raynor 2003). Outsourcing is mostly accompanied by Modular production methods, which leads to lesser technical cooperation (Kotha et al. 2005; Ülkü, Schmidt 2011; Christensen, Raynor 2003)

2.2. Modularization

Modular product design is an important characteristic of outsourcing; it has rapidly increased in the last two decades (Cabigiosu et al. 2013). This phenomenon has become popular in German automotive companies as it helps to deal with uncertain conditions associated with mass customization (Baldwin, Clark 2006). Under this system, modules are assembled from a large number of components, taken off the production line and transported to the assembling line where they are adjusted into the main structure (Pandremenos et al. 2009; Sako, Murray 1999). These modules are mostly developed by the suppliers according to customer choices (Collins et al. 1997).

2.3. Just in time

Just in time is one of the most popular strategies, which has become very popular in the automotive industry, under this process suppliers provide the supply just in time, therefore reducing inventories at OEM and thus the cost also decreases (Boysen et al. 2015). If the mechanism is smooth and sophisticated, it leads to efficiencies in the whole system as the inventories are stored at lower value; however the system needs a trustful relationship between supplier and the producer (Zimmer 2002). Just in time systems make the supply vulnerable to risks; if the safety stock levels are not enough or any dispute happens then the production cannot take place, more importantly in the short term (Thun, Hoenig 2011; Childerhouse 2003).

2.4. Network size

In modern automotive production, network is squeezing rapidly. The main reason behind this is the adoption of the modularization technique. With the adoption of this technique the suppliers have to provide a complete module, rather than small components (Doran et al. 2007). As a result of modularization the suppliers' contribution to the value added is increased.

2.5. Supplier Parks

As the major modules in the modern automotive companies are outsourced, it is important to bring them to the assembling lines as soon as possible. For this purpose, supplier parks or centres are developed near the assembling plants. Different types of modules are stored in these centres, and are transported just in time to the assembling lines. Such parks are more common in Europe and Latin America (Larsson 2002: 767-784). Many OEMs are dependent upon very few suppliers, who are supposed to deliver just in time. Automobile companies are relying on the deliveries from these suppliers in the supplier parks or centres (Larsson 2002: 767-784).

3. Regulations to control suppliers

Supply chain approaches discussed in the last section showed that in modern production methods, automotive companies are dependent upon suppliers, which has made them vulnerable to risks. OEMs have developed policies and regulations to manage these approaches, which will be discussed in this section.

3.1. Mercedes Benz

Mercedes Benz uses a modular approach and outsourcing on a very high scale. Few supplier approaches are used in developing a car with a modular design, therefore the company has a very limited number of suppliers (Investopedia 2015). It is interesting to note that a Mercedes car normally consists of 25-100 suppliers. Mercedes Benz has a belief that dealing with less suppliers make it less complicated and more trustful (Doran 2004). There are many regulations to control the suppliers, which have made the suppliers bounded for the regular supply. Here are the important regulations in controlling supplier-producer relations:

- Mercedes-Benz have a closer alliance with the suppliers, the location of the supplier is decided by Mercedes-Benz, if there is need of relocation than it is carried with the joint ventures (Needle 2010).
- The suppliers of Mercedes Bens face strict regulations; they must maintain the same quality standards as of Mercedes Benz. If a supplier fails to have the same standards they face severe consequences (Daimler 2016a).
- Since the company has limited number of suppliers, it makes sure to have complete control over its suppliers. Different major decisions of the suppliers, such as the amount of safety stock and inventories are decided by Mercedes-Benz (Needle 2010).
- If Mercedes-Benz discontinues the production of any series, the supplier still has to supply the parts for the next 15 years.
- The supplier only supplies to the company when it is demanded, moreover, the supplier needs a written approval for several production related decisions (Daimler 2016b).

3.2. BMW

BMW has a long history of increasing outsourcing, as in 2005 BMW outsourced 45% of its operations (WardsAuto 2005). However, BMW has not outsourced all of its expertise, e.g. for some cars, the modules (like car seats) are produced by BMW. Moreover, there is a team of experts that evaluate the cost at the supplier base, so the company knows that it is not over charged (Himmelreich 2014).

- BMW have a massive network of suppliers, which is controlled by a special department in BMW, focused on maintaining relationships with the suppliers and maintain sustainability in the supply chain (BMW Group (o. J.)). An approach known as the "process consulting approach" is used to manage the

suppliers in Germany, as the suppliers have a long lasting relation with the company (Rhodes et al. 2009: 172).
- There are not as strict regulations to control the supplier in BMW, as in Mercedes- Benz, however if the suppliers fail to deliver the goods JIT, then all the losses at BMW would be suffered by the supplier.
- Although BMW does not decide the inventories etc. at the suppliers, the supplier has to report about the buffer stocks to the OEM regularly (BMW Group 2014).
- Instead of supplier parks, the concept of supplier centres is used by BMW, where the site is owned by the OEM and the supplier is like a tenant, this not only gives the company a way to control the supplier, but also the supplier feels less burdened (Bennett, Klug 2010).

3.3. Volkswagen

In 2004, when most of the companies were moving towards outsourcing, Volkswagen invested heavily in the in-house operations (just-auto 2004). The company has a highly decentralized system, which is vertically integrated and has minimal outsourcing as the main focus is on in-house operations (McElroy 2012). However, after the financial crisis in 2008, outsourcing was increased in the company (Schwartz, Cremer 2016) but still it is less so than other automotive companies (just-auto 2004). Due to the higher priority of in-house operations, the supplier's contribution is less in the total value added, as compared to BMW and Mercedes-Benz. At the start of the 21st century many policies were changed and long term strategic partnerships were established with less suppliers (Automotive News 2005).

- Supplier concentration also decreased with the change in policy, as companies started to prefer fewer suppliers, with a higher level of partnership. Volkswagen had more than 30,000 suppliers in 1983, but the number decreased to 4532 in 2002 (Kamp 2015, Grohn 2002).
- Most of the components are manufactured rather than being purchased (Ukessays 2015), thus the company claims to be "a stand-alone" company with the highest level of vertical integration. The Volkswagen model of production is very comparable to GM (McElroy 2013).
- In the case of BMW, if the supplier is unable to provide delivery in time, then all the losses are suffered by the supplier. There are no such clauses in the Volkswagen contract with the suppliers. However, Volkswagen does inform

their suppliers about the forecast of the needed supply (Volkswagen Autoeuropa (o. J.)).
- To get the supply just in time, the concept of supply centres is preferred over the concept of the supply parks, thus the location is owned by the Volkswagen and the supplier is mostly the tenant (Morris et al. 2004).
- Moreover, in the incidents that have happened between supplier and producer, the suppliers have also felt bullied by the automotive companies (Automotive News Europe (2016).
- Since the outsourcing is less, and the value added by the supplier is less, the company does not have the expertise to deal with the suppliers, like in the case of BMW and Mercedes-Benz.

3.4. Comparison of policies

It is revealed in the above analysis, that Mercedes-Benz and BMW rely more on their suppliers compared to Volkswagen, while the three companies have different regulations to manage their suppliers. The main differences are pointed out in table below

Policies Preferences	Mercedes Benz	BMW	Volkswagen
Network size	Small number with close partnership	Massive number with close partnership	Less supplier, preference for in-house operations, lesser closer relations
Regulations to control supplier	Decision at suppliers are taken by Mercedes Benz, reduced vertical integration	All losses suffered by company are bearded by supplier in case of non delivery	No penalty on supplier in case of non-delivery, high vertical integration
Supplier location	Supplier Parks (owned by supplier)	Supplier centres (owned by OEM)	Supplier centre (owned by OEM)

Tab. 1: Comparision of policies between three companies

4. Suppliers perception about OEM

In section 1.3, different ways through which automotive companies are managing their suppliers were mentioned. These different ways effect suppliers' perception of OEM. As this perception has an effect on the long term relationship with the supplier, thus in this section we would see that how suppliers perceive the automotive regulations and control. The same three companies (for which the policies are evaluated in section 1.3) are evaluated in this section for their relationship with the suppliers.

In the supply chain it is equally important that suppliers are satisfied with the OEM regulations and control, therefore in this section the Supplier relation (SuRe) Index is analyzed. This index investigates the relationship between automotive companies and their suppliers in Europe. The relationship is investigated by following five categories: profit potential, organization, trust, pursuit of excellence, and outlook. Suppliers are asked to give their opinion on automotive companies; the index is scaled from 0 to 1000, while 1000 is the best. This index is measured each year for 51 automotive companies' suppliers (Fini 2012, IHS Automotive, 2014).

Company	2012	2013	2014
Mercedes-Benz	606	621	617
BMW	617	627	627
Volkswagen	531	561	525

Tab. 2: Sure Index for three companies

The results from the index show that BMW has the best relationship with the suppliers, while Mercedes-Benz also has almost the same performance on the index. However, the results of Volkswagen are different from the other two companies. It performed the lowest on the index. The major reason behind this is that since the company has less outsourcing it has not developed the expertise to manage large scale suppliers. As suggested by the incidents in 2016, the company was up to bullying the suppliers (Automotive News Europe 2016).

5. Conclusion

Outsourcing, modularization and other modern techniques have increased dependence on the automotive supply chain. Suppliers' contribution to the value added has greatly increased. This high dependence on the supply chain can lead to interruptions in production in different scenarios, e.g. if the supplier fails to supply, or in the case of dispute. There are many interruptions observed to affect production in recent times. Keeping this in mind, the paper evaluates how automotive companies are managing relations with their suppliers, when they are highly dependent upon them. Furthermore, it is also important to consider how automotive companies perceive the OEM they deal with, as the negative perception can lead to disputes.

For this purpose, firstly we discussed various factors that are increasing dependence on the modern supply chain. It is observed that due to outsourcing and modularization trends, supplier networks of automotive companies have decreased in modern times. Automotive companies are dealing with fewer suppliers, who are providing a complete module (instead of smaller components). These suppliers are mostly located near the assembling plants of the OEM, in the form of supplier parks or supplier centres. Furthermore, three companies were analysed to discuss how they are dealing with the suppliers. It was observed that while outsourcing is very common in Mercedes-Benz and BMW, it is not so popular in Volkswagen, which still relies on a lot of in-house operations. However, in recent times the trend has changed for Volkswagen as well, as they have also increased their outsourcing. All of the considered three companies manage their suppliers differently. Mercedes-Benz have very strict regulations to manage the suppliers, to the point where suppliers cannot take major decisions without the approval from Mercedes-Benz. BMW also have a lot of dependence on outsourcing but the company still retains some in-house expertise. BMW has less strict regulations than Mercedes-Benz for its suppliers, however in the case of non-delivery from the supplier: all the losses of BMW have to be incurred by the supplier. Volkswagen's dependence on the supplier is the least of the three companies, therefore the company does not have strict regulations and checks on the suppliers.

After analysing the regulations of OEM for the suppliers, we analysed how the suppliers perceive the OEMs. It is observed that suppliers of Mercedes-Benz and BMW are quite satisfied with their customers, however the suppliers of Volkswagen are extremely unsatisfied by the behaviour of the OEM. It may be due to the reason that because outsourcing has recently been introduced to the company, the company has still not developed the expertise to manage the lower number of suppliers (who have more power). In the case of BMW and Mercedes-

Benz, the suppliers are controlled and abide by strict regulations, while for Volkswagen, the supplier does not have strict regulations.

In modern production, the supplier has achieved more power, therefore it becomes very important to manage the dealings with the suppliers with proper regulation. The companies which rely more on the suppliers have developed efficient methods and policies to manage their relationship with the supplier. However, the companies which do not rely on suppliers, or have recently developed this dependence, do not have a well-developed system to manage their relation with the suppliers. This is why Volkswagen suffered serious allegations from the supplier and had to interrupt production. Therefore, while moving towards outsourcing and other production techniques (which increase dependence on suppliers), it is extremely important for any company to develop efficient policies and regulations to manage the supplier-producer relation.

References

Adamowski, J.; Robinson, S. (2017). PSA halts 3008 production after supplier plant fire. Plant customers also include Renault, Daimler, BMW and Volkswagen, http://www.autonews.com/article/20170131/COPY01/301319959/psa-halts-3008-production-after-supplier-plant-fire (accessed April 2017).

Automotive News (2005). Volkswagen to form long-term supplier partnerships-Deal reached with union over plant shifts, http://www.autonews.com/article/20051017/REG/510170800/volkswagen-to-form-long-term-supplier-partnerships (accessed May 2017).

Automotive News Europe (2016). VW ready to seize withheld parts from supplier plants, report says, http://europe.autonews.com/article/20160819/ANE/160819820/vw-ready-to-seize-withheld-parts-from-supplier-plants-report-says (accessed May 2017).

Baldwin, C.; Clark, K. (2006). Modularity in the design of complex engineering systems. Complex engineered systems, 175-205.

Bennett, D.; Klug, F. (2012). Logistics supplier integration in the automotive industry. International Journal of Operations & Production Management, 32(11), 1281-1305.

BMW Group (o. J.). Facts at a Glance. http://www.bmwgroup.com/e/0_0_www_bmwgroup_com/verantwortung/lieferkette/ueberblick.html.

BMW Group (2014). BMW Group International Terms and Conditions for the Purchase of Production Materials and Automotive Component, https://www.bmwgroup.com/content/dam/bmw-group-websites/bmwgroup_com/responsibility/downloads/en/2014/140331_IPC_clean_englisch_Status_31.03.2014.pdf (accessed April 2017).

Boysen, N.; Emde, S., Hoeck; M.; Kauderer, M. (2015). Part logistics in the automotive industry: Decision problems, literature review and research agenda. European Journal of Operational Research, 242(1), 107-120.

Cabigiosu, A.; Zirpoli, F.; Camuffo, A. (2013). Modularity, interfaces definition and the integration of external sources of innovation in the automotive industry.

Childerhouse, P.; Hermiz, R.; Mason-Jones, R. (2003). Information flow in automotive supply chains-present industrial practice. Industrial Management & Data Systems 103 (3), 137–149.

Christensen, C. M.; Raynor, M.E. (2003). The Innovator's Solution: Creating and Sustaining Successful Growth. Harvard Business School Press, Boston, MA.

Collins, R.; Bechler, K.; Pires, S. (1997). Outsourcing in the automotive industry: from JIT to modular consortia. European management journal, 15(5), 498-508.

Daimler (2016a). Responsibility along the supply chain, https://www.daimler.com/sustainability/production/suppliers/ (accessed May 2016).

Daimler (2016b). Mercedes-Benz Special Terms 2016, https://d3gx8i893xzz0e.cloudfront.net/fileadmin/corporate/company/purchasing/wsd/customer_requirements/mercedesbenz_special_terms.pdf?1480938439 (accessed May 2016).

Doran, D. (2004). Rethinking the supply chain: an automotive perspective. Supply Chain Management: An International Journal, 9(1), 102-109.

Doran, D.; Hill, A.; Hwang, K. S.; Jacob, G.; Operations Research Group (2007). Supply chain modularization: Cases from the French automobile industry. International Journal of Production Economics, 106(1), 2-11.

Fini. M (2012). SuRe (Supplier Relationship)index, http://europe.autonews.com/assets/PDF/CA80160620.PDF.

Grohn (2002): Interview with Mr. F. Grohn, Member of Volkswagen's corporate management for global and forward sourcing, 21st of March 2002, Wolfsburg.

Harrison, A.; Van Hoek, R. I. (2008). Logistics management and strategy: competing through the supply chain. Pearson Education.

Himmelreich, H (2014). 4 Outsourcing Lessons IT Can Learn From Automakers. Automakers get 80% of a vehicle's components from suppliers. Why are they better at outsourcing than IT?, http://www.informationweek.com/strategic-cio/enterprise-agility/4-outsourcing-lessons-it-can-learn-from-automakers/a/d-id/1316031 (accessed April 2017).

IHS Automotive (2014). 2014 Global Study on OEM Supplier Relations, http://news.ihsmarkit.com/sites/ihs.newshq.businesswire.com/files/press_release/file/102714_IHS_Automotive_OEM_Supplier_Relations_Study_Media_Version_Final.pdf.

Investopedia (2015). Who are Daimler / Mercedes' (DAI) main suppliers?, http://www.investopedia.com/ask/answers/060815/who-are-daimler-mercedes-dai-main-suppliers.asp (accessed May 2016).

just-auto (2004). UK: Pischetsrieder is overlooking the obvious as he faces up to financial prob-lems, https://www.just-auto.com/news/pischetsrieder-is-overlooking-the-obvious-as-he-faces-up-to-financial-problems_id69302.aspx (accessed May 2017).

Kamp, B. (2015). Examination Of Dedicated Relationships Between Automotive Suppliers And Carmakers: Evidence On The Flagship/5 Partners Model. Business Development: Outsourcing, Teamwork and Business Management.: Key's for Exponential Growth, 191.

Kollewe, J. (2016). VW settles dispute that stopped output at half of German plants https://www.theguardian.com/business/2016/aug/23/vw-settles-dispute-which-stopped-output-at-half-of-german-plants (accessed May 2017).

Kotha, S.; Olesen, D. G.; Nolan, R.; Condit, P. M. (2005). Boeing 787: Dreamliner. Harvard Business School Case Study, 9-305.

Larsson, A. (2002). The development and regional significance of the automotive industry: supplier parks in Western Europe. International Journal of Urban and Regional Research, 26(4), 767-784.

Lopez, E.; McKevitt, J (2017). BMW halts production as Bosch fails to meet supply needs, http://www.supplychaindive.com/news/BMW-production-halt-Bosch-supplier-shortage-parts/443949/ (accessed April 2017).

McElroy, J. (2012). How Volkswagen is to run like no other car company, https://www.autoblog.com/2012/12/06/how-volkswagen-is-run-like-no-other-car-company/ (accessed May 2017).

McElroy, J. (2013), Today's VW Looks Like Sloan's GM, http://wardsauto.com/blog/today-s-vw-looks-sloan-s-gm (accessed April 2017).

Morris, D.; Donnelly, T.; Donnelly, T. (2004). Supplier parks in the automotive industry. Supply Chain Management: An International Journal, 9(2), 129-133.

Needle, D. (2010). Business in context: An introduction to business and its environment. Cengage Learning EMEA.

Pandremenos, J.; Paralikas, J.; Salonitis, K.; Chryssolouris, G. (2009). Modularity concepts for the automotive industry: a critical review. CIRP Journal of Manufacturing Science and Technology, 1(3), 148-152.

Rhodes, E.; Warren, J. P.; Carter, R. (Eds.). (2009). Supply chains and total product systems: a reader. John Wiley & Sons.pg 172.

Rice Jr., J.B.; Caniato, F. (2003). Building a secure and resilient supply network. Supply Chain Management Review 7 (5), 22–30.

Sako, M.; Murray, F. (1999). Modules in design, production and use: implications for the global auto industry. In IMVP Annual Sponsors Meeting.

Schwartz, J.; Cremer, A. Reuters (2016). VW reviews supplier strategy after dispute hits production, http://uk.reuters.com/article/us-volkswagen-suppliers-idUKKCN1150OG (accessed May 2017).

Sheffi, Y.; Rice Jr., J.B. (2005). A supply chain view of the resilient enterprise.MIT Sloan Management Review 47 (1), 41–48.

Thun, J. H.; Hoenig, D. (2011).An empirical analysis of supply chain risk management in the German automotive industry. International Journal of Production Economics, 131(1), 242-249.

Ukessays (2015). The Supply Chain Management In Volkswagen Marketing Essay, https://www.ukessays.com/essays/marketing/the-supply-chain-management-in-volkswagen-marketing-essay.php (accessed May 2017).

Ülkü, S.; Schmidt, G. M. (2011). Matching product architecture and supply chain configuration. Production and Operations Management, 20(1), 16-31.

Volkswagen (1981-2002), Geschäftsbericht 1980-2001, Wolfsburg.

Volkswagen Autoeuropa (o. J.). General Purchase Order Conditions, http://supplynet.autoeuropa.pt/files/order_cond_may2002.pdf (accessed May 2017).

WardsAuto (2005). BMW Outsourcing, http://wardsauto.com/news-analysis/bmw-outsourcing (accessed April 2017).

Zimmer, K. (2002). Supply chain coordination with uncertain just-in-time delivery. International journal of production economics, 77(1), 1-15.

Nachhaltigkeitsperspektiven an der Schnittstelle globaler Supply Chains – Häfen als Treiber von Green Ports-Strategien

Iven Krämer[1], Uwe von Bargen[2]

Abstract

In den Häfen der Welt als unabdingbaren Schnittstellen globaler Supply Chains steht derzeit die Digitalisierung mit Ihren Auswirkungen auf die Transport- und Logistikwirtschaft ganz oben auf der Agenda. Ein anderes, für die langfristige strategische Entwicklung der Branche bedeutenderes Thema, nämlich die Nachhaltigkeit, gerät damit ein Stück weit aus dem aktuellen Blickfeld. Tatsächlich aber haben sich bereits viele Häfen längst den Herausforderungen einer nachhaltigen Entwicklung gestellt und sich als Treiber von Green Ports-Strategien positioniert. Sie tun dies zum einen, um sich im verschärfenden Wettbewerb um die Kunden und zwischen Häfen und Regionen zu behaupten und zum anderen, in dem Bewusstsein, dass nur so ein dauerhaft leistungsfähiges, nachfragegerechtes und wirtschaftliches Transportwesen aufrecht erhalten werden kann. Am Beispiel der Bremischen Nachhaltigkeitsinitiative „greenports" beschreibt dieser Artikel Maßnahmen und Aktivitäten, mit denen Häfen aktiven Einfluss auf die Gestaltung nachhaltiger Supply Chains nehmen und so ihre Rolle neu definieren.

1. Einleitung

Häfen als zentrale Schnittstellen globaler, maritimer Supply Chains sind in Zeiten massiver, immer schneller werdender Marktkonsolidierungen und rasanten technologischen Veränderungen auf Seiten von Reedereien, Terminalbetreibern, Logistikern und Technologieanbietern mehr denn je den Wirkungen der globalen Schifffahrts- und Transportmärkte unterworfen. Zugleich kommt ihnen aufgrund ihrer gegebenen Hub-Funktion in bestimmten Grenzen die Möglichkeit einer Steuerungs- und Lenkungswirkung für die gesamte Supply Chain zu. Dies gilt umso

---

1 Dr. Iven Krämer, Referatsleiter, Referat 31 – Hafenwirtschaft und Schifffahrt, Der Senator für Wirtschaft, Arbeit und Häfen, Bremen
2 Uwe von Bargen, Direktor Umwelt- und Nachhaltigkeitsangelegenheiten, bremenports GmbH & Co. KG

© Springer Fachmedien Wiesbaden GmbH, ein Teil von Springer Nature 2018
I. Dovbischuk et al. (Hrsg.), *Nachhaltige Impulse für Produktion und Logistikmanagement*, https://doi.org/10.1007/978-3-658-21412-8_13

stärker, je enger sich die Zusammenarbeit einzelner Häfen in einer bestimmten Region oder auch auf übergeordneter Ebene gestaltet. Ein Beispiel hierfür liegt in Green Ports-Strategien, die in unterschiedlicher Intensität und Ausprägung heute in nahezu allen Häfen der Welt eine Rolle spielen und in vielen Fällen zum festen Bestandteil der strategischen Hafenentwicklung geworden sind.

Zur Anwendung kommen beispielsweise hafenspezifische Umwelt-Reporting-Systeme, es werden Luftreinhaltepläne verfolgt, es wird aktiv auf eine umweltgerechte Modal-Split Entwicklung im Hafen-Hinterlandverkehr hingewirkt und es werden sowohl bei See- und Binnenschiffen als auch im Hafengebiet selbst umweltfreundliche Technologien gefördert. Neue Hafenbauprojekte werden inzwischen nahezu selbstverständlich durch ökologische Entwicklungen im Sinne von Ausgleich und Kompensation begleitet, es wird eine umweltorientierte Öffentlichkeitsarbeit betrieben, die Hafenkunden und Dienstleister werden zu eigenen Anstrengungen motiviert und vieles mehr. Zur Verwirklichung und Weiterentwicklung von Green Ports-Strategien steht inzwischen in vielen Häfen eigenes Personal zur Verfügung und die dabei verfolgten Ziele und Aspekte sind Gegenstand von Konferenzen und Netzwerken. Green Ports-Strategien sind in Folge dessen sehr viel mehr als ein „grüner Anstrich" ansonsten wenig umweltorientierter Transport-, Lagerungs- und Umschlagprozesse. Über die bisherigen Entwicklungen auf diesem Gebiet, einige Trends, künftige Herausforderungen und Grenzen informiert der nachfolgende Beitrag am Beispiel der bremischen „*greenports*"-Strategie.

2. Definition, Thematische Eingrenzung

Für Green Ports, also grüne Häfen, liegen trotz einer seit Jahren zunehmenden internationalen Aufmerksamkeit mit einer breiten öffentlichen Diskussion und vielfältigen mit der Bezeichnung Green Ports verknüpften Maßnahmen und Aktivitäten bislang nur wenige wissenschaftlich fundierte Definitionen vor. Dies ist insoweit verständlich, als dass der Begriff ausgehend von einer kleinen Gruppe vorrangig europäischer Häfen selbst mit ca. 20 Jahren noch vergleichsweise jung ist, vor allem aber, weil sich die dazugehörigen, mit dem Begriff verbundenen Maßnahmen und Instrumente kontinuierlich weiter entwickeln. Holocher et al. (2016) beschreiben Green Ports daher auch als ein „*Konzept nachhaltiger Hafenaktivitäten*", das auf drei Säulen basiert.

Danach dienen Green Ports erstens als Voraussetzung für Green Shipping, zweitens finden sie ihre Entsprechung in ökologisch errichteten und betriebenen Häfen und drittens agieren Green Ports als Voraussetzung für ökologischen Hafenhinterlandverkehr. In Anlehnung an diese dreigliedrige Systematik werden unter Green Ports-Strategien in diesem Beitrag alle Aktivitäten und Initiativen verstanden, die von Akteuren in den Häfen oder aber von Akteuren mit Verantwortung für die Häfen, sei es im Bereich der Infra- oder der Suprastruktur, erdacht, verfolgt und weiter entwickelt werden. Unterschieden wird dabei zwischen Maßnahmen und Aktivitäten, die aufgrund gesetzlicher Vorgaben und Regelungen zu verfolgen sind, und solchen, die über die Erfüllung gesetzlicher Ansprüche und regionale und nationale Regelungen hinausgehen, also als aktive Bestandteile einer vom Hafen ausgehenden Green Ports-Strategie gewertet werden können. Auf eine Differenzierung der Akteure in ihren jeweiligen Rollen wird verzichtet, da die Aufgabenwahrnehmung, Organisation und Verantwortung von und in den Häfen weltweit sehr unterschiedlich geregelt ist.

Die Green Ports-Strategien der Häfen verfolgen in der Regel kein singuläres Entwicklungsziel, sondern sind jeweils eingebettet in eine übergeordnete Hafen-Nachhaltigkeitsstrategie, die neben den ökologischen ebenso auch ökonomische und soziale Aspekte einschließt. Dies zeigt sich exemplarisch in den bremischen Häfen, wo ausgehend von Umweltaspekten eine ganzheitliche Nachhaltigkeitsstrategie namens „*greenports*" entwickelt wurde.

Da in den Häfen die Transportmodi der See- und Binnenschifffahrt mit den landbasierten Verkehrsträgern Straße und Schiene zusammentreffen, ergibt sich hier ausgehend von der Bündelung auch eine Steuerungsfunktion, die weit über den geografisch oder administrativ abgrenzbaren Hafenbereich hinausgeht bzw. hinausgehen kann. Diese Steuerungsfunktion entsprechend zu nutzen und mit Anforderungen an die Marktbeteiligten und mit eigenen Maßnahmen und Aktivitäten zu hinterlegen, bildet die Basis aller Green Ports-Überlegungen.

3. Green Ports-Strategien
3.1. Green Ports-Strategien im Kontext der Schifffahrt

Die Seeschifffahrt als Lebensnerv globaler Transportketten gilt bezogen auf die spezifischen Emissionen pro Transport- und Entfernungseinheit bis heute als vergleichsweise umweltfreundlich. Dennoch ist unbestritten, dass von der Schifffahrt Umweltbeeinträchtigungen ausgehen, die erhebliche Anstrengungen erforderlich machen, um Emissionen jeglicher Art zu senken sowie Abfälle und Verschmutzungen zu reduzieren. Häufig wird in diesem Kontext von Null-Emissions-Schiffen als Zielperspektive gesprochen, und ähnlich zum Hafensektor werden die entsprechenden Maßnahmen und Aktivitäten unter dem Begriff Green Shipping zusammengefasst. Den Häfen als Anlaufpunkten und Be- und Entladestellen fällt mit Blick auf Green Shipping die Aufgabe zu, die Einhaltung der von der International

Maritime Organisation (IMO) definierten Regeln nach dem Internationalen Übereinkommen zur Verhütung von Meeresverschmutzungen (MARPOL) zu überwachen und sicher zu stellen. Zudem haben sie mit Blick auf jüngere Entwicklungen bei MARPOL die Aufgabe, die Einhaltung bereits bestehender und sich weiter verschärfter Emissionsgrenzwerte insbesondere in sogenannten Emissionskontrollgebieten wie der Nord- und Ostsee zu überprüfen. In diesen Bereichen ist der Gestaltungsspielraum der Häfen auf eine effiziente und zügige Umsetzung des Regelwerkes reduziert, so dass hierin praktisch keine Elemente einer eigenständigen Green Ports-Strategie liegen.

In den hafenseitigen Gestaltungsbereich fällt es dagegen, Einfluss auf die rechtlichen Anforderungen für die Schifffahrt zu nehmen. Dazu nutzen einige Häfen ihre Stellung in den jeweiligen Regionen und Ländern und agieren über ihre Führungspersönlichkeiten, über Beziehungen und Kontakte zu den zuständigen Ministerien und Institutionen sowie über Netzwerke wie beispielsweise die European Seaports Organisation (ESPO). Die Zielstellung liegt dabei zumeist darin, eine Beschleunigung von Green Shipping Aktivitäten zu erreichen, da Häfen und Küstenregionen in besonderer Weise von Emissionen der Schifffahrt betroffen sind und sie in ihrer ökonomischen Wechselwirkung zugleich um eine langfristig positive Wahrnehmung und Perspektive der Schifffahrt bemüht sind.

Hafenakteure entscheiden darüber, ob die Möglichkeit geschaffen wird, den Schiffen für die Liegezeit in den Häfen Landstrom zur Verfügung zu stellen und Möglichkeiten zur Versorgung mit umweltfreundlichen Treibstoffen, wie zum Beispiel dem vergleichsweise emissionsarm verbrennenden Liquefied Natural Gas (LNG) geschaffen werden. Landstromversorgungseinrichtungen gibt es weltweit in immer mehr Häfen, allerdings ist die Gesamtanzahl von einigen hundert Anlagen bezogen auf die insgesamt verfügbaren Liegeplätze nach wie vor sehr gering. Erste Installationen betrafen Bereiche, der Fähr- und Passagierschifffahrt, in denen immer gleiche Schiffe bzw. Schiffstypen mit hoher Frequenz fest definierte Liegeplätze in Anspruch nehmen, so dass dort eine vergleichsweise intensive Nutzung gewährleistet werden kann. Da die Bereitstellung von Landstromanlagen aus Hafenperspektive bislang unwirtschaftlich ist, kommen als Treiber für eine stärkere Verbreitung rechtliche Verpflichtungen wie zum Beispiel in mehreren kalifornischen Häfen in Betracht. Auf europäischer Ebene gilt hierzu bislang das Prinzip der Freiwilligkeit gepaart mit Fördermöglichkeiten für die Installation solcher Anlagen. Im Ergebnis bestehen nur wenige, oftmals prestige-orientierte Anlagen. Ob sich Landstromanlagen für die internationale Seeschifffahrt angesichts dieser Ausganglage und der vergleichsweise hohen Kosten langfristig als industrieller Standard durchsetzen können, ist insofern zweifelhaft. Anders dagegen verhält es sich bei der Nutzung und Bereitstellung alternativer Kraftstoffe für die Schifffahrt. LNG beispielsweise kann trotz geringer Nachfrage bereits in vielen Häfen der

Welt direkt über vor Ort installierte LNG Terminals und alternativ praktisch überall per Tank-LKW oder Tankschiff bezogen werden. Es kann erwartet werden, dass die Bereitstellung alternativer Kraftstoffe wie LNG, Methan, Wasserstoff und ähnlichem in der Zukunft überall dort gewährleistet sein wird, wo dies von den Hafenkunden in ökonomisch vertretbaren Mengen nachgefragt wird. Zur Beschleunigung dieses Prozesses bieten sich gezielte Förderungen an, wie sie seitens der EU, einzelnen Nationalstaaten sowie auch von verschiedenen Hafenbetreibern gewährt werden.

Über diese Aspekte hinaus können und nehmen Häfen als Bestandteil ihrer Green Ports-Strategien gezielt Einfluss auf die Green Shipping Entwicklung. Ein Beispiel dafür ist im Verbund mehrerer europäischer Häfen unter dem Dach der International Association for Ports and Harbours (IAPH) entwickelte Environmental Ship Indexes (ESI). Mit dem im Jahr 2011 eingeführten ESI (http://environmentalshipindex.org) wurde ein System entwickelt, das eine einheitliche Einstufung der Umweltfreundlichkeit von Seeschiffen in Bezug auf deren Abgasemissionen (NOx, SOx, PM, CO2) ermöglicht. Den Häfen aber auch anderen Beteiligten ist es seither möglich, die erzielten Werte individuell zum Beispiel durch eine Bonusregelung für besonders umweltfreundliche Schiffe bei den Hafengebühren zu würdigen. Mit Stand April 2017 waren bereits 5.497 Schiffe unterschiedlichster Reedereien im System registriert und nahezu 50 Häfen räumen auf dieser Grundlage spezifische Vergünstigungen ein. Einige wie Bremen prämieren darüber hinaus einmal jährlich das im Hafenanlauf umweltfreundlichste Schiff und bezogen auf die registrierte Flotte auch die umweltfreundlichste Reederei.

Zu den Green Ports-Strategien im Kontext der Schifffahrt zählen in einigen Fällen weitere Aktivitäten, die dem Bereich Schiffbau und Schiffsreparatur sowie Schiffsrecycling zuzuordnen sind. So werden über bestimmte Programme vereinzelt ökologische Schiffsumbauten oder auch neue Umwelttechnologien zum Einsatz in der Schifffahrt gefördert. In diesen Fällen geht die Initiative jedoch oft nicht von den Häfen aus und folgt in der Zielrichtung mehr industriepolitischen als ökologischen Prämissen, so dass hierin nur in Ausnahmefällen ein strategisches Handeln im Sinne von Green Ports erkennbar wird.

3.2. Green Ports-Strategien innerhalb der Häfen

Die Green Ports-Elemente innerhalb der Häfen lassen sich ebenfalls in die Erfüllung von Rechtsnormen und die aktive Gestaltung untergliedern. Dem ersten Bereich sind insbesondere jene Aktivitäten zuzuordnen, die auf die Genehmigungsfähigkeit bzw. Absicherung und Umsetzung von Hafenbauprojekten sowie auf einen im Hinblick auf Emissionen, Abfälle, Verschmutzungen und ähnliches rechtskonformen Hafenbetrieb abzielen. Hier wurde in den zurückliegenden Jahren viel erreicht, denn inzwischen sind bei nahezu allen weltweiten Hafenentwicklungsprojekten strategische Umweltverträglichkeitsuntersuchungen obligatorisch und die notwendigen Eingriffe in Natur und Landschaft werden durch entsprechende Ausgleichs- und Ersatzmaßnahmen begleitet. Natürlich variieren die Anforderungen und Standards dabei zwischen den Regionen, jedoch ist insgesamt ein Trend hin zu höheren umweltspezifischen Anforderungen in der Hafenplanung und -entwicklung erkennbar. Treiber dieser Entwicklung waren und sind der mit den wachsenden Anforderungen verbundene Kompetenz- und Personalaufbau in den Häfen, der beständige Wissens- und Erfahrungstransfer zwischen den Häfen, der zunehmend gesuchte und geführte Dialog mit Umweltverbänden und anderen Interessengruppen sowie natürlich der Wunsch nach Rechtssicherheit und zeitlicher Planbarkeit bei der Umsetzung von hafenbaulichen Projekten.

Der zweite Bereich der aktiven Green Ports-Entwicklungen in den Häfen fällt in deren originären Verantwortungsbereich, so dass die Themenpalette und die Maßnahmen und Aktionen hier besonders vielfältig sind. Das nahezu unbegrenzte Handlungsspektrum umfasst unter anderem organisatorische Aspekte wie die Einführung eines umweltbasierten Hafenmanagements mit der Bereitstellung geeigneten Personals und es beinhaltet Fragen des Ressourceneinsatzes (nachhaltige Beschaffung von Baustoffen, Treibstoffen, Fahrzeugen, Arbeitsmaterialien, Bürobedarf etc.), energetische Aspekte (Einsparmöglichkeiten, Erzeugung und Einsatz erneuerbarer Energien), den umweltorientierten Umgang mit Abfällen, Reststoffen, Baggergut und die Öffentlichkeitsarbeit bis hin zu Maßnahmen für eine effiziente Flächennutzung und die Förderung der Biodiversität.

Das Feld von Green Ports-Maßnahmen und Aktivitäten wurde 2014 in einem PIANC-Report mit dem Titel „*Sustainable Ports – a guide for port authorities*" (Vellinga et al. 2014) und 2015 als Ergebnis des EU Förderprojektes Swiftly Green in einem „*Best practice guide*" (Swiftly Green 2015) zusammengefasst.

Zudem wurde seitens der European Seaports Organisation (ESPO) ermittelt und publiziert, wie sich das Umweltbewusstsein in den europäischen Häfen mit welchen jeweiligen inhaltlichen Schwerpunkten im Laufe der Zeit entwickelt hat. Demnach standen im Jahr 2016 die Luftqualität, der Energieverbrauch und Lärm-Emissionen ganz oben auf der Green Ports-Agenda der europäischen Häfen, während die Wasserqualität sowie die Einflüsse und der Umgang mit Staub und Baggermaterial derzeit weniger Green Ports-Aktivitäten mit sich bringen (ESPO/Eco-Ports 2016).

In den Häfen selbst liegt ein Handlungsschwerpunkt in der Terminal-Technologie (ESPO/EcoPorts 2016) . Da inzwischen nahezu alle Hersteller von Kranen,

Hebe- und Förderfahrzeugen und weiterem hafenspezifischen Equipment Produkte anbieten, die mit elektrischen Antrieben, Energierückgewinnungen, hybriden Lösungen und ähnlichem arbeiten, reduzieren die Terminalbetriebe sukzessive und dauerhaft die hafenspezifischen Emissionen. Die kontinuierliche und nicht zuletzt auch durch die Schiffsgrößenentwicklung indizierte Erneuerung der Terminaltechnologie und der Ersatz älterer Technologie zahlen damit maßgeblich auf die Kernelemente der Luftqualität, des Energieverbrauchs und der Lärm-Emissionen ein. Weitere Treiber dieser Entwicklung liegen in der Digitalisierung, da auch der Geräteinsatz selbst und das Life-Cycle Management noch erhebliche Optimierungspotenziale in sich bergen.

3.3. Green Ports-Strategien im Kontext des Hafen-Hinterlandverkehrs

Analog zum Themen- und Handlungsfeld der Schifffahrt zählt es zum hafenseitigen Gestaltungsbereich, Versorgungsmöglichkeiten für den landbasierten Verkehrsträger LKW mit umweltfreundlichen Energieträgern zu schaffen, wobei auch hier LNG und Wasserstoff als aktuelle Beispiele zu nennen sind, die perspektivisch um LKW-Elektroladestationen oder in bestimmten Bereichen möglicherweise auch um Straßen-Oberleitungen zu ergänzen sein werden.

Deutlich entscheidender ist es im Kontext des Hafen-Hinterlandverkehrs aber, die entsprechenden infrastrukturellen Voraussetzungen für einen möglichst hohen Anteil umweltfreundlicher Verkehrsträger im Hinterlandverkehr zu schaffen. Dazu gehören mit Blick auf den LKW leistungsfähige, staufreie und zeitlich planbare Straßenanbindungen sowie ausreichende Stau-, Park-, und Aufstellmöglichkeiten. Für den Bahnsektor geht es analog dazu um kapazitiv ausreichende und vor allem um dauerhaft verlässliche Anbindungen, zu denen in den Häfen entsprechende Vorstell- und Umschlagkapazitäten sowie optimierte Prozesse und Kommunikationswege gehören. Entscheidend ist es in diesem Kontext aus Hafensicht, dass die infrastrukturellen Voraussetzungen nicht nur im Hafen selbst, sondern darüber hinaus im Strecken- oder Trassenverlauf bis tief in das Hinterland hinein zu den eigentlichen Hafenkunden gewährleistet werden. Hier kommt es auf eine enge Abstimmung und Koordination der jeweiligen Infrastrukturverantwortlichen an, wobei die Häfen häufig mit den entsprechenden Regionen oder Nationalregierungen kooperieren.

Vergleichbar zum ESI lassen sich ausgehend von den Häfen auch im Hinterlandverkehr Anreizsysteme für besonders umweltfreundliche Transporte schaffen. Eine Möglichkeit dazu ergibt sich über Nutzungsentgelte mit denen beispielsweise im Zugverkehr die Nutzung emissionsarmer bzw. -freier Lokomotiven oder aber der Einsatz besonders langer Züge gefördert werden kann. Auch können verbindliche Vorgaben oder Ziele für Modal Split Quoten in Konzessionsverträge mi Terminalbetteibern aufgenommen werden. Beispiele hierfür gibt es bereits an verschiedenen Hafenstandorten, wobei bislang unklar ist, wie mit der Nichterreichung entsprechender Ziele umgegangen wird.

Zu beobachten ist im Hafen-Hinterlandverkehr auch, dass einzelne Hafenunternehmen direkt die Gestaltung und Durchführung der entsprechenden Transporte übernehmen bzw. dass sich über unternehmerisch vertikale Integrationsprozesse entlang der Supply Chain eine stärkere Verzahnung von Hafen- und Transportprozessen ergibt. Dies hat den Vorteil, dass Informationen und IT-Systeme von den Häfen und den Transportdienstleistern im Hinterland besser aufeinander abgestimmt und miteinander verzahnt werden können. Ein vergleichbarer Effekt darf auch durch die zunehmende Digitalisierung im Transportsektor erwartet werden, so dass auch die aktive Nutzung und Förderung von Digitalisierungsansätzen zum wesentlichen Bestandteil von Green Ports-Strategien gezählt werden sollte.

Ein weiterer Ansatz zu umweltfreundlicheren Hinterland-Transporten liegt darin, die verkehrliche Belastung in den Spitzenzeiten zu reduzieren und die zu bestimmten Tages- und Wochenzeiten entstehende verkehrliche „Überlast" in staufreie, verkehrsarme Zeiträume zu verlagern. Hierzu haben verschiedene Häfen bereits Slot-Systeme sowohl im LKW als auch im Bahnverkehr eingeführt, die in Kombination mit preislichen Anreizsystemen eine entsprechende Steuerungswirkung auslösen können. Versuche dazu sind an einzelnen Häfen erfolgreich durchgeführt worden, so dass zu erwarten steht, dass Green Ports-Instrumente dieser Art zukünftig weitere Verbreitung finden werden.

4. Beispiel: Die „*greenports*"-Strategie der bremischen Häfen
4.1. Ausgangslage

Die bremischen Häfen können auf langjährige Erfahrungen bei der Umsetzung von Umweltstandards zurückblicken. Zu erwähnen sind hier z.B. die Angebote zur Schiffsabfallannahme, der Aufbau einer integrierten Baggergutentsorgung in Bremen-Seehausen als auch ein erfolgreiches Genehmigungsmanagement bei Bauvorhaben (z.B. zu den Erweiterungen des Containerterminals mit Wendestelle in Bremerhaven) sowie die eigenständige Umsetzung umfangreicher Kompensationsmaßnahmen, mit der eine großflächige grüne Hafeninfrastruktur entstanden ist.

Mit diesen Aktivitäten konnte der Hafenstandort früh seine Zukunftsfähigkeit unter Beweis stellen und so reifte innerhalb der im Jahr 2002 neu gegründeten

Hafenmanagementgesellschaft bremenports die Idee, die erreichten Erfolge einerseits unter einer eigenen Marke sichtbar zu machen und andererseits den erreichten Qualitätsstandard durch ambitionierte Ziele weiter auszubauen.

Im Jahr 2009 wurde dazu erstmals die Nachhaltigkeitsstrategie „*greenports*" entwickelt und veröffentlicht. Die Bezeichnung selbst wurde als gleichnamige Marke eingetragen und geschützt. Die Strategie verstand sich von Beginn an als ganzheitlicher Ansatz, um die Weiterentwicklung der bremischen Häfen am Prinzip der Nachhaltigkeit auszurichten. Sie ging damit von Beginn an über den Anspruch eines umweltfreundlichen Hafens hinaus und zielte auf eine integrierte Berücksichtigung ökonomischer, ökologischer und sozialer Anforderungen. Inhaltlich vergleichbare, aber noch nicht so weit reichende Ansätze gab es seinerzeit in Valencia, Long Beach und Sydney, so dass den bremischen Häfen in der Entwicklung von Green Ports-Strategien eine entsprechende Vorreiterrolle zukommt (König 2011).

4.2. Bisherige Entwicklung

Die Entwicklung der bremischen „*greenports*"-Strategie vollzog sich im Kern in drei Phasen, die inzwischen erfolgreich durchlaufen und implementiert wurden:

- Phase 1: Einführung eines umweltbezogenen Projektmanagements
- Phase 2: Einführung eines hafenbezogenen Umweltmanagements
- Phase 3: Einführung eines hafenbezogenen Nachhaltigkeitsmanagements
  (Howe, von Bargen 2014)

Zielten die Aktivitäten in Phase 1 noch auf die Genehmigungsfähigkeit bzw. Absicherung und Umsetzung von Hafenbauprojekten ab, stand in Phase 2 die Überzeugung verschiedenster Stakeholder (Politik, Verwaltung, Geldgeber, maritime Wirtschaft und Logistik, Umwelt-NGO und Öffentlichkeit) im Vordergrund, dass Umweltanforderungen vom Hafen ernst genommen, pro-aktiv aufgegriffen und mit hohem inhaltlichen Anspruch transparent verfolgt werden. Dabei ging es immer auch darum, der Wirtschaft Vertrauen in den Hafenstandort zu geben, dass diese modernen Anforderungen vor Ort gemeistert werden. In Phase 3 ging und geht es darum, die unterschiedlichen Ansprüche wirtschaftlicher, ökologischer und gesellschaftlicher Art systematisch zu analysieren, zu bewerten, mit Zielen zu versehen und in Managementansätze zu integrieren.

4.3. Umgesetzte Schritte

Der Aufbau einer Umweltplanung im Hafenmanagement erfolgte in den Jahren 1990-2000. Sie leistet heute folgende Aufgaben:

- Professionelle Berücksichtigung umweltrechtlicher Anforderungen im Projektmanagement
- Vermeidung von Umweltbeeinträchtigungen bereits im Planungsprozess
- Frühzeitige Entwicklung von umsetzbaren Kompensationslösungen
- Kompetente Ausführungsplanung, Bauüberwachung und Biotopentwicklung
- Gebiets-Monitoring und Flächenentwicklung zur Erfolgsabsicherung.

Die Organisationseinheit betreut Biotopflächen auf über 30% der Gesamthafenfläche; eine grüne Hafeninfrastruktur, die den bremischen Häfen eine Ausnahmestellung zukommen lässt. Obwohl auch andere Häfen wie z.b. Long Beach sich im Bereich der Biodiversität engagieren, sind nur wenige Häfen bekannt, die ein vergleichbares Knowhow aufgebaut haben.

Die Erweiterung des Umweltmanagementanspruchs von Projekten auf den gesamten Hafenstandort wurde ab dem Jahr 2000 umgesetzt und mündete in formalen Zertifizierungen nach dem Port Environmental Review System (PERS). Dieser Standard wurde von der Ecoports-Foundation speziell für Häfen entwickelt. Eine Besonderheit ist hier, dass verschiedene Hafenakteure – in den bremischen Häfen der Senator für Wirtschaft, Arbeit und Häfen, die bremenports und das Hansestadt Bremische Hafenamt – gemeinsam betrachtet und geprüft werden und auch Leistungen der Hafenwirtschaft (z.B. Eurogate) einfließen. Die externe Prüfung & Zertifizierung in den Jahren 2011, 2014 & 2016 erfolgte jeweils durch Lloyd's Register Amsterdam (LRQA). Die zugrundeliegenden Umweltberichte (Lampe et al. 2010, 2013; von Bargen et al 2013, 2014, 2015; Lampe et al. 2016) sind veröffentlicht worden und auf der bremenports-Homepage verfügbar. Neben der umweltpolitischen Grundsatzerklärung des Senators für Wirtschaft, Arbeit und Häfen enthalten die Berichte umweltbezogene Leistungsindikatoren, Übersichten zu geplanten Maßnahmen und Beschreibungen von Gute-Praxis-Beispielen zu:

- Nachhaltigem Wassertiefenmanagement (2010)
- Kompensationsmanagement (2010)
- Lärmmanagement (2013)
- Einsatz von alternativen Kraftstoffen [LNG] (2013)

- Umweltrabatte für emissionsarme Schiffe und jährliche Verleihung der greenports Awards (2015)
- Von der CO2-neutralen Hafengesellschaft zum CO2-neutralen Hafen (2015).

4.4. Kontinuierliche Berichterstattung

Nach der Entwicklung und Vorstellung der Nachhaltigkeitsstrategie „*greenports*" im Jahr 2009 (von Bargen et al. 2009) wurde sukzessive ein Nachhaltigkeitsmanagement aufgebaut. Berichterstattung und externe Prüfung orientierten sich von Anfang an am globalen Standard der Global Reporting Initiative (GRI), der von GRI gemeinsam mit UNEP (United Nations Environmental Programme) entwickelt wurde und den bis dato anspruchsvollsten Rahmen für die Nachhaltigkeitsberichterstattung darstellt. Der Nachhaltigkeitsbericht für 2012 war der erste für einen deutschen Hafen und erreichte auf Anhieb nach dem Standard GRI 3.1 den Berichtslevel B+. Zuvor hatten bereits Antwerpen in 2010 (Level C+) und Rotterdam in 2011 (Level A+) ihre Nachhaltigkeitsberichte veröffentlicht. Hamburg folgte ebenfalls für 2012 mit dem Level C+. Die Berichterstattung von bremenports erfolgt seitdem jährlich und ab 2014 nach dem erweiterten Standard GRI G4. Die externe Prüfung dieser Berichte erfolgte durch die KPMG AG Wirtschaftsprüfungsgesellschaft.

Für die Häfen, die Nachhaltigkeitsberichte veröffentlichen, ist letztlich nicht die Publikation derselben sondern die Professionalisierung des eigenen Nachhaltigkeitsmanagements von Bedeutung. Dabei geht es darum, die für das Unternehmen und dessen Stakeholder wesentlichen Themen zu identifizieren, Ziele und Managementansätze zu entwickeln, Kennzahlensysteme aufzubauen und in einen kontinuierlichen Verbesserungsprozess einzutreten. Mit der integrierten Betrachtung ökonomischer, ökologischer und sozialer Aspekte entsteht ein umfassender Ansatz, um die Unternehmensführung zeitgemäß zu unterstützen und das Informationsbedürfnis von Stakeholdern und Öffentlichkeit zu bedienen.

4.5. Perspektive der bremischen „greenports"-Strategie

Die „*greenports*"-Strategie der bremischen Häfen in Verbindung mit den dargestellten regelmäßigen Berichten und Zertifizierungen nach unabhängigen, externen Überprüfungen erzielte national wie international eine hohe Aufmerksamkeit und wurde mit mehreren Preisen wie dem Gewinn des europäischen Hafenpreises (ESPO-Award 2016), internationalen Spitzenplätzen (IAPH-Awards in 2015 und 2016) sowie einem Platz unter den TOP 5 beim Deutschen Nachhaltigkeitspreis anerkannt. Diese Würdigungen bedeuten für Bremen und alle an der Entwicklung der „*greenports*"-Strategie Beteiligten Freude und Anspruch zugleich. Die langfristige Zielperspektive der bremischen „greenports"-Strategie liegt deshalb darin, im Zuge einer umfassenden Energiewende im Hafen einen insgesamt CO_2 - neutralen Hafen zu erreichen. Zudem wird als Bestandteil der Strategie in den kommenden Jahren jeweils an teilräumlichen Klima-Anpassungskonzepten für Bremen und Bremerhaven gearbeitet und es sollen gemeinsam mit Partnern unterschiedliche Green Logistics-Ansätze wie beispielsweise ein CO_2-Footprint-Tool und ein Hafen-Emissionsmodell mitgestaltet und weiter verfolgt werden.

5. Weiterentwicklung von Green Ports-Strategien

Das Beispiel „*greenports*" zeigt eindrücklich, dass von den ersten Ansätzen einer Green Ports-Strategie bis heute ein kontinuierlicher Prozess erfolgt und auch, dass im Zeitablauf, neue, zusätzliche Themen in das Blickfeld rücken. Die Beschäftigung mit Themen und Maßnahmen aus dem Green Ports-Spektrum bildete in vielen Häfen der Welt der Einstieg in ein ganzheitliches Nachhaltigkeitsmanagement und es ist fest davon auszugehen, dass sich dieser Trend weiter entwickeln wird.

Häfen werden in Zukunft folglich über die Verfolgung und Weiterentwicklung von Green Ports-Strategien hinaus zu Treibern ganzheitlicher Nachhaltigkeitsperspektiven an der Schnittstelle globaler Supply Chains. Themen, die dabei wesentliche Rollen spielen werden, betreffen die Beherrschung der aus der Digitalisierung folgenden Veränderung der maritimen Berufswelt, den Umgang mit Seeleuten, die weitere Vernetzung aller an den hafenbezogenen Transport-, Umschlag- und Lagerprozessen Beteiligten, die zunehmende Bedrohung von Hafen- und Transportprozessen durch Cyber-Kriminalität und, nicht zu vergessen, die notwendige Anpassung der Häfen an die umfassenden Folgen des Klimawandels.

Im Sinne der Green Ports-Strategien wird die Zielmarke der emissionsfreien Häfen weiter an Bedeutung gewinnen und es werden umfangreiche weitere Anstrengungen der Häfen im jeweiligen Energiemanagement zu beobachten sein. Die aus der Verkehrsträgerbündelung erwachsende Steuerungsfunktion der Häfen im Kontext des Green Shipping und der Hinterland-Verkehrsentwicklung kann sich dann besonders positiv weiter entwickeln, wenn es gelingt, dass Häfen regional, national und supranational enger zusammenarbeiten.

6. Zusammenfassung und Ausblick

Häfen, als Gewerbe- und Industriegebiete am Wasser verbinden gemeinsam mit der Seeschifffahrt Regionen und Staaten, Unternehmen, Dienstleister, Verkehrsträger und Kunden, kurz, sie sind überall auf der Welt zentrale logistische Schnittstellen zwischen Märkten und Menschen. In ihrer langfristigen Entwicklung dienen Häfen einer Vielzahl von Zielen wie der Ermöglichung und Verbesserung der Im- und Exportchancen der im jeweiligen Einflussbereich liegenden Regionen und Staaten, der Schaffung lokaler Beschäftigungsmöglichkeiten, der Stärkung der regionalen Wirtschaftskraft etc. Wesentliche Prämissen der Hafenbetreiber liegen dazu in der Gewährleistung dauerhaft verlässlicher, effizienter und wettbewerbsfähiger Prozesse im Vor- und Nachlauf zu den Häfen sowie natürlich in den Häfen selbst. Hierzu sind die Infra- und Suprastrukturen sowie die prozessualen Abläufe und Kommunikationswege kontinuierlich den sich verändernden Anforderungen anzupassen, wobei das Wachstum der Schiffsgrößen mit immer komplexeren nautischen Anforderungen einen wesentlichen Aspekt darstellt.

In ihrem Bemühen um Kunden, um Schiffsanläufe, um Vernetzung und Transportdienstleister und letztlich um Ladungsmengen stehen Häfen häufig im Wettbewerb zueinander, so dass neben strukturellen, kapazitiven, performancebasierten und preislichen Differenzierungen im Leistungsportfolio weitere Faktoren eine Rolle spielen. Ein Aspekt, bei dem Häfen als Bindeglieder maritim-globaler Supply Chains eine Sonderstellung einnehmen, betrifft die Nachhaltigkeit im Transportsektor. Und genau hier haben sich die Häfen der Welt inzwischen als Treiber von Green Ports-Strategien entwickelt und etabliert. Häfen mit ihren vielfältigen Akteuren und Beteiligten in deren unterschiedlichen Rollen erfüllen dabei nicht mehr nur bestehende gesetzliche Regelungen, sondern gestalten die Transportketten im Rahmen ihrer Steuerungsfunktion aktiv im Sinne von Green Shipping und Green Logistics mit.

In der Zukunft werden die bisherigen Green Ports-Aktivitäten in den Häfen auf einem vergleichsweise geringen Niveau zum globalen Standard. Zudem werden veränderte rechtliche Anforderungen und Auflagen dafür sorgen, dass die Green Ports-Aktivitäten fortgesetzt und um neue Bereiche wie zum Beispiel die Einhaltung von Schiffsrecycling-Vorgaben oder die Aufnahme und Behandlung von Schiffsabwässern erweitert werden. Außerdem könnten neue Regelungen wie eine mögliche Verpflichtung zur Landstromnutzung oder die rechtliche Vorgabe zur Nutzung emissionsfreier Hinterland-Transporte die Green Ports-Entwicklung maßgeblich beschleunigen. Dies jedoch erscheint derzeit eher unwahrscheinlich, so dass der Fokus der Green Ports-Aktivitäten in absehbarer Zeit wohl weiterhin innerhalb der Häfen selbst auf Basis von Eigenmotivation und Freiwilligkeit liegen wird. Einen entscheidenden Entwicklungsschub können Häfen als Treiber von

Green Ports-Strategien allerdings erhalten, wenn Unternehmen und Transportdienstleister bzw. deren Kunden und Auftraggeber in deren Preisgestaltung die aktiven Elemente zu mehr Umweltfreundlichkeit und Nachhaltigkeit positiv berücksichtigen. Dass dies notwendig ist, steht außer Frage, ob es aber in absehbarer Zeit gelingt, wird nicht (allein) in den Häfen entschieden.

Literatur

ESPO/EcoPorts (2016). ESPO/EcoPorts Port Environmental Review 2016: Insight on port environmental performance and its evolution over time, Brüssel, April 2016.
Holocher; Meyerholt; Wengelowski (2016). Green Ports – Ein Konzept nachhaltiger Hafenaktivitäten, in: Internationales Verkehrswesen, H. 3, Sept. 2016, S. 29-31.
Howe; von Bargen (2014). Greenports – Development and best practice, in: Ports for Container Ships of Future Generations", Hamburg, S. 211-221.
König (2011). Sustainable port management – Assessment of the conferment possibilities of bremenports' „greenports" concept on other ports. Evaluation by means of an example and development of a consulting concept, Master Thesis an der Hochschule Wismar, 173 Seiten.
Lampe; Kreß; von Bargen (2010). Umweltbericht 2010 für die Häfen Bremen/Bremerhaven, Der Senator für Wirtschaft, Arbeit und Häfen, Bremen, 64 Seiten.
Lampe; Kreß; von Bargen (2013). Umweltbericht 2013 für die Häfen Bremen/Bremerhaven, Der Senator für Wirtschaft, Arbeit und Häfen, Bremen, 64 Seiten.
Lampe et al. (2016). Environmental Report 2015, Ports of Bremen/Bremerhaven, Der Senator für Wirtschaft, Arbeit und Häfen, Bremen, 91 Seiten.
Swiftly Green (2015). Greening of port operations, Best Practice Guide, Bremen.
Vellinga et al. (2014). Sustainable Ports – a guide for port authorities, PIANC-Report No. 150, Brussels, 60 Seiten.
von Bargen; Krämer; Staats (2009). greenports – Nachhaltig wirtschaften - erfolgreich handeln, bremenports, 98 Seiten.
von Bargen et al. (2013). Nachhaltigkeitsbericht 2013, bremenports, Bremerhaven.
von Bargen et al. (2014). Nachhaltigkeitsbericht 2014, bremenports, Bremerhaven.
von Bargen et al. (2015). Nachhaltigkeitsbericht 2015, bremenports, Bremerhaven.

Soziale Nachhaltigkeit im Supply Chain Design

Christoph Krieger[1], Dirk Sackmann[2]

Abstract

Das Thema der Nachhaltigkeit nimmt im Supply Chain Management eine stetig steigende Rolle ein. Der Fokus liegt dabei meist auf ökologischen Aspekten, soziale Gesichtspunkte der Nachhaltigkeit hingegen werden vergleichsweise selten berücksichtigt. Dies gilt auch für strategische Modelle zur Planung von Logistiknetzwerken. Gerade derlei Entscheidungen mit einem lang ausgelegten Planungshorizont geben jedoch die Rahmenbedingungen vor, unter denen über einen langen Zeitraum operiert wird. Die Beachtung von Aspekten der sozialen Nachhaltigkeit in entsprechenden Planungsmodellen nimmt daher eine wichtige Rolle bei der Umsetzung eines ganzheitlichen Nachhaltigkeitsansatzes ein. Dieser Beitrag widmet sich der Relevanz und bisherigen Umsetzung dieses Themas in quantitativen Planungsmodellen. Kapitel eins und zwei umreißen die Problemsituation, Kapitel drei gibt einen Überblick über bisherige Literatur. Darauf aufbauend werden in Kapitel vier die Schwierigkeiten bei der Integration von sozialen Kenngrößen diskutiert. Der Beitrag endet mit einem Fazit.

1. Supply Chain Design und Nachhaltigkeit

International oder gar global aufgestellte Wertschöpfungsketten (Supply Chains) sind eine effektive Möglichkeit, um den Kundenstamm zu erweitern, Zugang zu neuen Einkaufsmärkten zu erlangen oder sich günstigerer Arbeitspreise zu bedienen (Wong 2017: 211). Im Zuge der Globalisierung sind weltweit vernetzte Supply Chains – die man daher auch gerne Supply Networks nennt – dabei längst keine Seltenheit mehr. Umso komplexer ein Wertschöpfungsnetzwerk ist, desto anspruchsvoller und komplexer werden aber auch die Planung, Steuerung und Kontrolle des gesamten Waren- und Informationsflusses. Ein effektives Supply

---

[1] Christoph Krieger, Referent Wirtschaft 4.0 im „Partnernetzwerk Wirtschaft 4.0 | Sachsen Anhalt", Hochschule Merseburg
[2] Prof. Dr. Dirk Sackmann, Professor, Lehrstuhl für Allgemeine BWL, Logistik und Produktionswirtschaft, Hochschule Merseburg

© Springer Fachmedien Wiesbaden GmbH, ein Teil von Springer Nature 2018
I. Dovbischuk et al. (Hrsg.), *Nachhaltige Impulse für Produktion und Logistikmanagement*, https://doi.org/10.1007/978-3-658-21412-8_14

Chain Management ist nötig, um die Komplexität des Gesamtsystems zu beherrschen (Simchi-Levi, Kaminsky, Simchi-Levi 2009: 1). Grundvoraussetzung für eine effektive Zusammenarbeit rund um den Globus ist dabei eine funktionale Ausgestaltung des Netzwerks und der Beziehungen der einzelnen Entitäten untereinander. Nur wenn einzelne Standorte, Beziehungen, Waren- und Informationsflüsse optimal aufeinander abgestimmt sind, kann ein operatives Management diese Rahmenbedingungen zur Umsetzung und Kontrollen wirklich effizienter Abläufe nutzen. Die strategische Ausgestaltung eines Wertschöpfungsnetzwerks ist daher ein wichtiges Element für die Wettbewerbsfähigkeit.

Unter dem Begriff Supply Chain Design versteht man den Prozess der Planung einer Supply Chain. Hierzu zählt zum einen die Festlegung deren räumlicher Ausgestaltung, also die Bestimmung, welche Standorte für Produktionsstätten, Lager, Distributionszentren etc. verwendet werden, sowie die Festlegung deren jeweiliger Kapazitäten und zum anderen die Gestaltung der Beziehungen zu den Kunden, Lieferanten und sonstigen Kooperationspartnern. Dazu gehört auch die strategische Festlegung, zwischen welchen Einheiten der Supply Chain Warenströme ausgetauscht werden, also z. B. die Zuordnung von Absatzgebieten zu Lagern oder von Lieferanten zu Produktionsstätten. Ziel des Supply Chain Design ist der Aufbau einer bzw. der Umbau oder Ausbau zu einer effektiven und effizienten Supply Chain, die zur bestmöglichen Umsetzung der Unternehmensziele und der Ziele des Supply Chain Managements ausgerichtet ist (Shapiro 2007: 294; Simchi-Levi, Kaminsky, Simchi-Levi 2009: 79 f.; Devika, Jafarian, Nourbakhsh 2014: 594).

Im Rahmen des Supply Chain Design werden langfristige Entscheidungen getroffen, welche die Leistungsfähigkeit der Supply Chain auf Jahre hinweg determinieren. Aufgrund dieses langen Planungshorizonts und der damit einhergehenden strategischen Bedeutung, ist es wichtig, alle relevanten Aspekte in die Planung einfließen zu lassen.

Während betriebswirtschaftlich relevante Gesichtspunkte dabei lange Zeit die dominierenden Faktoren darstellten, gehören dazu inzwischen aber auch immer mehr gesellschaftlich wichtige und umweltbezogene Aspekte (Devika, Jafarian, Nourbakhsh 2014: 594). Denn in jüngerer Vergangenheit nimmt das Thema der Nachhaltigkeit eine stetig steigende Rolle ein. Treiber dieser Entwicklung sind rechtlichen Vorschriften, Druck von Nichtregierungsorganisationen sowie ein steigendes Kundeninteresse, da das Thema Nachhaltigkeit auch in der öffentlichen Diskussion eine immer höhere Bedeutung einnimmt. Die Brundtland Kommission definierte nachhaltige Entwicklung bereits 1987 als eine Entwicklung, die die gegenwärtigen Bedürfnisse befriedigt, ohne dabei die Möglichkeit zukünftiger Generationen, die ihren Bedürfnisse zu befriedigen, zu beeinträchtigen. Es wird also die Verantwortung heute lebender Menschen für zukünftige Generationen herausgestellt (Hauff 1999: 46). Bei der Konferenz der Vereinten Nationen 1992 in Rio de Janeiro wurde die Agenda 21 verabschiedet, die neben Umweltaspekten auch soziale Ziele definiert und den Nachhaltigkeitsbegriff daher explizit um eine dritte Dimension erweitert. Das geläufigste der Nachhaltigkeitsmodelle ist seitdem auch das Drei-Säulen-Modell der Nachhaltigkeit (Abb. 1, links), welches symbolisiert, dass sich Nachhaltigkeit nur durch die parallele Betrachtung der drei Felder Ökonomie, Ökologie und Soziales erreichen lässt. Das Nachhaltigkeitsdreieck (Abb. 1, rechts) verdeutlicht darüber hinaus den Umstand, dass diese drei Dimensionen jeweils miteinander verbunden und abhängig voneinander sind. Nach der Definition der Global Reporting Initiative (GRI) gehören zur sozialen Dimension der Nachhaltigkeit dabei alle Einflüsse, die ein Unternehmen auf die sozialen Systeme, in denen es operiert, ausübt (GRI 2013).

Auch wenn neue Beschaffungs-, Absatz- und Arbeitsmärkte nachvollziehbare ökonomische Gründe für eine Globalisierungsstrategie darstellen, müssen dabei auch die ethischen, sozialen und umweltbezogenen Aspekte Berücksichtigung finden. Agieren Unternehmen auf internationalen Märkten, werden sie dabei vermehrt mit ethischen Fragen konfrontiert. Dies gilt in besonderem Maße für Aktivitäten in Ländern, in denen es an Regularien zum Schutz von Arbeitnehmern, Kindern, der Umwelt und der Gesellschaft mangelt (Wong 2017: 211).

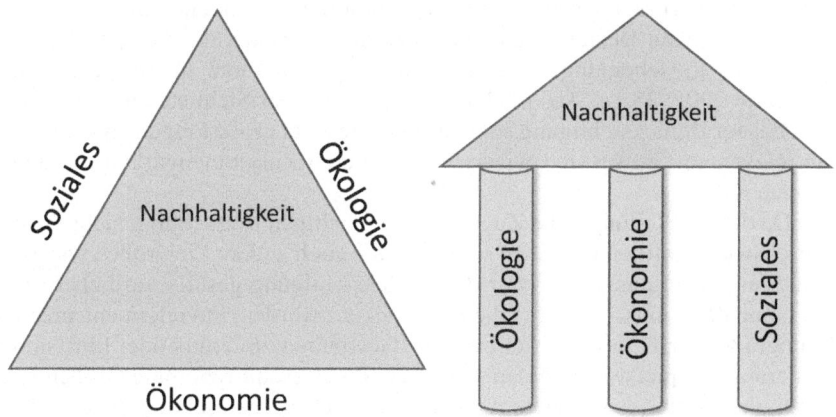

Abb. 1: Das Drei-Säulen-Modell der Nachhaltigkeit und das Nachhaltigkeitsdreieck

Der Umwelt und Gesellschaft gegenüber verantwortungsvolle Unternehmen sollten solche Aspekte bei ihren Aktivitäten berücksichtigen. Jedoch stellt ein wirtschaftlich nachhaltiges Arbeiten alleine mitunter schon eine anspruchsvolle Aufgabe dar, das Einbeziehen anderer Aspekte kann beim Kampf um die Wettbewerbsfähigkeit dabei leicht aus dem Fokus geraten. Die Schnittstelle zwischen Unternehmen und weitläufigerer Nachhaltigkeit stellt das Konzept der Corporate Social Responsibility (CSR), also der unternehmerischen gesellschaftlichen Verantwortung, dar (Grant 2017: 37). Nachhaltige Aktivitäten nehmen sich demnach der unternehmerischen gesamtgesellschaftlichen Verantwortung an, haben jedoch auch eine mittelbare Auswirkung auf die wirtschaftliche Leistungsfähigkeit des Unternehmens, da Stakeholder, nicht zuletzt die Öffentlichkeit, sich zunehmend an dieser Verantwortung orientieren (Testa, Iraldo 2010: 961).

2. Quantitative Planungsunterstützung im Supply Chain Design

Die Entscheidungsfindung im Rahmen des Supply Chain Design beinhaltet wie eingangs erwähnt die Berücksichtigung von vielfältigen Aspekten. Dabei können zahlreiche Interdependenzen auftreten. Um diese Wirkungszusammenhänge der zugrundeliegenden Planungsentscheidungen erfassen, analysieren und so möglichst alle relevanten Parameter berücksichtigen zu können, kann auf mathematische Modelle zurückgegriffen werden. Optimierungsmodelle zur Unterstützung des Supply Chain Design umfassen dabei viele Aspekte, die sich primär in Zielstellungen, Entscheidungsvariablen und Einflussfaktoren unterscheiden lassen (Freiwald 2005: 38 f.). Aus modellierungstechnischer Sicht stellen sich nicht zuletzt bei der Berücksichtigung sozialer Aspekte zwei große Fragen: Wie misst man die relevanten Größen und wie stellt man deren Zusammenwirken mit anderen Größen dar.

Da die Zielstellungen im Zuge einer nachhaltigen Betrachtung nicht mehr rein betriebswirtschaftlich getrieben sind, sondern auch andere Zielgrößen wie die Minimierung von Emissionen oder die Berücksichtigung gesellschaftlicher Interessen beinhalten, muss zunächst die Frage geklärt werden, inwiefern entsprechende Kenngrößen quantitativ darstellbar sind. Gewinnmaximierung oder Emissionsminimierung beispielsweise lassen sich leicht durch quantifizierbare Größen formulieren, gerade für viele soziale Aspekte fällt das hingegen schon schwerer.

Müssen bei einer Entscheidung unterschiedliche Zielstellungen berücksichtigt werden, treten zudem fast zwangsläufig Zielkonflikte auf, da sich die einzelnen Aspekte oft gegenläufig verhalten. Die Zielstellungen, die im Rahmen einer sozial nachhaltigen Betrachtung berücksichtigt werden, sind dabei unterschiedlichster Natur. Zuallererst muss ein Unternehmen profitabel sein. Und dies nicht nur, weil es von finanziellen Interessen getrieben ist, sondern auch, weil nur ein nachhaltig wirtschaftendes Unternehmen auch weiterhin seine Angestellten beschäftigen und Steuern bezahlen kann. Die wirtschaftliche und gesellschaftliche Verantwortung sind hier also bereits eng miteinander verzahnt. Hinzukommen aber weitere Aspekte, die nicht derart Hand in Hand gehen. Die ethische Verantwortung eines Unternehmens, die dazu verpflichtet, fair und rechtmäßig zu handeln, Leid zu vermeiden und moralische Standpunkte zu vertreten, lässt sich oft nicht mit profitorientiertem Denken koppeln, sondern erfordert in der Regel ein Zurückstellen finanzieller Interessen. Gleiches gilt für das soziale Engagement von Unternehmen oder die Beschäftigung von Menschen mit Behinderung (Carroll 1991: 40; Wong 2017: 230 f.).

Hier müssen komplizierte trade-offs bewältigt werden. Aus rein mathematischer Sicht, bedeutet das, dass ein Problem der Mehrzieloptimierung vorliegt. Dafür existieren verschiedenste Lösungsansätze (Collette, Siarry 2004: 7 f.). Wichtig ist hierbei allerdings vor allem eine Gewichtung der unterschiedlichen Interessen. Oftmals wird der Gewinnmaximierung dabei eine sehr hohe Relevanz beigemessen (Wong 2017: 232). Hier einen angemessenen Ausgleich zu finden, stellt eine große Herausforderung für Entscheidungsträger dar. Mathematische Modelle, vor allem in Verbindung mit Sensibilitätsanalysen, die die Auswirkungen einer Parameteränderung aufzeigen, stellen ein wichtiges Werkzeug zur Unterstützung dieses Prozesses dar.

3. Literaturüberblick

Der Einsatz von quantitativen Modellen zur Darstellung und Lösung von Problemen des nachhaltigkeitsorientierten Supply Chain Managements im Allgemeinen gewann in jüngerer Vergangenheit sichtlich an Relevanz (Brandenburg et al. 2014: 300). Auch in der Literatur zu Supply Chain Design Modellen ist das Thema der Nachhaltigkeit dabei verstärkt in den Fokus geraten. Viel Aufmerksamkeit wurde insbesondere der ökologischen Säule geschenkt. Wang, Lai, Shi 2011 integrieren in ihr Modell z. B. die Minimierung von CO_2-Emissionen, um ökologische Gesichtspunkte abzubilden. Pishvae, Razmi 2012 und Chaabane, Ramudhin, Paquet 2012 nutzen für diese Zwecke das Life Cycle Assessment (LSA).

Brandenburg et al. 2014 haben in einer umfassenden Literaturauswertung zu quantitativen Supply Chain Management Modellen mit Nachhaltigkeitsbezug insgesamt über 100 Arbeiten identifiziert, die umweltbezogene Aspekte explizit berücksichtigen. Für die Integration der sozialen Nachhaltigkeitsebene hingegen konnten nur 32 Arbeiten aufgefunden werden (Brandenburg et al. 2014: 308). Gerade für Supply Chain Design Modelle, in denen strategische Entscheidungen abgebildet werden, gibt es dabei bislang nur eine sehr überschaubare Anzahl an Arbeiten, was nicht zuletzt daran liegt, dass es an entsprechenden messbaren Zielgrößen mangelt (Eskandarpour et al. 2015: 20; Garcia, You 2015: 160).

So verwenden You et al. 2012 und Miret et al. 2016 die Generierung von neuen Arbeitsplätzen als Kenngröße zur Berücksichtigung von sozialen Aspekten in einem Supply Chain Design Modell. Mota et al. 2015 setzen den gleichen Wert in Abhängigkeit des Entwicklungsstandes der jeweiligen Region und verwenden ihn ebenfalls zur Formulierung eines Supply Chain Design Modells, das jede Nachhaltigkeitssäule mit einer Zielgröße repräsentiert. Mota et al. 2017 untersuchen darauf aufbauend erstmals unsichere Daten in einem Supply Chain Design Modell mit sozialer Zielkomponente. Miret et al. 2016 berücksichtigen zudem die problemspezifischere Konkurrenz zwischen Essen und Energie. Dehghanian, Mansour 2009 wählen ebenfalls die Anzahl neu geschaffener Arbeitsplätze, beziehen zusätzlich aber auch die lokale Entwicklung, produktionsbezogene Risiken und mögliche Schäden der Arbeitnehmer mit ein. Devika, Jafarian, Nourbakhsh 2014 ergänzen die Anzahl geschaffener Arbeitsplätze um Schäden, die bei der Fabrikerrichtung und der Produktion entstehen. Ansbro, Wang 2013 führen eine Zielfunktion ein, in der externe Kosten als soziale Komponente betrachtet werden.

4. Der schmale Grat sozialer Indikatoren

Die Verwendung von mathematischen Modellen bringt bei der Analyse von komplexen Entscheidungsmöglichkeiten zahlreiche Vorteile mit sich. Ökonomische und ökologische Größen wie Kosten oder Emissionswerte lassen sich dabei leicht integrieren und interpretieren. Soziale Indikatoren dagegen, seien es nun Beschäftigtenzahlen, faire Löhne oder Kennzahlen zu Korruption oder Kinderarbeit, sind nicht nur schwerer numerisch darzustellen, sondern auch deren Auswertung birgt Schwierigkeiten.

Durch die Errichtung einer Produktionsstätte in einem Entwicklungsland kann ein Unternehmen z. B. Zugang zu natürlichen Ressourcen und billigen Arbeitskräften erhalten. Zusätzlich werden vor Ort Arbeitsplätze geschaffen und durch infrastrukturelle Maßnahmen zum Wohlstand der Region beigetragen. Auf der anderen Seite wird unter Umständen der Zugang zu den Ressourcen für die Einheimischen eingeschränkt oder es werden Schadstoffe ausgestoßen, die Umwelt und Gesundheit beeinträchtigen. Solche Aktivitäten können, selbst wenn sie geltendes lokales Recht befolgen, als unfair und unethisch angesehen werden (Wong 2017: 232). Es gibt hier keine Normwerte, anhand derer man abgrenzen kann, wo das soziale Optimum erreicht ist. Es ist also nicht nur schwer, geeignete Kennzahlen zu definieren und aufzustellen, auch ihre Maximierung oder Minimierung folgt keinen so klaren Regeln, wie dies z. B. bei der Minimierung einer Kostenfunktion der Fall ist.

Generell lassen sich zwei Arten von sozialen Indikatoren unterscheiden: Solche, auf die das Unternehmen selbst Einfluss nehmen kann, und solche, die regional, politisch oder kulturell bedingt und vom Unternehmen selbst nicht oder kaum beeinflussbar sind. Zu letzteren gehören z. B. länderspezifische Indikatoren wie Kindersterberate oder öffentliche Sicherheit. Diese spielen vor allem bei globalen Standortentscheidungen eine Rolle und können vor allem als K.O.-Kriterium gelten. Hutchins, Sutherland 2008 versuchen allerdings z. B. über ein Input-Output-Modell den Einfluss eines Lieferantenwechsels auf die Sterblichkeitsrate von Kleinkindern zu quantifizieren. Dadurch könnte auch eine solche Größe als beeinflussbar in ein Modell integriert werden. Jedoch stellt sich dabei die Frage, inwiefern derartige Kennzahlen geeignet sind, um sie in einem Optimierungsmodell zu verwenden. Im genannten Beispiel würde mutmaßlich die alleinige Anmaßung, solche theoretischen Effekte als Rechtfertigung für eine Standortwahl in einem Niedriglohnland anzuführen, für weitläufige Empörungen sorgen.

Unternehmen stehen deshalb vor der Frage, welche Indikatoren sie bei solchen Entscheidungen heranziehen können. Hierbei ist zunächst einmal zu unterscheiden, aus welchen Motiven ein Unternehmen soziale Nachhaltigkeit in seine Überlegungen einbezieht. Die Motivation kann dabei auf externe Treiber zurückzuführen sein, z. B. auf öffentlichen Druck oder gesetzliche Bestimmungen, oder sie kann einen internen Ursprung haben. In diesem Fall kann nochmals unterschieden werden, ob die internen Gründe kommerziell bedingt sind, z. B. weil ein guter Ruf zu höheren Umsätzen führt, oder ethischer Natur, also der ethisch-moralischen Verpflichtung des Unternehmens folgen (Testa, Iraldo 2010: 953).

Im Falle externer Gründe sind die Kennzahlen durch die entsprechenden treibenden externen Kräfte insoweit vorgegeben, dass mehr oder weniger genaue Vorstellungen mit der Forderung nach Nachhaltigkeit verbunden sind. Kommerzielle Gründe bedürfen in erster Linie populärer oder leicht vermittelbarer Indikatoren. Handelt ein Unternehmen aus ethischen Gründen heraus, sind die zu betrachtenden Aspekte von den konkreten Vorstellungen des Unternehmens bezüglich sozialer Nachhaltigkeit abhängig. In welcher Form ein Unternehmen Nachhaltigkeitsbestrebungen unternimmt, hängt dabei also – sofern eine interne Motivation vorliegt – in erster Linie von den Leitlinien, Code of Conducts oder der Unternehmensstrategie des Unternehmens selbst ab. Es muss definiert sein, anhand welcher Leistungsdaten der Erfolg nachhaltigkeitsorientierter Maßnahmen gemessen wird (Altmann 2016: 199-202). Darauf aufbauend können Indikatoren bestimmt und Maßnahmen abgeleitet werden, die bei strategischen Entscheidungen zur Umsetzung der Nachhaltigkeitsstrategie beitragen.

An dieser Stelle ist es auch Aufgabe der Forschung, Möglichkeiten zur Messung sozialer Nachhaltigkeit aufzuzeigen. In der Fachliteratur hat sich hierzu noch kein eindeutiges Bild ergeben (Hutchins, Sutherland 2008: 1691), wobei es fraglich erscheint, ob eine eindeutige Antwort überhaupt möglich ist. Listen von Kennzahlen existieren in zahlreicher Variation, die Eignung für eine quantitative Optimierung ist jedoch längst nicht in allen Fällen gegeben.

Quantifizierbarkeit und Interpretierbarkeit stellen wichtige Voraussetzungen aus modellierungstechnischer Sicht dar. Es kommen jedoch auch praktische Voraussetzungen hinzu. So müssen die Kenngrößen nicht nur theoretisch als Zahl darstellbar, sondern auch praktisch messbar sein. Der damit verbundene zeitliche und finanzielle Aufwand spielt eine große Rolle bei der Frage, ob sie in ein Entscheidungsmodell integriert werden. Darüber hinaus sollte der gemessene Wert zu einem bestimmten Grad vom Unternehmen beeinflussbar sein (Hutchins, Sutherland 2008: 1691, 1693). Werte, auf die das Unternehmen durch sein Handeln keinen Einfluss nehmen kann, kommen in erster Linie als K.O.-Kriterien in Frage und können einzelne Entscheidungen dadurch gänzlich ausschließen, spielen in einem Optimierungsmodell jedoch nur eine untergeordnete Rolle.

Wie im Literaturüberblick festzustellen ist, fokussiert sich ein Großteil der bestehenden Modelle noch auf die Generierung von neuen Arbeitsplätzen. Dieser Wert als Repräsentation der sozialen Säule der Nachhaltigkeit ist nachvollziehbar, denn er ist sowohl einfach numerisch darzustellen als auch zu messen, seine Aussagekraft ist relativ klar und das Unternehmen kann ihn durch seine Entscheidungen beeinflussen. In dieser Kennziffer wird jedoch z. B. der Aspekt der fairen Bezahlung außer Acht gelassen, woraus ersichtlich wird, dass eine echte Berücksichtigung von Nachhaltigkeit eine differenziertere Betrachtung erfordert. Popovic et al. (2016) stellen einen allgemeinen Rahmen für die Messung sozialer Nachhaltigkeit entlang der Supply Chain vor und präsentieren dabei sechs ausgewählte Indikatoren mit mathematischer Berechnungsformel, deren Verwendung in einem strategischen Kontext jedoch noch zu überprüfen ist (Popovic et al. 2016: 2021 f.).

5. Fazit

Nachhaltigkeit gewinnt in Forschung und Praxis stetig an Relevanz. In der Forschung stehen dabei speziell ökologische Gesichtspunkte im Fokus. Folgt man dem Drei-Säulen-Modell der Nachhaltigkeit, gilt es jedoch auch soziale Aspekte zu berücksichtigen. Da die Leistungsfähigkeit – und zwar sowohl die wirtschaftliche als auch die soziale Leistungsfähigkeit – einer Supply Chain ganz entscheidend von ihrer strategischen Ausrichtung abhängt, sind entsprechende Aspekte bereits beim Design der Supply Chain zu berücksichtigen. Mithilfe quantitativer

Modelle lassen sich Wirkungszusammenhänge gut darstellen und auswerten, jedoch erwächst dabei das Problem, für soziale Nachhaltigkeit relevante Aspekte numerisch abbilden zu müssen. Zusätzlich müssen Kenngrößen praktisch zu erheben, interpretierbar und vom Unternehmen beeinflussbar sein. Wie eine Literaturauswertung ergab, sind strategische, quantitative Modelle, die soziale Gesichtspunkte berücksichtigen, momentan noch die Ausnahme. Als Kenngröße in den bisherigen Arbeiten wird überwiegend die Schaffung neuer Arbeitsplätze verwendet. Soziale Nachhaltigkeit hat aber noch weit mehr Facetten als nur die Bekämpfung von Arbeitslosigkeit. Daher ist es Aufgabe zukünftiger Forschung, geeignete Kennzahlen zu definieren und Modelle zu entwickeln, die in der Lage sind, alle drei Säulen der Nachhaltigkeit abzubilden, um Entscheidungsträgern ein Werkzeug an die Hand zu geben, mit dem Nachhaltigkeit bereits bei der langfristigen Planung einer Supply Chain berücksichtigt werden kann.

Literatur

Altmann, M. (2016): Strategic Fit of Sustainable Supply Chains. Eine empirische Kausalanalyse. Hamburg: Verlag Dr. Kovac.
Ansbro, D.; Wang, Q. (2013): A facility location model for socio-environmentally responsible decision-making. In: Journal of Remanufacturing, 3. Jg., Nr. 5, S. 1-7.
Brandenburg, M.; Govindan, K.; Sarkis, J.; Seuring, S. (2014): Quantitative models for sustainable supply chain management: Developments and directions. In: European Journal of Operational Research, 233. Jg., Nr. 2, S. 299-312.
Carroll, A. (1991): The pyramid of corporate social responsibility: toward the moral management of organizational stakeholders. In: Business Horizons, 34. Jg., Nr. 4, S. 39-48.
Chaabane, A.; Ramudhin, A.; Paquet, M. (2012): Design of sustainable supply chains under the emission trading scheme. In: International Journal of Production Economics, 135. Jg., Nr. 1, S. 37-49.
Collette, Y.; Siarry, P. (2004): Multiobjective Optimization: Principles and Case Studies, 2. korrigierte Auflage, Berlin, Heidelberg, New York: Springer.
Dehghanian, F.; Mansour, S. (2009): Designing sustainable recovery network of end-of-life products using genetic algorithm. In: Resources, Conservation and Recycling, 53. Jg., Nr. 10, S. 559-570.
Devika, K.; Jafarian, A.; Nourbakhsh, V. (2014): Designing a sustainable closed-loop supply chain network based on triple bottom line approach: A comparison of metaheuristics hybridization techniques. In: European Journal of Operational Research, 235. Jg., Nr. 3, S. 594-615.
Eskandarpour, M.; Dejax, P.; Miemczyk, J.; Péton, O. (2015): Sustainable supply chain network design: An optimization-oriented review. In: Omega, 54. Jg., S. 11-32.
Freiwald, S. (2005): Supply Chain Design: Robuste Planung mit differenzierter Auswahl der Zulieferer, Frankfurt am Main et al.: Peter Lang.
Garcia, D.; You, F. (2015): Supply chain design and optimization: Challenges and opportunities. In: Computers and Chemical Engineering, 81. Jg., 2015, S. 153-170.
Grant, D. (2017): Science of sustainability. In: Grant, D.; Trautrims, A.; Wong, C.-Y. (2017): S. 37-64.
Grant, D.; Trautrims, A.; Wong, C.-Y. (2017): Sustainable logistics and supply chain management. Principles and practices for sustainable operations and management, 2. Auflage. New York: Kogan Page.
GRI (Hrsg.) (2013): G4 Sustainability Guidelines. Amsterdam: Global Reporting Initiative.

Hauff, V. (Hrsg.) (1999): Unsere gemeinsame Zukunft. Der Brundtland-Bericht der Weltkommission für Umwelt und Entwicklung. Greven: Eggenkamp Verlag.

Hutchins, M.; Sutherland, J. (2008): An exploration of social sustainability and their application to supply chain decisions. In: Journal of Cleaner Production, 16. Jg., Nr. 15, S. 1688-1698.

Miret, C.; Chazara, P.; Montastruc, L.; Negny, S. (2016): Design of bioethanol green supply chain: Comparison between first and second generation biomass concerning economic, environmental and social criteria. In: Computers and Chemical Engineering, 85. Jg., S. 16-35.

Mota, B.; Gomes, M.; Carvalho, A.; Barbósa-Póvoa, A. (2015): Towards supply chain sustainability: economic, environmental and social design and planning. In: Journal of Cleaner Production, 105. Jg., S. 14-27.

Mota, B.; Gomes, M.; Carvalho, A.; Barbósa-Póvoa, A. (2017): Sustainable supply chains: An integrated modeling approach under uncertainty. In: Omega, 2017, accepted paper, article in press.

Pishvaee, M.; Razmi, J. (2012): Environmental supply chain network design using multi-objective fuzzy mathematical programming. In: Applied Mathematical Modelling, 36. Jg., Nr. 8, S. 3433-3446.

Popovic, T.; Carvalho, A.; Kraslawski, A.; Barbósa-Póvoa, A. (2016): Framework for assessing social sustainability in supply chains. In: Computer Aided Chemical Engineering, 38. Jg., (Proceedings of the 26th European Symposium on Computer Aided Process Engineering – ESCAPE 26), S. 2019-2024.

Shapiro, J. (2007): Modeling the Supply Chain, 2. Auflage, Belmont et al.: Wadsworth Publishing.

Simchi-Levi, D.; Kaminsky, P.; Simchi-Levi, E. (2009): Designing and Managing the Supply Chain: Concepts, Strategies, and Case Studies, 3. Auflage. Boston: McGraw-Hill.

Testa, F.; Iraldo, F. (2010): Shadows and lights of GSCM (Green Supply Chain Management): determinants and effects of these practices based on a multi-national study. In: Journal of Cleaner Production, 18. Jg., Nr. 10, S. 953-962.

Wang, F.; Lai, X.; Shi, N. (2011): A multi-objective optimization for green supply chain network design. In: Decision Support Systems, 51. Jg., Nr. 2, S. 262-269.

Wong, C.-Y. (2017): Risk, Resilience and corporate social responsibility. In: Grant, D.; Trautrims, A.; Wong, C.-Y. (2017): S. 211-250.

You, F.; Tao, L.; Graziano, D.; Snyder, S. (2012): Optimal design of sustainable cellulosic biofuel supply chains: Multiobjective optimization coupled with life cycle assessment and input-output analysis. In: AIChE Journal, 58. Jg., Nr. 4, S. 1157-1180.

Nachhaltige Optimierung von Kapitalkosten im Mittelstand mit Supply Chain Finance

Carola Spiecker-Lampe[1]

Abstract

Gerade mittelständische Unternehmen weisen verschiedenen Studien zufolge noch ein enormes Potential in der Verbesserung ihrer Liquidität und Kapitalkosten auf. Supply Chain Finance (SCF) bietet Ansätze zur Optimierung der Liquidität und der Kapitalkosten von Unternehmen. Ziel des folgenden Artikels ist es, sowohl prozessorientierte bzw. leistungswirtschaftliche als auch finanzwirtschaftliche Modelle aufzuzeigen und im Hinblick auf ihre Wirkung auf die Liquidität und Kapitalkosten zu analysieren. Um nachhaltig Kapitalkosten zu optimieren, müssen die drei Aufgabenbereiche (1) Management der Wertsteigerung, (2) Management des Nettoumlaufvermögens und (3) Management der Kapitalverwendung und des Kapitalbedarfs (Finanzierungsstruktur) zusammenwirken. Welche Finanzierungsmodelle des Supply Chain Finance bieten sich an, um ein Zusammenwirken der drei Aufgabenbereiche zu erreichen? Asset-Backed-Securities (ABS), Reverse Factoring oder Finetrading sind Beispiele, die das Management der drei Aufgabenbereiche ermöglichen. Das Supply Chain Finance ist ein Konzept, das alle Beteiligten in der Wertschöpfungskette unterstützen kann, nachhaltig die Liquiditäts- und Kapitalkostensituation zu verbessern. Abzubauen sind lediglich noch Vorbehalte in der Umsetzung solcher Konzepte. Der Artikel soll hierzu einen Beitrag leisten.

1. Einleitung

Verschiedene Studien belegen, dass gerade mittelständische Unternehmen enormes Optimierungspotential in der Verbesserung ihrer Liquidität, ihrer Bilanzstrukturen und damit ihrer Kapitalkosten aufweisen (Roland Berger Strategy Consultants, Creditreform 2013, Price Waterhouse Coopers 2015). Gerade mittelständi-

---

[1] Prof. Dr. Carola Spiecker-Lampe, Professorin, Professur für Allgemeine Betriebswirtschaftslehre, Finanzwirtschaft und Internationales Management, Hochschule Bremen

© Springer Fachmedien Wiesbaden GmbH, ein Teil von Springer Nature 2018
I. Dovbischuk et al. (Hrsg.), *Nachhaltige Impulse für Produktion und Logistikmanagement*, https://doi.org/10.1007/978-3-658-21412-8_15

sche Unternehmen befinden sich oftmals in einer sogenannten „Sandwich-Position" zwischen Kunden und Lieferanten: Auf der einen Seiten räumen sie ihren Kunden zwecks Kundenbindung lange Zahlungsziele ein, auf der anderen Seite fordern ihre Lieferanten kurzfristige Zahlungen, ggf. unter Ausnutzung von Skonti. Diesen Unternehmen verbleibt meistens nur die Möglichkeit, wenn keine ausreichende Liquidität vorhanden ist, den Kontokorrentkredit zu nutzen, was grundsätzlich bei der Möglichkeit der Nutzung von Skonti zur Beeinflussung der Kapitalkosten auch richtig erscheint. Vor dem Hintergrund einer nachhaltigen Optimierung der Kapitalkosten bietet der Ansatz des Supply Chain Finance (SCF) jedoch Modelle, die neben der Nutzung des Kontokorrentkredits nachhaltigere Lösungen bieten.

2. Supply Chain Finance

Supply Chain Finance (SCF) bezeichnet die unternehmensübergreifende Optimierung der Finanzierung und ihrer Kapitalkosten sowie die Integration von Finanzierungsprozessen mit Kunden, Lieferanten und Dienstleistern, um den Wert der beteiligten Unternehmen in der Wertschöpfungskette nachhaltig zu steigern. Dieses wird durch eine bessere gegenseitige Abstimmung der Finanzierung oder durch ganz neue Finanzierungskonzepte, die keiner der beteiligten Partner allein realisieren könnte, in der Supply Chain erreicht. Verbunden hiermit sind oftmals veränderte Rollen- und Aufgabenteilungen der beteiligten Partner.

Die klassische Betrachtung der Supply Chain aus Endkundensicht wird auf eine Kapitalmarktsicht ausgedehnt. Infolgedessen ist es ungenügend, die Supply Chain lediglich hinsichtlich der Faktoren Kosten, Zeit und Qualität zu optimieren. Vielmehr muss das eingesetzte Kapital in einer zukunftsorientierten Beurteilung im Marktvergleich mindestens risikoadäquat verzinst bzw. genutzt werden (Gomm 2008: 82).

Das SCF ist damit neben dem Financial Chain Management (FCM), welches sich mit der prozessorientierten Analyse der Financial Supply Chain beschäftigt, ein Teilbereich des Financial Supply Chain Management (FSCM) (vgl. Abb. 1).

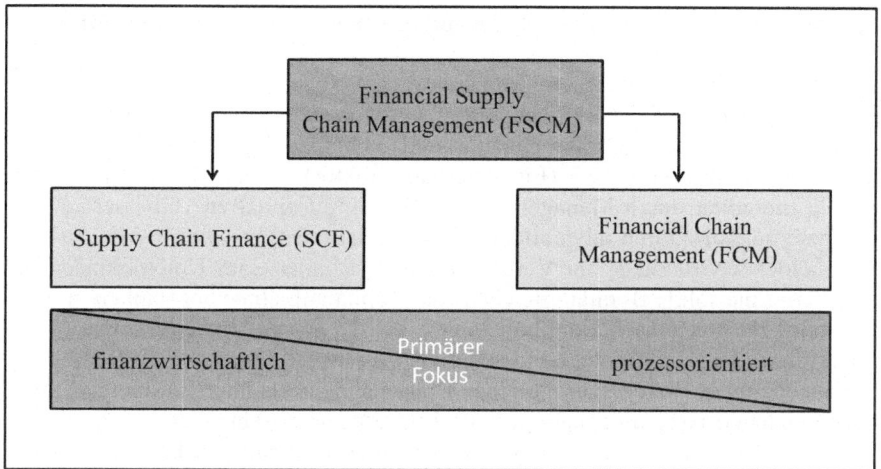

Abb. 1: Teilbereiche des Financial Supply Chain Management (FSCM)

Grundvoraussetzung für SCF ist die elektronische Verarbeitung von Rechnungsdaten und die Digitalisierung von Finanzprozessen als Aufgabe des FCM. Beim FCM steht die technische Optimierung, z. B. EDV-technische Ausgestaltung des Kapital- und Belegflusses oder die Lösung von datenverarbeitungstechnischen Problemen und das Outsourcing finanzieller Dienstleistungen zur effizienteren Organisation der Financial Supply Chain im Mittelpunkt. Primäre Gestaltungsobjekte sind daher Informations- und Kommunikationstechnologien, die eine beschleunigte Bearbeitung und Reduzierung der Abwicklungskosten ermöglichen. So gewährleistet z. B. die unverzügliche Übermittlung von Fakturierungsdaten einen reibungslosen Finanzmittelfluss (Metze 2010: 31).

Das FSCM erweitert somit das güterstromorientierte Supply Chain Management (SCM) um eine wertorientierte Komponente und übernimmt damit eine Schnittstellenfunktion zwischen der Finanzierung und dem SCM. Das primäre Ziel besteht darin, über eine effiziente Gestaltung des Finanzmittelflusses und seiner Kapitalkosten, den Wert der Unternehmen in der Supply Chain und damit die Wettbewerbsfähigkeit aller beteiligten Unternehmen langfristig zu steigern.

3. Ansätze zur Optimierung der Kapitalkosten mit Supply Chain Finance

Um Kapitalkosten zu optimieren, müssen drei Aufgabenbereiche zusammenwirken: (1) Management der Wertsteigerung, (2) Management des Nettoumlaufsvermögens (auch Working Capital genannt) und (3) Management der Kapitalverwendung und des Kapitalbedarfs (Finanzierungsstruktur) (Metze 2010: 30). Gelingt es, die Liquidität durch Management des Working Capital zu verbessern sowie Finanzierungsstrukturen (abgebildet in Bilanzrelationen) zu stabilisieren, ist eine entscheidende Grundlage zur Verbesserung der Bonität eines Unternehmens geschaffen. Eine solide Bonität erleichtert die Kapitalaufnahme bei Banken und am Kapitalmarkt und schafft Handlungsräume bei der Konditionengestaltung (=Kapitalkosten). Die erforderliche Finanzierung von Investitionen u.a. als Bedingung zur nachhaltigen Wertsteigerung eines Unternehmens als übergeordneter Aufgabenbereich (s.o.) ist somit sichergestellt. Insofern hat das Management des Working Capital und der Finanzierungsstruktur einen nachhaltigen Einfluss auf die Wertsteigerung eines Unternehmens.

Sowohl prozessorientiert bzw. leistungswirtschaftlich als auch finanzwirtschaftlich bieten sich diverse Gestaltungsmöglichkeiten zur Optimierung der Kapitalkosten an (vgl. Tab. 1).

	Prozessorientiert/ leistungswirtschaftlich	*Finanzwirtschaftlich*
Vorräte	• *Lagerbestand minimieren* (z.B. JiT-Lieferung, Konsignationslager) • *Produktionsprozess verkürzen* (Minimierung Durchlauf-, Rüst-, Liegezeit) • *Ausfallquote reduzieren*	• *Verkauf/Verschrottung von Altbeständen*

Forderungen	• *Rechnungsstellung:* Einführung von Online-Rechnungen, die durch die digitale Kommunikation den Kunden schneller zugestellt werden können. • *Reklamationsmanagement*: Einführung einer standardisierten Vorgehensweise zur Beschleunigung der Rechnungsabwicklung • *Kundenbewertung:* Einführung einer Software, die Kunden nach ihrem Forderungsausfallrisiko bewertet. • *Kunden-Wertmanagement:* Ausweitung des Loyalty-Programms durch Einführung einer Kundenkarte.	• *Zahlungskonditionen:* Gewähr von Skonti bei Rechnungsbegleichung der ersten sechs Tage. • *Rechnungsbezahlung:* Ablehnen von Schecks und Einführung einer Kreditkartengebühr, da diese bei der Abwicklung mehr Zeit und mehr Kosten verursachen als ein Verfahren wie das Lastschriftverfahren. • *Factoring* • *Asset Backed Securities*
Verbindlichkeiten	• *Ausreizen der Zahlungsziele* (unter Abwägung von Skonto)	• *Reverse Factoring* • *Finetrading*

Tab. 1: Gestaltungsansätze zur Optimierung der Kapitalkosten

3.1. Management des Nettoumlaufvermögens (Working Capital)

Das Nettoumlaufvermögen setzt sich aus dem Umlaufvermögen abzüglich der kurzfristigen Verbindlichkeiten zusammen. Das im Nettoumlaufvermögen gebundene Kapital beträgt bei produzierenden Unternehmen etwa die Hälfte des gesamten Kapitals, bei Vertriebsunternehmen in der Regel noch mehr. Zu hoch angesetzte Bestände des Nettoumlaufvermögens können schnell zu niedrigerer Rentabilität und Liquiditätsproblemen führen. Die Aufgabe des Working Capital Managements ist es somit, die *Durchlaufzeit des im nicht zinstragenden Umlaufvermögen gebundenen Kapitals zu minimieren* und somit liquide Mittel freizusetzen. Die Errechnung des Working Capital erfolgt wie folgt (vgl. Tab. 2):

Die HS-GmbH ist ein Automobilzulieferer und stellt Autoradios her. Die GmbH besitzt Maschinen im Wert von 15 Mio. €, Bürogebäude und Produktionshallen im Wert von 55 Mio. €. Weiterhin stehen noch Forderungen i.H.v. 10 Mio. € an Kunden aus sowie Verbindlichkeiten i.H.v. 30 Mio. €, von denen 18 Mio. € langfristige Bankkredite sind. Im Vorratslager befinden sich Materialien im Wert von 1 Mio. € sowie Halbfertigfabrikate im Wert von 2 Mio. €. Das Bankguthaben beträgt 1,5 Mio. €.	
Liquide Mittel	1.500.000 €
+ kurzfristige Forderungen	10.000.000 €
+ Vorräte	3.000.000 €
- Verbindlichkeiten aus L&L & sonst. kurzfr. Verbindlichkeiten	12.000.000 €
Working Capital	*+ 2.500.000 €*
Interpretation: • Da es sich um einen positiven Betrag handelt, sind die Verbindlichkeiten aus dem operativen Geschäft durch schnell liquidierbares Vermögen (Umlaufvermögen) gedeckt. • Es handelt sich um ein relativ großes Working Capital Volumen, was auf eine hohe Kapitalbindung im Umlaufvermögen schließen lässt. Das gebundene Kapital kann nicht für andere Zwecke genutzt werden (Erhöhung der Opportunitätskosten).	

Tab. 2: Beispiel zur Berechnung des Working Capital

Durch die Optimierung von Verbindlichkeiten-, Forderungs- und Lagermanagements (siehe Tab. 1) verbessert sich nicht nur das Working Capital, sondern auch der *Cash Conversion Cycle* (CCC) des Unternehmens.

Der Cash Conversion Cycle drückt vereinfacht aus, wie lange ein Unternehmen braucht, um einen ausgegebenen Euro für Rohstoffe durch den Verkauf von Fertigerzeugnissen wieder in das Unternehmen zurückzuführen. Je weniger Tage vergehen bis der CCC durchlaufen ist desto besser für das Unternehmen, da es bedeutet, dass Liquidität schneller ins Unternehmen zurückfließt. Der CCC betrachtet die drei wichtigsten Stellhebel des Working Capital (Verbindlichkeiten (DPO) Forderungen (DSO) und Lager (DIO)). Anhand dieser können mögliche Schwachstellen erkannt und optimiert werden (Sure 2014;:121 f.; Besley, Brigham 2015: 605). Der CCC berechnet sich aus den Days Sales Outstanding (DSO), plus der Days Inventory Outstanding (DIO), abzüglich Days Payable Outstanding (DPO).

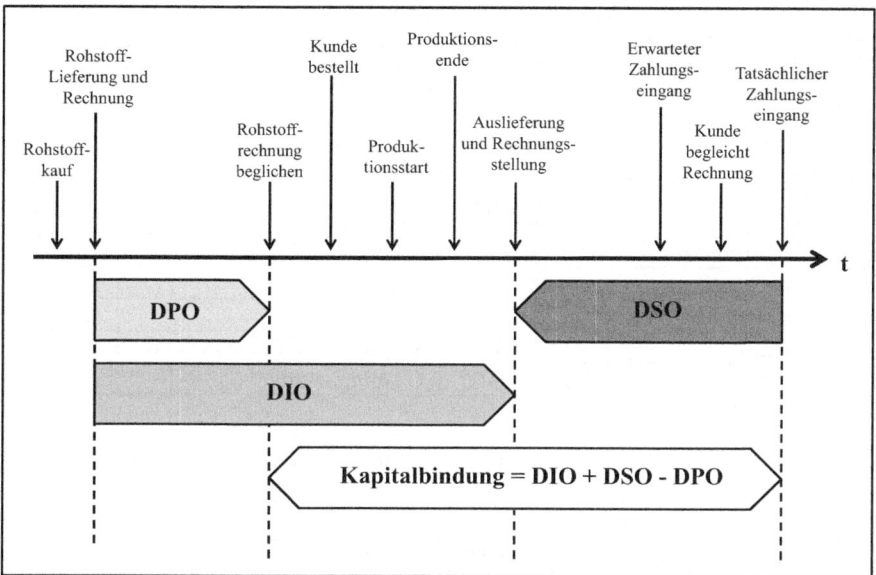

Abb. 2: Cash Conversion Cycle

Durch Ausnutzen von Zahlungszielen stehen dem Unternehmen die liquiden Mittel länger zur Verfügung. Ein konsequentes Mahn- und Forderungswesen sorgt dafür dass, das Geld wieder schneller ins Unternehmen fließt. Durch besseres Lagermanagement wird weniger Kapital im Lager gebunden und kann so für andere Investitionen genutzt werden. Durch den Einsatz dieser Maßnahmen verkürzt sich der Cash Conversion Cycle.

3.2. Management der Finanzierungsstruktur

Ein erfolgreiches Management des Nettoumlaufvermögens verhilft einem Unternehmen nicht nur kurzfristig, die Liquidität zu optimieren, sondern auch langfristig, seine Finanzierungsstruktur zu verbessern. Wird beispielsweise im *Bestandsmanagement* von einer vorrätigen Beschaffung auf eine just-in-time Lieferung umgestellt, so führt diese Maßnahme zu einer Reduzierung der Position Vorräte. Dieses freigesetzte Kapital kann zur Bedienung der Zins- und Tilgungszahlungen bestehender Bankdarlehen eingesetzt werden. Die Kapitalfreisetzung führt zu einer *Bilanzverkürzung* sowie zu einer *verbesserten Eigenkapitalrelation*. Nachstehendes Beispiel verdeutlicht den Bilanzverkürzungseffekt bei einer Reduzierung der Vorräte um 370 T€:

Vor Working Capital Management: Die Eigenkapitalquote beträgt 13,3% (200/1.500)

Aktiva	in T€	Passiva	in T€
Anlagevermögen	600	Eigenkapital	200
Vorräte	*420*	Rückstellungen	260
Forderungen aus LuL	240	*Bankdarlehen*	*690*
Kasse/Bank	40	Verbindlichkeiten aus LuL	150
Gesamtaktiva	1.500	Gesamtpassiva	1.500

Mit Working Capital Management: Die Eigenkapitalquote beträgt 17,7% (200/1.130)

Aktiva	in T€	Passiva	in T€
Anlagevermögen	600	Eigenkapital	200
Vorräte	*50*	Rückstellungen	260
Forderungen aus LuL	240	*Bankdarlehen*	*320*
Kasse/Bank	40	Verbindlichkeiten aus LuL	150
Gesamtaktiva	1.130	Gesamtpassiva	1.130

Obiges Beispiel zeigt, wie leistungswirtschaftlich mit einem optimierten *Bestandsmanagement* die Finanzierungsstruktur verbessert werden kann. Supply Chain Finance bietet jedoch nicht nur leistungswirtschaftliche, sondern auch finanzwirtschaftliche Optimierungsansätze in der Wertschöpfungskette (vgl. Tab. 1): Im *Forderungsmanagement* bieten das Factoring oder auch Asset-Backed-Securities-Modelle (ABS) Gestaltungsmöglichkeiten. Das Reverse Factoring oder Finetrading verhelfen im *Verbindlichkeitenmanagement* zu einem optimierten Liquiditätsfluss aller Beteiligten im Wertschöpfungskreislauf.

Beim *Factoring* werden die Forderungen gegenüber Kunden gegen einen Abschlag an einen Factor, z.B. die Hausbank verkauft, was zunächst einen Aktivtausch in der Bilanz (Erhöhung des Kassenbestands) darstellt (Eilenberger 2012: 140 f.). Erst durch Nutzung der eingenommenen Liquidität durch Rückzahlung von Verbindlichkeiten auf der Passivseite stellt sich der gewünschte Bilanzverkürzungseffekt ein.

ABS-Ansätze stellen relativ junge Kapitalmarktinstrumente dar, die vor ungefähr 15 Jahren zunehmend auch in Deutschland an Attraktivität gewannen. Interessant sind diese Instrumente auch für mittelständische Unternehmen, die ein Forderungsportfolio von ca. 10-15 Mio. € aufweisen. Dabei verkaufen Unternehmen ihre Vermögenswerte wie offene Forderungen. Diese werden dann in Form von Wertpapieren als strukturierte Anleihen handelbar gemacht und auf den Kapitalmarkt gebracht. Diese Anleihen sind mit Forderungen unterlegt und besichert. Investoren setzen bei dieser Konstruktion auf hohe Zinsen, während es für Unternehmen hingegen eine Art der Geldbeschaffung ist, bei der sie nicht auf Bankkredite angewiesen sind (Volkart 2011: 500, 970). Die am Kapitalmarkt generierte Liquidität kann sowohl für Investitionen im Rahmen des Wertsteigerungsmangements als auch zur Rückzahlung von Verbindlichkeiten im Rahmen des Working Capital Managements zur Verbesserung der Finanzierungsstruktur genutzt werden.

Beim *Reverse Factoring* übernimmt ein Finanzdienstleister (Factor) für den Rechnungsabnehmer die Vorfinanzierung der Lieferantenforderung. Der Lieferant erhält dadurch sein Geld früher, während der Auftraggeber des Factors sich mit der Zahlung noch bis zum ursprünglichen Zahlungsziel Zeit lassen und die somit noch nicht genutzte Liquidität anderweitig einsetzen kann (Locker, Grosse-Ruyken 2015, 5 f.). Gleichzeitig können ggf. Skontoerträge durch sofortige Bezahlung der Lieferanten zur Verbesserung der Kapitalkosten erzielt werden sowie die Position gegenüber den Lieferanten gestärkt werden. Lieferanten wiederum bekommen ihre Forderungen zu 100% in maximal fünf Werktagen beglichen, verlagern das Debitorenrisiko auf den Factor, sparen Finanzierungskosten, da der Abnehmer in der Regel die Kosten für das Verfahren trägt und entlasten ihre Bilanz durch einen echten Forderungsverkauf („True Sale"). In der Wertschöpfungskette wird Liquidität damit lediglich so verschoben, dass die beteiligten Partner (Kunde und Lieferant) Liquidität generieren, die zum Management der Finanzierungsstruktur genutzt werden kann (siehe dazu obiges Beispiel).

Ähnlich wie beim Reverse Factoring handelt es sich beim *Finetrading* um eine Finanzierung des Umlaufvermögens bzw. um eine Einkaufsvorfinanzierung. Finetrading ist ein Phantasiewort und setzt sich zusammen aus „Finance" und „Trade". Anders als beim Reverse Factoring ist der Nutzer jedoch der Abnehmer, der über einen Intermediär, den Finetrader, Liquidität bereit gestellt bekommt. Eine von Siemens Financial Services durchgeführte Studie zeigt nämlich, dass 60% der mittelständischen Unternehmen nicht in der Lage sind, aufgrund mangelnder Liquidität bzw. Kapitalbindung in Kundenforderungen die von den Lieferanten angebotenen Skonti zu nutzen (Siemens Financial Services: 2017). Finetrading ist somit eine recht schnelle und flexible Finanzierungsalternative zur Realisierung von Einsparpotentialen in den Kapitalkosten.

4. Fazit

In mittelständischen Unternehmen ruhen immer noch ein erhebliches Liquiditätspotenzial im Nettoumlaufvermögen sowie Einsparpotentiale in den Kapitalkosten. Das Supply Chain Finance bietet Finanzierungsmodelle, mit denen alle Beteiligten in einer Wertschöpfungskette diese Liquiditätspotentiale heben und zur Verbesserung der Finanzierungsstruktur nutzen können. Verbesserte Liquidität sowie optimierte Bilanzrelationen, z.b. durch Steigerung der Eigenkapitalquote verbessern die Bonität eines Unternehmens und verhelfen gerade mittelständischen Unternehmen zu einer verbesserten Handlungsposition mit Kapitalgebern, was sich in reduzierten Kapitalkosten niederschlägt.

Insofern sind die vorgestellten Optionen des Supply Chain Finance für sich isoliert betrachtet zwar nicht neu. Neu ist jedoch die Integration und Kombination der verschiedenen Finanzierungskonzepte innerhalb der Wertschöpfungskette und der Möglichkeit dadurch, langfristig für alle beteiligten Partner Kapitalkosten zu sparen. Durch die gegenwärtigen, neuen technischen Lösungen, wie beispielsweise zwischen den ERP-Systemen von Lieferanten, Unternehmen und Banken entlang der Wertschöpfungskette, wird Supply Chain Finance zukünftig realisierbar. Das erklärte Ziel muss es sein, für die jeweilige Unternehmens- oder Lieferantensituation den richtigen SCF-Ansatz zu finden sowie mögliche Unsicherheiten und Vorbehalte auszuräumen, um langfristig einen Beitrag zur Verbesserung der Kapitalflüsse in der Wertschöpfungskette zu leisten.

Literatur

Besley, S.; Brigham, F. E. (2015) Principles of Finance. South-Western College Pub.
Eilenberger, G. (2012) Bankbetriebswirtschaftslehre. Grundlagen - Internationale Bankleistungen - Bank-Management. De Gruyter Oldenbourg.
Gomm, M. (2008) Supply Chain Finanzierung. Optimierung der Finanzflüsse in Wertschöpfungsketten. Erich Schmidt Verlag.
Locker, A.; Grosse-Ruyken, P. T. (2015) Chefsache Finanzen in Einkauf und Supply Chain: Mit Strategie-, Performance- und Risikokonzepten Millionenwerte schaffen. Springer Gabler.
Metze, T. (2010) Supply Chain Finance. Die wertorientierte Analyse und Optimierung des Working Capital in Supply Chains. Eul Verlag.
PricewaterhouseCoopers (2015) Deutsche Unternehmen kommen beim Working Capital nicht vom Fleck. http://www.pwc.de/de/pressemitteilungen/2015/deutsche-unternehmen-kommen-beim-working-capital-nichtvom-fleck.html.
Roland Berger Strategy Consultants, Creditreform (2013): Cash for Growth – Wachstum finanzieren – Working Capital optimieren. in: http://www.rolandberger.de/media/pdf/Roland_Berger_Working_Capital_Management_20131122.pdf.
Siemens Financial Services (2017) Finetrading - Instrument zur Reduzierung der Kapitalbindung, in: https://www.scope-online.de/dienstleistungen/finetrading-zur-reduzierung-der-kapitalbindung.htm.

Sure, M. (2014) Working Capital Management, Empirische Analyse der Gestaltungsfaktoren des Working Capital und seiner Komponenten. Springer Gabler.
Volkart, R. (2011) Corporate Finance. Grundlagen von Finanzierung und Investition. Versus.

Integration ökologischer Parameter in das Reverse Network Design

Axel Tuma[1], Lukas Meßmann[2]

Abstract

Gegenstand der Arbeit ist die Analyse länderübergreifender Rücknahmenetzwerke für Elektroaltgeräte (EAG) unter Berücksichtigung ökonomischer und ökologischer Zieldimensionen. Hierzu wird das Netzwerkmodell eines europäischen IT-OEMs um ökologische Parameter erweitert, die auf der LCIA-Methode *ReCiPe* basieren. Die Analyse umfasst aus der WEEE-Richtlinie und der Abfallverbringungsverordnung abgeleitete legislative Szenarien sowie unterschiedliche Aufkommensmengen. Die resultierenden Forschungsfragen werden anhand vier zentraler Erkenntnisse beantwortet, die sich auf die Aufkommensmenge, den Grad rechtlicher Einschränkungen sowie die Abwägung zwischen Transport- und Baukosten bzw. -umweltauswirkungen beziehen.

1. Einleitung

Die EU-Richtlinie zu WEEE (Waste Electric and Electronic Equipment) (EU 2012) verpflichtet Hersteller von IT-Geräten, diese nach der Nutzungsphase zurückzunehmen und aufzubereiten. Sie ist somit ein wichtiger Treiber für die Etablierung von Kreislaufwirtschaftssystemen. Neben gesetzlichen Verpflichtungen lassen sich auch relevante ökonomische und ökologische Gründe für die Rückführung von Produkten und Rohstoffen in die Wertschöpfungskette identifizieren. So stellt der Wiederverkaufswert gut erhaltener Elektro- und Elektronikaltgeräte (EAG) sowie der Anteil wertvoller Metalle ein entsprechendes wirtschaftliches Potential dar. Aus ökologischer Sicht reduziert eine Wiederverwendung den mit der Primärproduktion und der Produktion von elektronischen Bauteilen induzier-

---

[1] Prof. Dr. Axel Tuma, Professor, Lehrstuhl für Production & Supply Chain Management, Universität Augsburg
[2] Lukas Meßmann, Wissenschaftlicher Mitarbeiter, Lehrstuhl für Production & Supply Chain Management, Universität Augsburg

© Springer Fachmedien Wiesbaden GmbH, ein Teil von Springer Nature 2018
I. Dovbischuk et al. (Hrsg.), *Nachhaltige Impulse für Produktion und Logistikmanagement*, https://doi.org/10.1007/978-3-658-21412-8_16

ten ökologischen Fußabdruck. Vor diesem Hintergrund werden Kreislaufwirtschaftssysteme (Closed-Loop Supply Chains) als nachhaltig per se wahrgenommen (Quariguasi Frota Neto et al. 2010)

Gleichzeitig gibt es einen großen Forschungsbedarf, ökologischen Nutzen und Grenzen von Closed-Loop Supply Chains zu bewerten. Stindt (2017) bietet einen umfassenden Überblick zu Literatur aus dem Bereich des nachhaltigen Supply Chain Managements, geht dabei besonders auf in der Literatur verwendete quantitative Methoden ein und präsentiert ein Rahmenwerk für nachhaltige Entscheidungsfindung. Brandenburg et al. (2014) sowie Ansari und Kant (2017) betonen den häufig qualitativen Charakter bisheriger Forschung und identifizieren einen Bedarf hinsichtlich quantitativer Methoden.

Die Minimierung ökologischer Auswirkungen wird insbesondere im Kontext des (Closed-Loop) Supply Chain Managements häufig mit der Minimierung des CO_2-Ausstoßes gleichgesetzt. So verfolgen beispielsweise Bing et al. (2014), Zohal und Soleimani (2016), Chen et al. (2017) oder Nurjanni et al. (2017) das Ziel der Treibhausgasminimierung. Die europäische Umweltpolitik (EU 2008) zeigt eine weit größere Auswahl ökologischer Ziele auf. Neben der Vermeidung unnötigen Ressourcenverbrauchs stehen die Auswirkungen auf menschliche Gesundheit und Ökosysteme im Vordergrund, die wiederum von einer Vielzahl von Indikatoren, beispielsweise Versauerung, Landnutzung und -transformation oder Gewässereutrophierung, beeinflusst werden. Die bislang am weitesten entwickelte und anerkannteste Methode, um genannte Faktoren aggregiert zu betrachten, ist das Life Cycle Assessment (LCA) oder Ökobilanzierung (Europäische Kommission 2010). Azapagic and Clift (1999) wenden LCA im Rahmen einer Fallstudie im Bereich der Borproduktion an und integrieren die Ergebnisse als Koeffizienten in ein mehrkriterielles Optimierungsmodell, wobei auch hier der Fokus auf der Treibhausgasminimierung liegt. Dasselbe gilt für die Supply-Chain-Optimierung von Zhang et al. (2014). Hugo and Pistikopoulos (2005) dagegen integrieren LCA-basierte Umweltparameter in ein Standort- und Kapazitätsproblem. Eine nennenswerte Zahl von Studien verwendet LCAs, um Umweltaspekte im Bereich der Biokraftstoffproduktion (z.B. Santibañez-Aguilar et al. 2014, Murillo-Alvardo et al. 2015, Cambero et al. 2016, Ren et al. 2016) oder anderer produktspezifischer vorwärtsgewandter Wertschöpfungsketten zu adressieren.

Vor diesem Hintergrund wird in der vorliegenden Arbeit ein Optimierungsmodell zur Gestaltung eines europäischen Rücknahme- und Aufbereitungsnetzwerks für Elektroaltgeräte erstellt und mit einem Solver gelöst. Dabei werden unterschiedliche legislative Szenarien und Aufbereitungsmengen betrachtet. Letztere hängen dabei im Wesentlichen von der Unternehmensgröße ab. Um dem europäischen Rahmen Rechnung zu tragen, wird dabei insbesondere auf die rechtlichen

Implikationen der EU-Richtlinie zu WEEE (EU 2012) sowie der europäischen Abfallverbringungsverordnung (EU 2006) eingegangen. Die ökologische Bewertung erfolgt auf Basis von LCA-Daten.

Das Ziel dieser Arbeit ist daher die Beantwortung der folgenden Forschungsfragen:

- *Welche Auswirkungen haben Aufkommensmenge und rechtliche Gegebenheiten auf die ökonomische und ökologische Bewertung von EAG-Aufbereitungsnetzwerken?*
- *Welche Konflikte oder Kongruenzen bestehen zwischen ökonomischer und ökologischer Zieldimension?*

Die Arbeit untergliedert sich in die Beschreibung eines prototypischen Rücknahmenetzwerks für EAG (Reverse Network Design), sowie die Analyse und die Diskussion unterschiedlicher legislativer Szenarien und Aufkommensmengen.

2. Reverse Network Design

Zur Beantwortung der skizzierten Forschungsfragen wird das von Nuss, Stindt, Sahamie und Tuma (Nuss et al. 2016) entwickelte Reverse-Network-Design-Modell zur Analyse der Auswirkung verschiedener legislativer Szenarien im Rahmen einer Neugestaltung der europäischen Abfallverbringungsverordnung um ökologische Zieldimensionen erweitert. Das gemischt-ganzzahlige Optimierungsmodell basiert auf dem Praxisfall eines OEMs, der ein europäisches Rücknahmenetz für Elektroaltgeräte im B2B-Bereich evaluiert. Im Rahmen dieser Arbeit werden die ökonomischen Parameter um entsprechende ökologische, LCA-basierte ergänzt.

2.1. Beschreibung des ökonomischen Modells

Das ökonomische Basismodell ist aus der Perspektive eines europaweit agierenden OEMs formuliert, der gemäß der EU-Richtlinie zu WEEE (EU 2012) verpflichtet ist, Altgeräte zu sammeln und aufzubereiten. Hierzu werden Altgeräteaufkommen aus 26 Mitgliedstaaten der Europäischen Union (ohne Zypern und Bulgarien aufgrund fehlender Daten) betrachtet. Aus Komplexitätserwägungen werden die von Nuss et al. (2016) erhobenen Daten (NUTS-2) auf NUTS-1-Ebene (entspricht für Deutschland Bundesländern) aggregiert. Die prinzipiellen Modellvariablen betreffen folgende Entscheidungen:

- In welchen NUTS-1-Regionen führt der OEM die Sammlung von Altgeräten selbst durch, in welchen beauftragt er einen Logistikdienstleister?
- In welchen Regionen werden Sammelzentren (SZ) errichtet?
- In welchen Regionen werden Aufbereitungszentren (AZ) errichtet?
- Welche Technologie (einfache Trennung verwertbarer/nicht verwertbarer Fraktionen, Selektion nach Verwertungsoption [Recycling, Retrieval/Remanufacturing,]) wird in den regionalen SZ implementiert?
- Welche Technologie wird in den AZ implementiert (Demontage, Retrieval/Remanufacturing)?
- Welche Geräte werden direkt an den SZ an Drittverwerter verkauft, welche erst nach einer potentiellen Aufbereitung?
- Welche Stoffströme entstehen als Resultat der genannten Entscheidungen zwischen Aufkommensregionen, Sammel- und Aufbereitungszentren?

Die Zielfunktion beschreibt das Ergebnis aus Sicht des OEMs. Die Nebenbedingungen berücksichtigen Netzwerkflussbedingungen sowie die legislativen Szenarien. Das ökonomische Basismodell ist im Appendix beschrieben.

2.2. Ökologische Modellerweiterung (LCA)

Zur ökologischen Bewertung des vorgestellten Reverse-Network-Modells werden analog zu den zentralen ökonomischen Parametern (Erlöse, fixe und variable Kosten) ökologische Parameter definiert (vgl. Tab. 1). Die ökologischen Erlöse repräsentieren Umweltauswirkungen der durch das Rücknahmenetzwerk vermiedenen Primärproduktion, bewertet durch das Life Cycle Impact Assessment.

Die Modellierung der notwendigen Prozesse zur Bewertung der ökologischen Parameter wird in SimaPro 8.0.5 mit Anbindung an EcoInvent v3 durchgeführt. Stellvertretend für Elektroaltgeräte wird ein Desktopcomputer modelliert. Die Ergebnisse des Life Cycle Impact Assessments (LCIA) werden mittels der Methode *ReCiPe 1.12* auf einen Endwert (*endpoint*) aggregiert. Da im Falle der ökologischen Zielfunktion ein OEM-seitiges Recycling im Verhältnis zur Inanspruchnahme eines spezialisierten Dienstleisters nicht sinnvoll erscheint, werden zusätzliche Nebenbedingungen eingeführt, die entsprechende Technologien beim OEM ausschließen.

Ökonomische Parameter	Analog: Ökologische Parameter	Erläuterung
erl^{SZ}	$prim_r^{SZ}$	Umweltauswirkungen der durch den Verkauf an entsprechende Dienstleister (sowie stoffliche Verwertung durch diese) an den SZ in Region r vermiedenen Primärproduktion
erl_q^{AZ}	$prim_q^{AZ}$	Umweltauswirkungen der durch die Verwertung der Sekundärprodukte/-rohstoffe an AZ vermiedenen Primärproduktion, abhängig von Qualität q
fk_a^{SZ}	fu_a^{SZ}	Umweltauswirkungen der Errichtung von SZ mit Technologie a
fk_b^{AZ}	fu_b^{AZ}	Umweltauswirkungen der Errichtung von AZ mit Technologie b
vk^{NS}	vu_r^{NS}	Umweltauswirkungen von Abholungs- und Recyclingprozessen des Dienstleisters (Nicht-Sammlung) in Region r
vk^{ents}	vu_r^{ents}	Umweltauswirkungen einer Entsorgung in Region r
vk_a^{SZ}	vu_{ra}^{SZ}	Umweltauswirkungen von Sortier- bzw. Inspektionsprozessen in SZ der Region r, abhängig von Technologie a
vk_q^{AZ}	vu_{rq}^{AZ}	Umweltauswirkungen von Recycling- bzw. Aufbereitungsprozessen in AZ der Region r, abhängig von Qualität q
vk^Π bzw. vk^π	–	Keine ökologische Entsprechung
sk und tk	tu	Umweltauswirkungen des Transports

Tab 1: Ökologische Parameter und ihre ökonomischen Pendants

2.3. Szenarien

Analog zu Nuss et al. (2016) werden 20 Szenariokombinationen definiert, die sich aus vier Mengen- und fünf legislativen Szenarien zusammensetzen: Die Mengenszenarien MS1, MS2, MS3 und MS4 repräsentieren hierbei 0,8%, 1,6%, 2,4% und 3,2% des europäischen Aufkommens an EAG (Eurostat 2017) und tragen somit Herstellern unterschiedlicher Größe und damit auch unterschiedlich hohen Rücknahmeverpflichtungen Rechnung. Die legislativen Szenarien (LS) repräsentieren unterschiedliche Gesetzgebungen bzw. herstellerseitige Schlussfolgerungen in Bezug auf die Abfallverbringungsverordnung. Diese regelt die grenzüberschreitende Abfallverbringungen, an denen EU-Staaten beteiligt sind (EU 2006, Eurostat 2014). Die fünf legislativen Szenarien werden durch zusätzliche Nebenbedingungen im Modell umgesetzt (s. Appendix).

Im ersten Szenario (LS1) scheuen Hersteller den bürokratischen Aufwand sowie die rechtliche Unsicherheit, die mit einer grenzüberschreitenden Abfallverbringung einhergehen. Sammlung und Aufbereitung finden somit nur auf nationaler Ebene statt. Im LS2 besteht die Möglichkeit, in Sammelzentren gesammelte Mengen an EAG für den grenzüberschreitenden Transport zu notifizieren, was mit einmaligen Kosten pro notifiziertem Land einhergeht. Im LS3 besteht diese Möglichkeit ebenso, allerdings werden für die hochwertige Aufbereitung bestimmte Geräte nicht als Abfall klassifiziert und müssen somit nicht notifiziert werden. Im vierten Szenario (LS4) besteht zusätzlich die Möglichkeit, ganze Regionen für eine grenzüberschreitende Sammlung zu notifizieren, was mit einmaligen Kosten pro notifizierter Region einhergeht. Im letzten untersuchten Szenario (LS5) werden alle mit der Sammlung bzw. Verbringung von Altgeräten verbundenen Einschränkungen aufgehoben.

3. Szenarienanalyse und Diskussion

Das entwickelte gemischt-ganzzahlige Optimierungsmodell wird in IBM ILOG CPLEX Optimization Studio 12.6.1.0 implementiert und mit ökonomischer und ökologischer Parametrisierung jeweils für alle 20 Szenariokombinationen gelöst. Durchgeführt wird die Optimierung auf einem Intel(R) Xeon(R) E5-2690 (64 Bit) mit 8x2,90 GHz und 64 GB RAM, wobei die Laufzeit je nach Szenario und Parametrisierung zwischen 70 und 4.860 Sekunden beträgt. Ohne Aggregation auf NUTS-1-Regionen ist das Modell mit ökologischer Parametrisierung nicht mit praktikabler Rechenzeit lösbar. Die Szenarienanalyse und der Vergleich zwischen ökologischen und ökonomischen Ergebnissen ergeben folgende prinzipiellen Erkenntnisse:

- Je größer der OEM (d.h. je größer das Mengenszenario), desto profitabler das Rücknahmenetzwerk. Das gilt für alle legislativen Szenarien sowie für beide Zieldimensionen.
- In den restriktiveren Szenarien LS1, LS2 und LS3 werden im ökologischen Fall deutlich mehr SZ als im ökonomischen errichtet. Da in diesen Szenarien die Sammlung von EAG in einem Land auch mindestens ein SZ erfordert, geht eine Erweiterung des Netzwerks um weitere Länder in den meisten Fällen auch mit einer Erhöhung der Zahl der SZ einher (s. Abb. 1).
- In den weniger restriktiven Szenarien LS4 und LS5, in denen eine grenzüberschreitende Sammlung erlaubt ist, ist es jedoch umgekehrt. Hier ist die Zahl der SZ bei ökonomischer Optimierung größer als bei ökologischer (Abb. 1). Grund hierfür ist, dass die Transportkosten einen größeren Anteil an den Gesamtkosten haben als die Umweltauswirkungen des Transports an den Gesamtumweltauswirkungen. Dadurch können im ökologischen Fall bei erlaubter transnationaler Sammlung (LS4 und LS5) größere Transportwege in Kauf genommen werden, wodurch wiederum auf die Errichtung zusätzlicher SZ samt verbundener Umweltauswirkungen verzichtet werden kann. Das steht im Widerspruch zur verbreiteten Meinung, eine Minimierung der Transportwege sei gleichbedeutend mit einer Verringerung der Umweltauswirkungen.

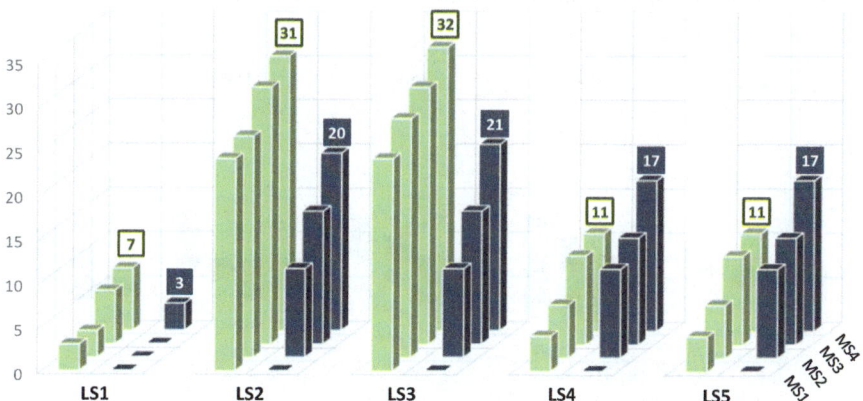

Abb.1: Zahl der errichteten SZ für ■ ökol. und ■ ökon. Optimierung nach LS und MS

- Die Auswertung der Zielfunktionswerte knüpft an die obigen Erkenntnisse an, nach der sich aus ökologischer Sicht die herstellerseitige Sammlung bereits bei kleineren Mengen lohnt. Abb. 2 zeigt, wie sich ökologische bzw. ökonomische Ergebnisse für beide Zieldimensionen verhalten. So führt beispielsweise in LS3 + MS3 das ökonomisch optimierte Netzwerk zu einem Gewinn von circa 4,5 Mio. € (Ⓐ) und zu ökologischen Einsparungen in Höhe von 21,1 Mio. Pt (Ⓑ), während die ökologische Optimierung zu einem Ergebnis von -4,2 Mio. € (Ⓒ) und ökologischen Einsparungen von 21,9 Mio. Pt. (Ⓓ) führt. Es wird deutlich, dass sich der Wert der ökologischen Einsparung in relaxierten legislativen Szenarien mit höheren Aufkommensmengen für ökologische und ökonomisch optimale Netzwerke annähert. D.h. je weniger restriktiv das Szenario und je größer die Aufkommensmenge, desto näher kommt die ökonomische Optimierung auch an das ökologisch optimale Ergebnis heran. Umgekehrt gilt das jedoch nicht. Das ökologisch optimale Netzwerk schneidet in den meisten Fällen wirtschaftlich sehr viel schlechter ab als ein auf Gewinnmaximierung ausgerichtetes. Insbesondere in den Szenarien LS2 bis LS5 werden geringe ökologische Verbesserungen zu hohen Kosten erkauft.

Dennoch können Aufbereitungsnetzwerke je nach Menge und Restriktion sowohl ökologisch als auch wirtschaftlich vorteilhaft sein. Die Frage ist für die meisten Szenariokombinationen also nicht ob, sondern wie ein solches Netzwerk gestaltet werden sollte. Entscheider müssen hierfür Zugriff auf adäquate Entscheidungshilfemodelle besitzen, um Trade-Offs identifizieren zu können.

Abb. 2: Diskrepanz des ökol. Ergebnisses (in Mio. Pt.) bzw. ökon. Ergebnisses (in Mio. €) bei ökol. bzw. ökon. Optimierung

Diese Erkenntnisse spiegeln sich auch in der Menge wieder, die vom Hersteller direkt anstatt durch ein Drittunternehmen gesammelt wird. So entsteht bereits im ökologisch optimalen Fall in LS1 + MS1 jeweils ein SZ in Deutschland, Frankreich und dem Vereinigten Königreich, wodurch bereits mehr als 45% des gesamten Aufkommens gesammelt werden kann. Ab LS2 erhöht sich die Sammelquote bereits auf über 99%, in LS4 wird das gesamte Aufkommen gesammelt. Im ökonomisch optimalen Fall hingegen lohnt sich eine herstellerseitige Sammlung in LS1 erst ab sehr hohen Sammelmengen (da eine vollständig an Drittunternehmen vergebene Sammlung zu noch höheren Kosten führen würde). Hier werden drei Sammelzentren in Deutschland errichtet, wodurch lediglich das deutsche Aufkommen gesammelt wird, was 18% des gesamten europäischen Aufkommens entspricht. Selbst in LS4 und LS5 werden Sammelquoten von über 90% erst ab MS2 erreicht. Abb. 3 und Abb. 4 zeigen die resultierende Netzwerkstruktur für zwei Szenarien und beide Zieldimensionen.

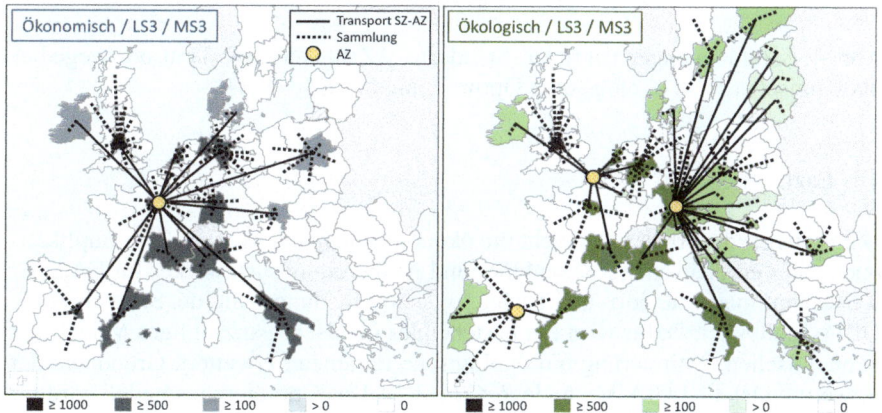

Abb. 3: Sammelmengen (in t), SZ-Standorte, AZ-Standorte & Transportwege bei ökonomischer bzw. ökologischer Optimierung in LS3 + MS3

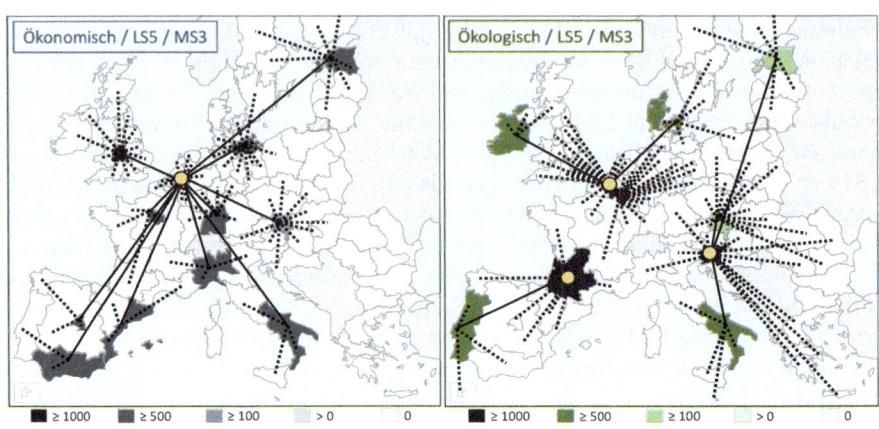

Abb. 4: Sammelmengen (in t), SZ-Standorte, AZ-Standorte & Transportwege bei ökonomischer bzw. ökologischer Optimierung in LS5 + MS3

4. Fazit

Die vorliegende Arbeit untersucht die ökonomischen und ökologischen Implikationen eines europäischen Rücknahme- und Aufbereitungsnetzwerkes für EAG. Es werden optimale Standort- und Technologieentscheidungen aus der Sicht eines IT-OEMs analysiert. Dafür wird ein bestehendes gemischt-ganzzahliges Modell zur ökonomischen Optimierung um ökologische Parameter erweitert. Grundlage der Bewertung ist die LCIA-Methode *ReCiPe 1.12*. Das Optimierungsmodell wird für zwei Zieldimensionen (ökonomisch, ökologisch) in 20 Szenariokombinationen (fünf legislative und vier Mengenszenarien) gelöst. Ziel der Arbeit ist die Beantwortung der folgenden Forschungsfragen:

- *Welche Auswirkungen haben Aufkommensmenge und rechtliche Gegebenheiten auf die ökonomische und ökologische Bewertung von EAG-Aufbereitungsnetzwerken?*
- *Welche Konflikte oder Kongruenzen bestehen zwischen ökonomischer und ökologischer Zieldimension?*

In der Szenarienanalyse lassen sich vier zentrale Erkenntnisse identifizieren, anhand derer sich die Forschungsfragen beantworten lassen: 1) Höhere EAG-Aufkommensmengen führen sowohl aus ökologischer als auch aus ökonomischer

Sicht zu bessern Zielfunktionswerten. 2) Aus ökologischer Sicht lohnt sich der Betrieb eines Netzwerkes gegenüber der Sammlung und Verwertung durch Drittanbieter bereits bei deutlich kleineren Mengen. 3) Im ökologischen Fall sind größere Transportwege dem Bau zusätzlicher Sammelzentren vorzuziehen. 4) Ökonomisch optimale Netzwerke besitzen in rechtlich wenig restriktiven Szenarien und bei großen Aufkommensmengen auch große ökologische Vorteile, während tatsächliche ökologische Optimalität mit wirtschaftlichen Verlusten einhergeht.

Insbesondere der letztgenannte Punkt zeigt den Bedarf nach weitergehender Forschung auf. Mehrkriterielle Optimierungsmodelle und -methoden (bspw. ε-Constraint, Goal Programming) müssen für den spezifischen Fall europäischer Aufbereitungsnetzwerke für EAG evaluiert und auf diesen angewendet werden. Sie können Entscheidungsträgern helfen, die Auswirkungen auf die Umwelt abzuschätzen sowie Zielkongruenzen und Trade-Offs zu identifizieren.

Literatur

Ansari ZN & Kant R (2017) A state-of-art literature review reflecting 15 years of focus on sustainable supply chain management. Journal of Cleaner Production, 142(4): 2524-2543.

Azapagic A, Clift R (1999) Life cycle assessment and multiobjective optimization. Journal of Cleaner Production 7(2): 135-143.

Bing X, Bloemhof-Ruwaard JM, van der Vorst, Jack GAJ (2014) Sustainable reverse logistics network design for household plastic waste. Flexible Service Manufacturing Journal 26(1-2): 119-142.

Brandenburg M, Govindan K, Sarkis J, Seuring S (2014) Quantitative models for sustainable supply chain management: developments and directions. European Journal of Operational Research 233(2): 299-312.

Cambero C, Sowlati T, Pavel M (2016) Economic and life cycle environmental optimization of forest-based biorefinery supply chains for bioenergy and biofuel production. Chemical Engineering Research and Design 107: 218-235.

Capitanescu F, Rege S, Marvuglia A, Benetto E, Ahmadi A, Navarrete Gutiérrez T, Tiruta-Barna L (2016) Cost versus life cycle assessment-based environmental impact optimization of drinking water production plants. Journal of Environmental Management 177: 278-287.

Chen Y, Wang L, Wang A, Chen T (2017) A particle swarm approach for optimizing a multi-stage closed loop supply chain for the solar cell industry. Robotics and Computer-Integrated Manufacturing 43: 111-123.

Europäische Kommission (2010) International Reference Life Cycle Data System (ILCD) Handbook - General guide for Life Cycle Assessment - Detailed guidance. Publications Office, Luxembourg

Europäische Union (2006) Verordnung (EG) Nr. 1013/2006 des Europäischen Parlaments und des Rates vom 14. Juni 2006 über die Verbringung von Abfällen. ABl. L 190 vom 12.07.2006.

Europäische Union (2008) Richtlinie 2008/98/EG des Europäischen Parlaments und des Rates vom 19. November 2008 über Abfälle und zur Aufhebung bestimmter Richtlinien., OJ L 312 vom 22.11.2008, 3-30.

Europäische Union (2012) Richtlinie 2012/19/EU des Europäischen Parlaments und des Rates vom 4. Juli 2012 über Elektro- und Elektronik-Altgeräte. ABl. L 197 vom 24.07.2012, 38-71.

Eurostat (2014) Grenzüberschreitende Abfallverbringung. http://ec.europa.eu/eurostat/de/web/waste/transboundary-waste-shipments. Zugriff: 15. Dezember 2017.

Eurostat (2017) Waste statistics - electrical and electronic equipment. http://ec.europa.eu/eurostat/statistics-explained/index.php/Waste_statistics_-_electrical_and_electronic_equipment. Zugriff: 15. Dezember 2017.

Gan VJL, Cheng JCP, Lo IMC (2016) Integrating life cycle assessment and multi-objective optimization for economical and environmentally sustainable supply of aggregate. Journal of Cleaner Production 113: 76-85.

Hugo A, Pistikopoulos EN (2005) Environmentally conscious long-range planning and design of supply chain networks. Journal of Cleaner Production 13(15): 1471-1491.

Murillo-Alvarado PE, Guillén-Gosálbez G, Ponce-Ortega JM, Castro-Montoya AJ, Serna-González M, Jiménez L (2015) Multi-objective optimization of the supply chain of biofuels from residues of the tequila industry in Mexico. Journal of Cleaner Production 108(A): 422-441.

Nurjanni KP, Carvalho MS, Costa L (2017) Green supply chain design: A mathematical modeling approach based on a multi-objective optimization model. International Journal of Production Economics 183: 421-432.

Nuss C, Stindt D, Sahamie R, Tuma A (2016) Eine quantitative Analyse europäischer Richtlinien und Verordnungen zur Abfall- und Kreislaufwirtschaft am Beispiel der Elektro- und Elektronikindustrie: Implikationen und Empfehlungen für eine transnationale Umweltpolitik. Zeitschrift für Umweltpolitik & Umweltrecht 39(1): 37-69.

Park SY, Egilmez G, Kucukvar M (2016) Emergy and end-point impact assessment of agricultural and food production in the United States: A supply chain-linked Ecologically-based Life Cycle Assessment. Ecological Indicators 62: 117-137.

Quariguasi Frota Neto J, Walther G, Bloemhof J, van Nunen J, Spengler T (2009) A methodology for assessing eco-efficiency in logistics networks. European Journal of Operational Research 193(3): 670-682.

Quariguasi Frota Neto J, Walther G, Bloemhof J, van Nunen J, Spengler T (2010) From closed-loop to sustainable supply chains: the WEEE case. International Journal of Production Research 48(15): 4463-4481.

Ren J, An D, Liang H, Dong L, Gao Z, Geng Y, Zhu G, Song S, Zhoa W (2016) Life cycle energy and CO_2 emission optimization for biofuel supply chain planning under uncertainties. Energy 103: 151-166.

Santibañez-Aguilara JE, González-Campos JB, Ponce-Ortega, JM, Serna-González M, El-Halwagi MM (2014) Optimal planning and site selection for distributed multiproduct biorefineries involving economic, environmental and social objectives. Journal of Cleaner Production 65: 270-294.

Stindt D (2017) A generic planning approach for sustainable supply chain management-How to integrate concepts and methods to address the issues of sustainability? Journal of Cleaner Production 153: 146-163.

Taskhiri MS, Garbs M, Geldermann J (2016) Sustainable logistics network for wood flow considering cascade utilization. Journal of Cleaner Production 110: 25-39.

Zhang Q, Shah, N, Wassick J, Helling R, van Egerschot, P (2014) Sustainable supply chain optimization: An industrial case study. Computers & Industrial Engineering 74: 68-83.

Zohal M, Soleimani H (2016) Developing an ant colony approach for green closed-loop supply chain network design: a case study in gold industry. Journal of Cleaner Production 133: 314-337.

Appendix

Indexmengen:

$L = \{1 \dots N_l\}$ Länder, $|L| = 26$
$R = \{1 \dots N_r\}$ Regionen, $|R| = 92$
$Q = \{1 \dots N_q\}$ Qualitätsstufen des Aufkommensstroms, $|Q| = 2$
$A = \{1 \dots N_a\}$ Technologien in Sammelzentren, $|A| = 2$
$B = \{1 \dots N_b\}$ Technologien in Aufbereitungszentren, $|B| = 2$

Allgemeine Daten:

$allok_{rl}$ 1, wenn Region r ($r \in R$) zu Land l ($l \in L$) gehört, 0 sonst
d_{rs} Distanz zwischen den Regionen r und s ($r, s \in R$)
$aufk_r$ Aufkommen an EAG (in kg) in Region r ($r \in R$)
ant^{ents} Anteil an Nicht-EAG, der im SZ entsorgt werden muss
ant_{aq} Anteil an EAG, der im Sammelzentrum mit der Technologie a ($a \in A$) der Qualitätsstufe q ($q \in Q$) zugeordnet werden kann
$BigM$ Ausreichend große Zahl

Ökonomische Parameter:

sk Kosten für die Sammlung von EAG und den Transport zu einem SZ
tk Kosten für den Transport von EAG von SZ zu AZ
erl_q^{SZ} Erlöse für aufbereitete EAG der Qualitätsstufe q ($q \in Q$) im SZ bei Verkauf an Drittunternehmen
erl_q^{AZ} Erlöse für aufbereitete EAG der Qualitätsstufe q ($q \in Q$) im AZ
vk^{NS} Variable Kosten bei Nichtsammlung (Abholung und Verwertung durch Drittunternehmen)
vk^{ents} Variable Kosten für die Entsorgung in SZ
vk_a^{SZ} Variable Kosten für die Sortierung bzw. Inspektion von EAG in SZ
vk_q^{AZ} Variable Kosten für Recycling bzw. hochwertige Aufbereitung von EAG mit Qualitätsstufe q ($q \in Q$) in AZ
fk^{Π} / fk^{π} Kosten für die Notifizierung (Länder bzw. Regionen)
fk_a^{SZ} Fixe Kosten für ein SZ mit Technologie a ($a \in A$)
fk_b^{AZ} Fixe Kosten für ein AZ mit Technologie b ($b \in B$)

Entscheidungsvariablen:

$O_{ra}^{SZ} \in \{0,1\}$ — Öffnung eines SZ in Region r ($r \in R$) mit Technologie a ($a \in A$)

$O_{rb}^{AZ} \in \{0,1\}$ — Öffnung eines AZ in Region r ($r \in R$) mit Technologie b ($b \in B$)

$\Pi_{lm} / \pi_{rs} \in \{0,1\}$ — Notifizierung von Land l nach Land m ($l, m \in L$) bzw. von Land r nach Land s ($r, s \in R$) (abhängig vom legislativen Szenario)

$W_{rs} \in \{0,1\}$ — Sammlung des gesamten Aufkommens in Region r und Transport nach Region s ($r, s \in R$)

$\Delta_r^W \in \{0,1\}$ — Sammlung und Verwertung des gesamten Aufkommens in Region r ($r \in R$) durch Drittunternehmen

X_{ra} — Menge an Altprodukten, welche in SZ in Region r ($r \in R$) mit SZ-Technologie a ($a \in A$) sortiert wird

Z_{rsq} — Menge an Altprodukten der Qualitätsstufe q ($q \in Q$), die von SZ in Region r nach AZ in Region s ($r, s \in R$) transportiert wird

Δ_{rq}^Z — Menge an Altprodukten der Qualitätsstufe q ($q \in Q$) aus SZ in Region r ($r \in R$), die von Drittunternehmen verwertet wird

Zielfunktion:

maximiere

$= \sum_{r \in R} \sum_{s \in R} \sum_{q \in Q} Z_{rsq} erl_q^{AZ}$ — Erlöse in AZs

$+ \sum_{r \in R} \sum_{q \in Q} \Delta_{rq}^Z erl^{SZ}$ — Erlöse in SZs

$- \sum_{r \in R} \sum_{s \in R} \sum_{q \in Q} Z_{rsq} vk_q^{AZ}$ — Variable Kosten in AZs

$- \sum_{r \in R} \sum_{a \in A} X_{ra} vk_a^{SZ}$ — Variable Kosten in SZs

$- \sum_{r \in R} \sum_{b \in B} O_{rb}^{AZ} fk_b^{AZ}$ — Fixkosten für AZs

$- \sum_{r \in R} \sum_{a \in A} O_{ra}^{SZ} fk_a^{SZ}$ — Fixkosten für SZs

$- \sum_{r \in R} \Delta_r^W aufk_r vk^{NS}$ — Kosten für Fremdsammlung

$- \sum_{r \in R} \sum_{a \in A} X_{ra} ant^{ents} vk^{ents}$ — Kosten für Entsorgung

$- \sum_{r \in R} \sum_{s \in R} W_{rs} aufk_r d_{rs} sk$ — Transportkosten für Sammlung

$- \sum_{r \in R} \sum_{s \in R} \sum_{q \in Q} Z_{rsq} d_{rs} tk$ — Transportkosten von SZ zu AZ

$- \sum_{l \in L} \sum_{m \in L} \Pi_{lm} fk^{\Pi}$ — Notifizierungskosten für transnationalen Transport (nur legislative Szenarien 2, 3, 4)

$- \sum_{r \in R} \sum_{s \in S} \pi_{rs} fk^{\pi}$ — Notifizierungskosten für transnationale Sammlung (nur legislatives Szenario 4)

Nebenbedingungen:

(I) $\quad \sum_{s \in R} W_{rs} \leq 1 \qquad \forall\, r \in R$

(II) $\quad \Delta_r^W + \sum_{s \in R} W_{rs} = 1 \qquad \forall\, r \in R$

(III) $\quad W_{rr} = \sum_{a \in A} O_{ra}^{SZ} \qquad \forall\, r \in R$

(IV) $\quad \sum_{a \in A} X_{sa} = (1 - \Delta_s^W) aufk_s \qquad \forall\, s \in R$
$\quad\quad\; + \sum_{r \in R} W_{rs} aufk_r$
$\quad\quad\; - \sum_{t \in R} W_{st} aufk_s$

(V) $\quad \Delta_{rq}^Z + \sum_{s \in R} Z_{rsq} = \sum_{a \in A} X_{ra}\, ant_{aq} \qquad \forall\, r \in R, \forall\, q \in Q$

(VI) $\quad \Delta_{rq}^Z + \sum_{s \in R} Z_{rsq} = \sum_{a \in A} O_{ra}^{SZ}\, BigM \qquad \forall\, r \in R, \forall\, q \in Q$

(VII) $\quad W_{rs} \leq \sum_{a \in A} O_{sa}^{SZ} \qquad \forall\, r, s \in R$

(VIII) $\quad W_{rs}\, allok_{rl}\, allok_{sm} = 0 \qquad \forall\, r, s \in R, \forall\, l, m \in L: l \neq m$

(IX) $\quad X_{ra} \leq O_{ra}^{SZ}\, BigM \qquad \forall\, r \in R, \forall\, a \in A$

(X) $\quad Z_{rsq} \leq \sum_{b \in B} O_{sb}^{AZ}\, BigM \qquad \forall\, r, s \in R, \forall\, q \in Q$

(XI) $\quad Z_{rs2} \leq O_{r2}^{AZ}\, BigM \qquad \forall\, r, s \in R$

(XII) $\quad \sum_{a \in A} O_{ra}^{SZ} \leq 1 \qquad \forall\, r \in R$

(XIII) $\quad \sum_{b \in B} O_{rb}^{AZ} \leq 1 \qquad \forall\, r \in R$

Nebenbedingungen (legislative Szenarien):

(LS1) $\quad Z_{rsq}\, allok_{rl}\, allok_{sm} = 0 \qquad \forall\, r, s \in R, \forall\, q \in Q,$
$\qquad\qquad\qquad\qquad\qquad\qquad\qquad \forall\, l, m \in L: l \neq m$

(LS2) $\quad Z_{rsq}\, allok_{rl}\, allok_{sm} \leq \Pi_{lm}\, BigM \qquad \forall\, r, s \in R, \forall\, q \in Q,$
$\qquad\qquad\qquad\qquad\qquad\qquad\qquad \forall\, l, m \in L: l \neq m$

(LS3, LS4) $\quad Z_{rs1}\, allok_{rl}\, allok_{sm} \leq \Pi_{lm}\, BigM \qquad \forall\, r, s \in R, \forall\, l, m \in L: l \neq m$

(LS4) $\quad W_{rs}\, allok_{rl}\, allok_{sm} \leq \pi_{rs}\, BigM \qquad \forall\, r, s \in R, \forall\, l, m \in L: l \neq m$

Supply Chain Event Management in der chemischen Prozessindustrie – Konzeptualisierung einer multiagentenbasierten Referenzlösung

Hendrik Wildebrand[1]

Abstract

Die Multiagententheorie, welche in der Wissenschaft als wesentliches Teilgebiet der verteilten künstlichen Intelligenz betrachtet wird, stellt methodisch eine Möglichkeit zur Umsetzung selbststeuernder SCEM-Softwaresysteme dar. Multiagentenbasierte SCEM-Lösungen werden seit jeher überwiegend für Unternehmen der Automobilindustrie, für Maschinen- und Anlagenbauer sowie für Logistikdienstleister konzeptualisiert. Sie wirken bisher aber nur innerhalb einzelner Subsysteme der jeweiligen Gesamtsysteme. Lösungen für das gesamte Spektrum der Prozessindustrie wie Nahrungsmittel-, Grundstoff-, Kunststoff- und Pharmaproduktion lassen sich entsprechend kaum ausfindig machen. Vor dem Hintergrund dieser Forschungslücke steht nachfolgend die wissenschaftlich begründete Konzeptualisierung einer ganzheitlichen, agentenbasierten SCEM-Referenzlösung für Supply Chains der chemische Prozessindustrie im Fokus.

1. Motivation, Zielsetzung und Methodik

Trotz signifikanter Potenziale, die das Supply Chain Management (SCM) hebt, birgt die systembedingte Steuerungskomplexität innerhalb von Supply Chains strategische, taktische als auch operative Gefahren in sich (Breuer et al. 2013: 322; Waters 2011). Hierdurch wird im schlechtesten Fall der vereinbarte Kunden-Servicelevel nicht mehr erreicht. Ein Abwandern von Abnehmern zur Konkurrenz sowie der Verlust guter Reputation wären mögliche Konsequenzen, die es unbedingt zu vermeiden gilt.

Zwangsläufig wird es deshalb für die Wettbewerbsfähigkeit zunehmend wichtiger, Überwachungs- und Steuerungsmechanismen in Produktions- und Logistiknetzwerke zu implementieren. Seit über 10 Jahren hat eine professionelle

---

[1] Prof. Dr. Hendrik Wildebrand, Professor, Professur für Allgemeine Betriebswirtschaftslehre, Produktions- und Materialwirtschaft, Logistik, Hochschule für Wirtschaft und Recht Berlin

© Springer Fachmedien Wiesbaden GmbH, ein Teil von Springer Nature 2018
I. Dovbischuk et al. (Hrsg.), *Nachhaltige Impulse für Produktion und Logistikmanagement*, https://doi.org/10.1007/978-3-658-21412-8_17

Auseinandersetzung mit diesen Mechanismen in Wissenschaft und Praxis unter dem Begriff „Supply Chain Event Management (SCEM)" stattgefunden (Bensel et al. 2008: 3). SCEM-Lösungen ermöglichen es, Soll-Ist-Abweichungen in Event-Benachrichtigungen zu übersetzen. Zudem besitzen fortschrittliche Lösungen im Fall eines Events auch die Fähigkeit, auf Basis hinterlegter Regeln Handlungsvorschläge zu generieren oder auch Probleme selbstständig zu lösen (Bretzke et al. 2002: 2; Otto 2003: 3; Heusler et al. 2006).

Als Ergebnis der wissenschaftlich-praktischen SCEM-Konzeptentwicklung werden in der Regel Softwarelösungen geschaffen (Tandler 2013: 70; Bensel et al. 2008: 4-6). Softwaresysteme, die auf Ansätzen der Selbststeuerung basieren, spielen hierbei zunehmend eine bedeutende Rolle, denn diese werden als leistungsfähiger Ansatz gesehen, um hochflexible, robuste und rekonfigurierbare Steuerungssysteme für Industrie und Logistik zu realisieren. Die Multiagententheorie, welche in der Wissenschaft als wesentliches Teilgebiet der verteilten künstlichen Intelligenz betrachtet wird, stellt methodisch eine Möglichkeit zur Umsetzung selbststeuernder Softwaresysteme dar (Frey et al. 2003: 11-17). Multiagentenbasierte SCEM-Lösungen werden seit jeher überwiegend für Unternehmen der Automobilindustrie, für Maschinen- und Anlagenbauer sowie für Logistikdienstleister konzeptualisiert. Oft wirken diese Lösungen aber dann nur innerhalb einzelner Subsysteme der jeweiligen Gesamtsysteme. Lösungen für das gesamte Spektrum der Prozessindustrie wie Nahrungsmittel-, Grundstoff-, Kunststoff- und Pharmaproduktion lassen sich entsprechend kaum ausfindig machen. Darüber hinaus weisen diese dann meist nur indirekten SCEM Bezug bei mehrheitlich begrenzter Komplexität auf (García-Flores & Wang 2002: 347). In Wissenschaft und Praxis lässt sich aber mittlerweile im Zuge der Auseinandersetzung mit der Thematik „Industrie 4.0" ein beschleunigter Wechsel in die hier fokussierte Forschungsrichtung beobachten (Pantförder 2014).

Gerade die Prozessindustrie ist hinsichtlich ihres hohen Grades an Komplexität überaus vielfältig ausgeprägt. Einfache Rezepturen sind genauso anzutreffen wie vielschichtige, die in diversen Produktions- und Logistiksystemen hergestellt, gelagert, transportiert sowie umgeschlagen werden. Kontinuierliche Prozessführungen sind ebenso möglich wie bspw. diskontinuierliche, wobei Zwischen- und Endprodukte in sämtlichen Aggregatzuständen vorliegen können (Hemming & Wagner 2017). SCEM-Konzepte auf Basis der Multiagententechnologie sollten das oben kurz angedeutete Spektrum komplexer Prozessführungen beherrschen können.

Vor dem Hintergrund dieser Forschungslücke steht nachfolgend die wissenschaftlich begründete Konzeptualisierung einer agentenbasierten SCEM-Referenzlösung für die chemische Prozessindustrie im Fokus. Zu diesem Zweck werden im zweiten Kapitel zunächst die Besonderheiten der chemischen Prozessindustrie gegenüber der Fertigungs- bzw. Stückgutindustrie kurz herausgearbeitet. Fokussiert wird dann anschließend die mehrstufige Chargenproduktion auf Mehrzweckanlagen aus theoretischer Perspektive, da sie verfahrenstechnisch als auch produktionslogistisch den komplexesten Fall hinsichtlich der innerbetrieblichen und unternehmensübergreifenden Produktionsplanung und -steuerung dieser Branche darstellt. Kapitel 2 schließt mit einer Präsentation der bedeutendsten Störereignisse in der Prozessindustrie ab. Die Konzeptualisierung der Referenzlösung, die insbesondere die Anforderungen einer ad-hoc Bewältigung der in Kapitel 2 aufgezeigten Störereignisse zu erfüllen hat, erfolgt abschließend im dritten Kapitel.

Im Weiteren wird auf Ausführungen zur Agententheorie verzichtet, da zu Agenteneigenschaften, zur Kommunikation und zum strukturellen Aufbau von Multiagentensystemen bereits eine Vielzahl exzellenter Publikationen existiert.

2. Charakteristik der chemischen Prozessindustrie und relevante Events

Wie in Kapitel 1 dargelegt, findet die Implementierung eines SCM einschließlich zugehöriger Methoden und Strategien nicht nur in der Fertigungsindustrie, sondern auch innerhalb der chemischen Prozessindustrie Anwendung (Mailer 2012: 10). Dasselbe gilt auch hinsichtlich der Verschiebungsalternativen des Kundenauftragsentkopplungspunktes (Order Penetration Point) in Abhängigkeit der Prozesskonfiguration bzw. des Kundenintegrationsgrades in Richtung Stock-, Make- und Purchase/Engineer-to-Order, wobei aufgrund des Fehlens wirklicher Montageschritte ein Assemble-to-Order in der Prozessindustrie nicht anzutreffen ist, sofern die Definition des Begriffes „Montage" nicht bis zur Unkenntlichkeit verzerrt wird (Schoner 2008: 29). Auch die funktionale Abgrenzung beider Branchen nach den Phasen des Güterflusses in Beschaffungs-, Produktions-, Distributions- und Entsorgungsfunktion gleicht sich (Mailer 2012). Im Rahmen der nachfolgenden Untersuchungen und Konzeptualisierung wird die Entsorgungsfunktion nicht weiter betrachtet.

Die Prozessführung sowie die dahinterliegenden Planungsaufgaben bzgl. der chemischen Produktion sind aber nicht nur vielfältiger, sondern in den meisten Fällen verfahrenstechnisch auch durchaus hoch komplex und deshalb mit der Stückgutfertigung oft nicht vollständig vergleichbar (Doller & Wölken 2014).

Immer weniger Unternehmen der chemischen Prozessindustrie können aufgrund einer steigenden Produktvielfalt und Kundenindividualisierung auf Lager vorproduzieren. Stattdessen müssen sie zunehmend mit einer flexiblen Produktionsplanung und -steuerung kurzfristig auf eine ständig wechselnde Auftragssituation reagieren. Make-to-Order, Purchase/Engineer-to-Order und auch Just-in-Time bis hin zu Just-in-Sequence stehen in dieser Branche also mittlerweile immer mehr im Fokus (Schoner 2008: 1).

Betrachtet man den Güterfluss innerhalb der Produktionsanlagen, werden beim Make- und Purchase/Engineer-to-Order die Produkte überwiegend in diskontinuierlicher Fahrweise produziert. Die Zutaten werden jeweils einmalig oder zu definierten Zeitpunkten in vorgegebenen Mengen der Produktion hinzugefügt und das Produkt als Ganzes wieder entnommen (Hemming & Wagner 2017).

Die Gesamtheit der in einem Produktionsschritt produzierten Menge wird im Rahmen der diskontinuierlichen Prozessführung als Batch- bzw. Chargenproduktion bezeichnet. Die Chargenproduktion wird insbesondere auf flexibel umrüstbaren Mehrzweckanlagen durchgeführt (Golwalker 2016).

Die kleinste technische Einheit (Bauteil) einer Produktionsanlage wird Anlageteil genannt. Mindestens zwei Anlageteile werden zu einer technischen Einrichtung, auch Anlagekomponente genannt, zusammengefügt. Mindestens zwei Anlagekomponenten bilden wiederum eine Teilanlage. Diese kann zumindest zeitweise selbständig betrieben werden. Teilanlagen, die zueinander in örtlicher Nähe angeordnet sind, bilden eine Produktionsanlage, sofern sie miteinander in prozessualer Verbindung stehen. Eine Produktionslage beinhaltet damit alle Einrichtungen und Bauten zur Durchführung eines Verfahrens. Mehrere Anlagen bilden einen Anlagenkomplex, die sich in einem Produktionswerk befinden (Schoner 2008: 21).

Aufgrund der Diversität der Kundenaufträge und der damit verbundenen Bereitstellung bzw. Vorhaltung von Beständen nach Art, Qualität oder Mengen, sind folglich hohe Lagerhaus- und Lagerhaltungskosten zu erwarten, deren Reduzierung ja Ziel des SCM ist. Insofern wird auch hier vorgeschlagen, ein flexibles, gegen relevante Störungsereignisse robustes, Produktionsnetzwerk zu konfigurieren, um so auch die Bestandslevel der Supply Chain (SC) unternehmensübergreifend gering halten und in letzter Konsequenz auch Kosten reduzieren zu können (Mailer 2012: 27-31). Insofern lässt sich ein Bedarf nach belastbaren SCEM-Lösungen auch für die chemische Prozessindustrie klar konstatieren.

Im Rahmen von Expertenbefragungen wurden die bedeutendsten Hauptauslöser für Störungen in einer SC, gemessen an der Höhe ihrer Eintrittswahrscheinlichkeiten und Schadenswirkungen, identifiziert. Diese sind:

- Material- und Rohstoffengpässe, (kurz-, mittel- und langfristige) Anlagenbzw. Teilanlagenausfälle mit
- vollständiger bzw. teilweiser Reduktion der qualitativen und/oder quantitativen Produktionskapazitäten,

- (kurzfristige) Mengenänderungen,
- (kurzfristige) Terminänderungen,
- Qualitätsprobleme in der Fertigung,
- erforderlich werdende Einplanungen von Eilaufträgen,
- (kurzfristige) Änderungen an den Produktspezifikationen,
- falsche Prognosen sowie
- Störungen der In- und Outbound Logistik von SC-Akteuren im Produktionsnetzwerk (Czaja & Voigt 2009: 7).

Zwangsläufig werden somit SCEM-Konzepte benötigt, mit denen, basierend auf einer Flexibilisierung der Supply Chain-Strukturen und -Prozesse, ein effektives und effizientes Umschichten von Rohstoffen, Zwischenprodukten, aber auch von Endprodukten und Logistikaktivitäten betriebs- bzw. unternehmensintern und unternehmensübergreifend leicht möglich ist. Ein solches Konzept muss zudem gleichermaßen eine alternierende (wechselnde) Ein- und Ausplanung von Produktionsschritten bis hin zu ganzen Produktionsverfahren zwischen den im Netzwerk kooperierenden Akteuren ad-hoc nach Störfalleintritt unterstützen. Die damit verbundene Flexibilisierung der In- und Outbound Logistik zwischen und auf den betroffenen Wertschöpfungsstufen muss die SCEM-Software ebenfalls beherrschen.

Vorab sollte festgelegt werden, welche Unternehmen, neben denen des bereits bestehenden Produktionsnetzwerkes, in die Kooperationsplattform ergänzend zu implementieren sind. Neue Partner, die auf denselben Wertschöpfungsstufen der SC-Akteure mit jeweils gleichen/ähnlichen Produkten und verfahrenstechnischen Anlagen arbeiten, sind in diesem Zusammenhang vorab zu bewerten und anschließend von einer Kooperation zu überzeugen (Wildebrand 2009: 167-181). Ebenfalls kann in diesem Zusammenhang auch über eine Implementierung weiterer Logistikdienstleister entschieden werden. Alternative Produktionsverfahren zur Produktherstellung könnten vorab ebenfalls konfiguriert werden (Wildebrand 2009: 167-181). Insgesamt erhöht sich durch diese Maßnahmen die Anzahl der Entscheidungsalternativen im Fall eines Events, was die Effektivität und Effizienz als auch generell die Chance des Findens einer passenden Notfallstrategie vervielfacht.

3. Konzeptualisierung einer multiagentenbasierten SCEM-Referenzlösung für Supply Chains der chemischen Prozessindustrie

Die nachfolgende Konzeptualisierung der multiagentenbasierten SCEM-Referenzlösung bezieht sich auf Produktionsnetzwerke mit mehrstufiger Chargenproduktionen auf Mehrzweckanlagen der chemischen Prozessindustrie.

Abb. 1 zeigt die Aufbaustruktur des Multiagentensystems einschließlich der Agentenschnittstellen sowie die Schnittstellen der Agenten zu den betrieblichen Softwareanwendungssystemen, die zu einem Großteil der Planung und Steuerung des Produktions- und Logistiksystems dienen.

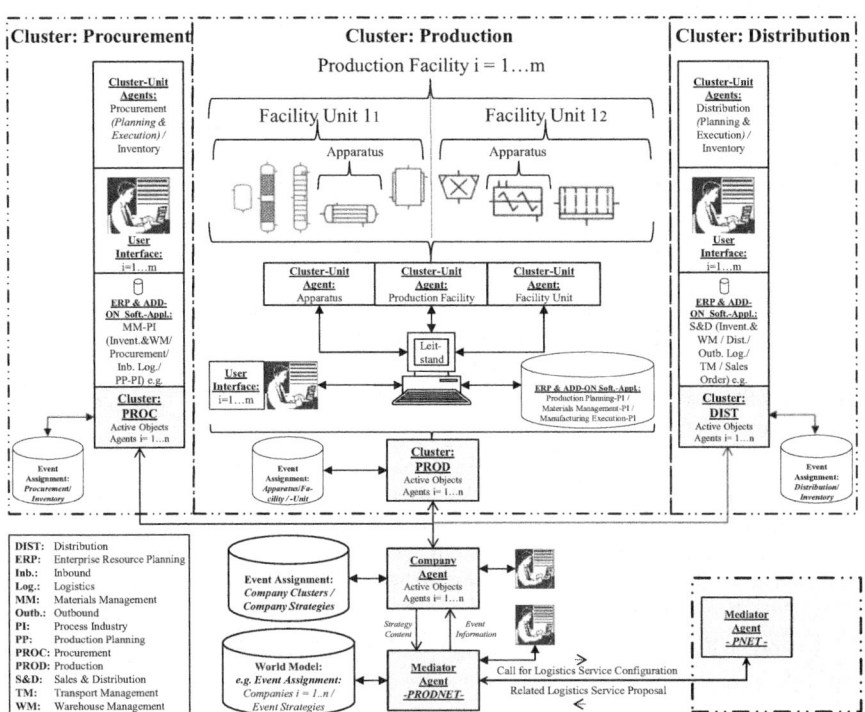

Abb. 1: Multiagentenbasiertes SCEM-Referenzkonzept für Supply Chains der chemischen Prozessindustrie (eigene Darstellung)

Unter Berücksichtigung der nachfolgenden Ausführungen lassen sich aus obiger Abbildung zudem der Workflow innerhalb des MAS-Konzeptes sowie das Aufgabenspektrum der Agenten entnehmen.

Die multiagentenbasierte Referenzlösung besteht aus zwei selbststeuernden Subsystemen, die über jeweils einen Mediator Agenten miteinander vernetzt sind. Das eine Subsystem übernimmt die logistischen Aufgaben und entspricht konzeptionell der Multiagentenstruktur, welche im Forschungs- und Entwicklungsprojekt „PreparedNET"[2] Praxisreife erlangt hat. Angedeutet findet sich dieses Subsystem in Abb. 1 unten rechts. Dort wird zudem die Schnittstelle zwischen dem Mediator des logistischen Subsystems (Mediator Agent -PNET-) und dem Mediator des Produktionsnetzwerkes der Prozessindustrie (Mediator Agent -PRODNET-) ersichtlich.

Da im Weiteren ausschließlich die Konfiguration und Arbeitsweise des Multiagentensystems für das unternehmensübergreifende Produktionssystem im Vordergrund steht, wird das logistische Subsystem nicht weiter betrachtet und in diesem Zusammenhang auf zugehörige Veröffentlichungen zum Projekt „PreparedNET" verwiesen.[3]

Über den Mediator Agent „PRODNET" sind die beteiligten Chemieunternehmen miteinander verbunden, denn er bildet mit jedem Unternehmen, welches durch einen zugehörigen „Company Agenten" repräsentiert wird, eine Schnittstelle.

Jedes dieser Unternehmen kann aus den drei hier dargestellten Clustern Procurement, Production und Distribution bestehen, wobei diese Funktionsbereiche wiederum über den „Company Agenten" miteinander unternehmensintern in Verbindung stehen.

Die Funktionsbereiche werden jeweils durch definierte Agententypen gesteuert. Die Funktion Procurement wird durch die beiden Agententypen „Procurement" sowie „Inventory" repräsentiert, da das Warehousing sowie die Planung- und Steuerung der Beschaffung hier als Aufgabenbereiche abzubilden sind.

Innerhalb der Funktion Distribution sind ebenfalls zwei Agententypen zu implementieren. Einerseits werden hier wiederum Planungs- und Steuerungsaufgaben im Rahmen des Warehousing der zu distribuierenden Primärprodukte mittels

---

[2] Das Projekt PreparedNET wurde vom Bundesministerium für Bildung und Forschung (BMBF) im nationalen Sicherheitsforschungsprogramm (Forschung für die zivile Sicherheit – Sicherung der Warenketten) im Zeitraum 2010-2013 mit 1,8 Mio. Euro gefördert. Projektkoordinator war Professor Dr. Hans-Dietrich Haasis. Fachlicher Projektleiter und Ideenentwickler des F&E-Projektes war Professor Dr. Hendrik Wildebrand.
[3] Als Einstieg in die fachlichen Projektinhalte und Ergebnisse des F&E-Projektes empfiehlt sich insbesondere der zugehörige, individuelle Abschlussbericht des ISL (Institut für Seeverkehrswirtschaft und Logistik Bremen); siehe hierzu: Wildebrand et al. (2013).

eines „Inventory-Agenten" erfüllt. Zum anderen übernimmt der Agent „Distribution" die Koordination des Transportmanagements in Kooperation mit Logistikdienstleistern, die, wie bereits erwähnt, über die Schnittstelle zwischen den Mediatoren zu erreichen sind.

Da die hier entwickelte SCEM-Referenzlösung auf eine mehrstufige Chargenproduktionen auf Mehrzweckanlagen ausgerichtet ist, muss die Funktion Production, wie in Kapitel 2 aufgezeigt, ebenfalls verschiedene Agententypen beinhalten, welche zusammengefasst die Produktionsanlagen vertreten. Hierzu werden drei Agententypen, die einander hierarchisch zugeordnet sind und jeweils Cluster-Units bilden, implementiert. Abb. 1 zeigt, dass die erste Cluster-Unit aus den Agenten besteht, die jeweils die kleinsten Produktionseinheiten, die Apparate, repräsentieren. Somit ist jedem Produktionsapparat ein Agent zugeordnet, der diese Produktiveinheit einplanen und steuern sowie für sie verhandeln kann. Die zweite Cluster-Unit beinhaltet die Agenten, die dann die Teilanlagen, die aus zugehörigen Apparaten bestehen, vertreten. Die dritte Cluster-Unit beinhaltet jeweils die für eine Produktionsanlage zuständigen Agenten, wobei hier mindestens 2 Teilanlagen überhaupt erst eine Produktionsanlage bilden können (vgl. Kapitel 2). Da ein Unternehmen mehrere Mehrzweckanlagen fahren kann, können prinzipiell auch mehrere Produktionsanlagen-Agenten in der dritten Cluster-Unit implementiert sein. Sämtliche Produktionsagenten werden dann im Cluster Production zusammengefasst. Jeder Verfahrensschritt bis hin zum gesamten verfahrenstechnischen Ablauf wird somit durch Agenten repräsentiert, die jeweils ganzheitlichen Zugriff auf die sie betreffenden Planungs- und Steuerungsmodule der ERP-Software sowie auf mögliche ADD-ON Software-Applikationen besitzen. So lassen sich im Fall eines Events einzelne Verfahrensschritte bis hin zu gesamten Produktionsverfahren verhandeln und damit innerbetrieblich einplanen oder auf Kooperationspartner im Netzwerk auslagern.

Insgesamt kann nun konstatiert werden, dass im Fall des Auftretens exemplarisch in Kapitel 2 aufgezeigter Störereignisse, die die Produktion, den Einkauf, die Distribution und/oder die Logistik tangieren, jeweils Agenten zum Managen der Events zugeordnet sind. Sollte etwa ein Apparat, eine Teilanlage oder eine ganze Produktionsanlage schadhaft werden und hierdurch der mit dem Kunden vereinbarte Produktions- und Lieferplan nicht erfüllt werden können, würden die zugehörigen Cluster-Unit Agenten zunächst alternative Produktionspläne berechnen. Hierzu besteht der direkte Zugriff auf den Leitstand und den betrieblichen Anwendungssoftware-Systemen (s. Abb. 1). Zudem ist eine Kommunikation mit den Cluster Agenten der Funktionen „Procurement und Distribution" über die Schnittstellen zum Company Agenten möglich und meist wegen zugehöriger Abstimmungen auch notwendig. Zudem kann ein alternativer Lieferplan gleichermaßen mit dem Kunden abgeglichen werden, indem die jeweiligen Company

Agenten über den Mediator Agenten „PRODNET" miteinander kommunizieren. Resultieren hieraus alternative Transportpläne zwischen Lieferant und Kunde, erfolgt mittels der Schnittstelle zwischen den Mediator Agenten „PRODNET und PNET" die Neuplanung des Transportes in Echtzeit, was auch bereits softwaretechnisch im Rahmen des o.g. Projekt PrepearedNET nachweislich gezeigt werden kann.

Selbstverständlich kann nicht in allen Fällen die Überwindung eines Störfalls mittels innerbetrieblicher Umplanungen begegnet werden. Zieht man hier wiederum den eben betrachteten Störfall in der Produktion heran und kann kein alternativer Produktionsplan innerbetrieblich erfolgreich erarbeitet werden, sollte alternativ eine Verlagerung von verfahrenstechnischen Produktionsschritten bis hin zur vollständigen Auslagerung der Produktion einer gesamten Anlage über einen bestimmten Zeitraum auf einen oder mehrere Netzwerkpartner in Betracht gezogen werden. In einem solchen Fall würden die betroffenen Apparat-, Teilanlagen- oder Anlagenagenten nach einer nicht erfolgreichen innerbetrieblichen Störfallbehebung die Rahmendaten der betroffenen Produktionspläne an den zugehörigen Company Agenten melden. Dieser führt dem Mediator Agenten „PRODNET" die Anfrage zu.

Hierbei spielt das World Model, das als Bestandteil des Mediators notwendiges Planungs- und Steuerungswissen beinhaltet, eine überaus wichtige Rolle. Um eine erfolgversprechende Koordination eines Events durch den Mediator bereits vorab zu erhöhen, stellt die Priorisierung einzelner Produktionsunternehmen und Notfallstrategien eine wichtige Parametrisierung dar, denn eine solche erlaubt es jedem Unternehmen des Netzwerkes vorab festzulegen, mit welchen anderen Akteuren es in Stresssituation bevorzugt kooperiert respektive agiert. Eben diese Festlegungen sind im World Model des Mediators verankert. Nur so kann nach o.g. Event-Meldung der Mediator Agent Event-spezifisch Zuordnungen bzgl. möglicher Lösungsstrategien und potenzieller Anbieterunternehmen erfolgversprechend berechnen.

Im Weiteren benachrichtigt der Mediator Agent nun die Company Agenten, welche grundsätzlich in Frage kommen, das Leistungsspektrum ganz oder in Teilen anbieten zu können. Die jeweiligen Company Agenten führen die Anfrage ihren zugehörigen Funktionen zu. Im hier vorliegenden Fall würde das Cluster „Production" die Anfrage erhalten und diese den in Frage kommenden Cluster-Unit Agenten übergeben. Diese versuchen, den angefragten Produktionsplan in Gänze oder in Teilen einzuplanen. Gelingt eine Einplanung in Abstimmung mit den eigenen Clustern „Procurement und Distribution", würde jeweils ein Angebotspreis durch die Agenten mittels eines zu entwickelnden Algorithmus bestimmt und im umgekehrten Weg ein inhaltliches Angebot einschließlich des Angebotspreises an den Company Agenten des Nachfragers gemeldet. Dieser wertet die alternativen Angebote der Company Agenten aus und übermittelt den offerierenden Unternehmen eine Zu- oder Absage des gesamten Angebots bzw. der Teilangebote. Der sich zwangsläufig damit ändernde Transportplan würde, wie im vorherigen Fall, über die Schnittstelle der beiden Mediatoren verhandelt bzw. geplant. Auch logistische Probleme, wie insbesondere In- und Outbound Transporte, sind störungsanfällig. Die betroffenen Logistikdienstleister des Produktionsnetzwerkes würden ähnlich wie bei PreparedNET alternative Lösungsstrategien innerhalb des logistischen Subsystems der Referenzlösung verhandeln und Änderungen an die Produktionsunternehmen über die Mediatoren melden.

An dieser Stelle ist zu betonen, dass sämtliche Agenten aller Funktionen in beiden Subsystemen eine Schnittstelle über ein User Interface mit zuständigen Mitarbeitern besitzen. Diese können in die Planungen und Entscheidungen der Agenten jederzeit eingreifen. Hierdurch wird gerade das Erfahrungswissen der Mitarbeiter, das sich zur Zeit oft noch nicht befriedigend in Agenten abbilden lässt, im Rahmen der Entscheidungsfindung berücksichtigt. Zudem kann auch die Mitarbeiter-Akzeptanz gegenüber einer solchen Software erfahrungsgemäß eindeutig gesteigert werden, da der Mensch dann am Prozess weiterhin beteiligt sein wird.

Literatur

Bensel, P.; Fürstenberg, F.; Vogeler, S. (2008): Supply Chain Event Management – Entwicklung eines SCEM-Frameworks. In: Digitale Schriftenreihe Logistik Technische Universität Berlin. Nr. 3.

Bretzke, W.; Stölzle, W.; Karrer, M.; Ploenes, P. (2002): Vom Tracking & Tracing zum Supply Chain Event Management. Aktueller Stand und Trends. Studie der KPMG Consulting AG (Hrsg.). Düsseldorf.

Breuer, C.; Siestrup, G.; Haasis, H.-D.; Wildebrand, H. (2013): Collaborative risk management in sensitive logistics nodes. In: Team Performance Management. Vol. 19. No. 7/8. 331-351.

Czaja, L.; Voigt, K.-I. (2009): Störungen und Störungsauslöser in automobilen Wertschöpfungsnetzwerken – Ergebnisse einer empirischen Untersuchung in der deutschen Automobilzulieferindustrie. In: Specht, D. (Hrsg.): Weiterentwicklung der Produktion. Tagungsband der Herbsttagung 2008 der Wissenschaftlichen Kommission Produktionswirtschaft im VHB. Wiesbaden: Gabler. 1-18.

Doller, A.; Wölken, J. (2014): Produktionsplanung mit SAP in der Prozessindustrie. Prozesse, Funktionen, Customizing mit PP-PI. Bonn: Rheinwerk Verlag.

Frey, D.; Mönch, L.; Stockholm, T., Zimmermann, R. (2003): Agent.Enterprise – Integriertes Supply Chain Management mit hierarchisch vernetzten Multiagenten-Systemen. In: Beiträge der 33. Jahrestagung der Gesellschaft für Informatik e.V. Band 1. Frankfurt am Main.

García-Flores, R.; Wang, X. Z. (2002): A multi-agent system for chemical supply chain simulation and management support. In: OR Spectrum. 24. 343-370.

Golwalker, K. R. (2016): Production Management of Chemical Industries. Switzerland: Springer International Publishing.

Hemming, W.; Wagner, W. (Hrsg.) (2017): Verfahrenstechnik. Würzburg: Vogel Business Media.

Heusler, K. F.; Stölzle, W.; Bachmann, H. (2006): Supply Chain Event Management. Grundlagen, Funktionen und potenzielle Akteure. In: WiSt. H. 1. 19-24.
Mailer, M. (2012): Integrierte Kampagnenplanung in logistischen Netzwerken der chemischen Industrie. In: Fleischmann, B.; Grunow, M.; Helber, S.; Inderfurth, K.; Kopfer, H.; Meyr, H.; Spengler, Th. S.; Stadtler, H.; Tempelmeier, H.; Wäscher, G.; Bierwirth, C.; Schimmelpfeng, K.; Fleischmann, M.; Günther, H.-O. (Hrsg.): Produktion und Logistik. Wiesbaden: Springer Gabler.
Otto, A. (2003): Supply Chain Event Management. Three Perspectives. In: The International Journal of Logistics Management. 14. H. 2. 1-13.
Pantförder, D.; Mayer, F.; Diedrich, C.; Göhner, P.; Weyrich, M.; Vodel-Heusler, B. (2014): Agentenbasierte dynamische Rekonfiguration von vernetzten intelligenten Produktionsanlagen. Evolution statt Revolution. In: Bauernhansel, T.; ten Hompel, M.; Vogel-Heuser, B. (Hrsg.): Industrie 4.0 in Produktion, Automatisierung und Logistik. Wiesbaden: Springer Fachmedien. 145-158.
Schoner, P. (2008): Operative Produktionsplanung in der verfahrenstechnischen Industrie. Kassel: Kassel University Press GmbH.
Tandler, S. M. (2013): Supply Chain Safety Management. Konzeption und Gestaltungsempfehlungen für lean-agile Supply Chains. In: Eßig, M.; Stölzle, W. (Hrsg.): Supply Chain Management. Beiträge zu Beschaffung und Logistik. Wiesbaden: Springer Gabler.
Waters, D. (2011): Supply chain risk management. vulnerability and resilience. London: Kogan Page.
Wildebrand, H. (2009): Kundenindividuelle Massenproduktion zur Bewältigung überkapazitätsbedingter Unternehmenskrisen, zugl. Diss, Frankfurt am Main: Peter Lang.
Wildebrand, H. et al. (2013): PreparedNET. Agentenbasierte Simulation und Erforschung eines Notfallkonzeptes zum Schutz von sensiblen Logistikknoten. individueller Schlussbericht des Teilvorhabens des Instituts für Seeverkehrswirtschaft und Logistik Bremen (ISL). https://www.tib.eu/suchen/id/TIBKAT%3A776728849/PREPAREDNET (abgerufen am 12.12.2017).

IV. Fallstudien zur nachhaltigen Logistik in Entwicklungsländern

Reverse Logistics in Plastic Supply Chain: The Current Practice in Vietnam

Huong Thi Thu Tran, Huong Thi Thu Luc [1]

Abstract

Reverse logistics, a fairly new concept in Vietnam, has gained increasing importance as a profitable and sustainable business strategy. This study attempts to empirically understand the current practice of reverse logistics in Vietnam's plastics supply chain. It identifies the value drivers that trigger companies to set up a reverse chain and the main barriers that face the Vietnamese enterprises in the plastics sector with undertaking reverse logistics programs. The results show that the customers' satisfaction and direct economic gain are driving the local plastics companies to explore reverse logistics as one of their strategic challenges and opportunities. Meanwhile, the highest internal barrier is limited forecasting and planning the reverse logistics, and that the perception of poor quality recovered materials is among the external barriers. The findings contribute to the body of knowledge in the field that is still developing in Vietnam.

1. Introduction

Plastics are a crucial part of 21st century life. Not only do they provide us with useful, lightweight and durable products, but they play a key role in the sustainable development of our world. The *Vietnam plastics industry* is expected to reach a value of 15 billion USD in 2017 and is likely to aim for 19.5 billion by 2020, with an annual growth of 10% during the forecast period (2016-2020). Vietnam offers a wide range of opportunities in the plastics market, and the plastics sector is the one of the fastest growing industries in the country. Rapid economic growth and increased innovation in different industries lead to the rise in demand for plastics and its products in this emerging economy. Rising income levels and industrial activities together are expected to contribute to a strong growth in demand for plastics that are commonly used in building and manufacturing as well as in offices and household life.

---

[1] Huong Thi Thu Tran, Huong Thi Thu Luc, Logistics Department, Vietnam University of Commerce

© Springer Fachmedien Wiesbaden GmbH, ein Teil von Springer Nature 2018
I. Dovbischuk et al. (Hrsg.), *Nachhaltige Impulse für Produktion und Logistikmanagement*, https://doi.org/10.1007/978-3-658-21412-8_18

However, the country's plastics industry is shadowed by some restraints, such as volatility in raw material prices and environmental concerns. Despite the fact that plastics have a very good environmental profile and used plastics can be recycled up to six times (Graczyk and Witdowski 2011), Vietnam still has many barriers preventing the effective and efficient handling of the reverse flows of plastics products. The waste generation from Vietnam's plastics sector is enormous due to high-speed urbanization, rampant consumerism and rapid industrialization, resulting in serious environmental pollution and resources scarcity.

The efficient and effective reverse logistics (RL) in the plastics supply chain can help to enable material recovery and reuse, while avoiding the environmental damages and supporting other activities such as solid waste trading. But the RL experiences in developed countries are not easily adapted for a developing country like Vietnam as the characteristics to support and manage RL are different. Thus, this study tries to explore the current practice of reverse logistics in Vietnam's plastics supply chain as well as various drivers and major barriers for companies to implement the RL in the Vietnamese context.

2. Reverse Logistics and Vietnam's Plastics Supply Chain
2.1. Reverse Logistics and Sustainable Development

Though the idea of reverse logistics is quite old, a formal definition of Reverse Logistics (RL) was given by the Council of Logistics Management in 1992. This definition stresses the recovery aspects of reverse logistics (Stock et al. 1992):

> "Reverse logistics is the term often used to refer to the role of logistics in recycling, waste disposal, and management of hazardous materials; a broader perspective includes all issues relating to logistics activities to be carried out in source reduction, recycling, substitution, reuse of materials and disposal."

According to the Reverse Logistics Executive Council,

> "Reverse logistics is the process of moving goods from their typical final destination to another point, for the purpose if capturing value otherwise unavailable, or for the proper disposal of the products."

The concepts presented above show that reverse logistics related activities play three fold roles for sustainable development: environmentally, economically and socially.

Firstly, firms are able to reduce their material and energy resource consumptions, improve resource productivity, and therefore reduce operating costs. In addition, firms are able to increase their revenue from returned, reconditioned or recycled products and materials that were previously discarded (Stock et al. 2002). Therefore, reverse logistics should be seen as a potential source of competitive advantages and not just as a system that only generates additional costs (Daugherty et al. 2005; Stock and Lambert 2001).

Secondly, in relation to environment matters, reverse logistics has been view as an effective way to minimize the consumption of natural resources, decrease waste from business activities, and thus reduce the negative environmental impact. In other words, reverse logistics improve both business performance and environmental performance, enabling firms to achieve competitive advantages (Stock et al. 2002).

Finally, reverse logistics can also be considered as a tool for companies to implement their social responsibility. Some companies use their reverse logistics potentials for altruistic purposes such as philanthropy, charities or giving discounts to their customers for buying new products instead of returning the old products (Rogers and Tibblen-Lembke 1998). Furthermore, the informal reverse logistics system has created many job opportunities and increased incomes for the low-skill labor force in many developing and underdeveloped countries, through collecting valuable used products discarded from households and businesses.

2.2. Vietnam Plastics Supply Chain and Reverse Logistics Flows

The role of reverse logistics in creating added value for plastics supply chain actors and for higher sustainable development is well-known. When plastics have completed their use phase, they can either be recycled or recovered for several times. However, the extent to which they are recycled depends upon the local economic and logistics factors. Vietnam's current plastics supply chain is presented in figure 1 with a detailed description of its key members and reverse logistics flows in the domestic market.

The general forward plastics supply chain starts from the extraction of crude oil from its oil source and then further refining continues, which makes many kinds of products such as fuels and plastics pellets. These plastics pellets are called virgin polymers and are supplied to manufacturers of plastics products as raw material. Plastics products are used in many industries such as electronics, electrical, automobile, motorcycle, healthcare and other industries. Plastics products are then distributed to consumers. After the end of its life, it ends in landfills or as wastes. This is the final step of the forward supply chain of plastics (Carter and Ellram 1998; Fleischmann 2004).

Although early-born compared to other older industries such as mechanics, electronics, chemicals and garments, Vietnam's plastics industry has been experiencing a great level of development in recent years. In the period from 2010 - 2015, the plastics industry had the highest annual growth rate (16-18%). With its fast-growing rate, the plastics industry is considered as a dynamic sector in the Vietnamese economy (VPA 2016).

Raw materials Suppliers: According to the Vietnam Plastics Association (VPA), by the year 2016, the plastics industry needed about 5 million tons of raw materials per year and hundreds of tons of various auxiliary chemicals. However, domestic suppliers only provided about 1 million tons, proportionate to 20% of the Vietnam plastics industry demand. This is why imports of raw materials from foreign suppliers have been increasing both in quantity and value through the past years. Statistics from the VPA show that the import of plastics raw materials in Vietnam in 2015 reached 3.8 million tons, valued at 5.96 billion USD. By 2016, these figures were 4.54 million tons, valued at 6.26 billion USD, up 15.7% in volume and 5% in value compared to 2015.

Plastics raw materials are mainly imported from suppliers in such countries as Saudi Arabia (PE, PP) with 20% in volume and 16% in value, Korea (PP, PE, PET) with 19% in volume and 20% in value, Taiwan (PP, ABS, PVC) with 15% and 16%, Thailand (PE, PET) with 10% and 9%, and China (PP, PE, Polyester) with 8% and 9%.

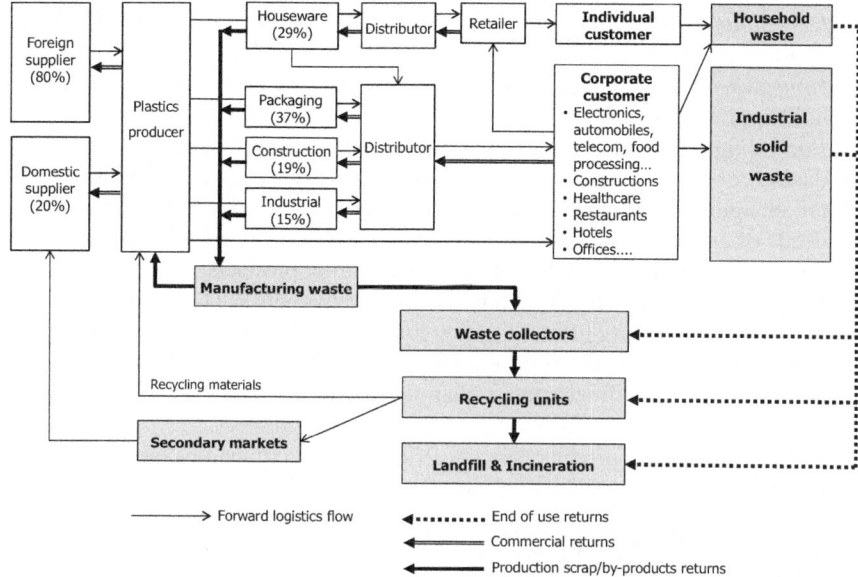

Fig. 1: Vietnam's Plastics Supply Chain and Reverse Logistics Flows
(Source: First author's development from Fleischmann, 2004 and VPA, 2016)

Plastics Producers: Vietnam's plastics industry includes about 2,200 businesses. Most of them (83%) are in the South – Ho Chi Minh City, Binh Duong, Dong Nai, Long An, and Ba Ria Vung Tau. The North has 13% of companies, and the Central 3%. Plastics producers in Vietnam are currently using three popular technologies used throughout the world, including:

- Casting technology: to produce plastics products for the electronics, electrical, automobile, motorcycle and other industries.
- Blow-spray technology: to produce plastics packaging such as PE bags, PP and PVC lamination films.
- Extrusion technology: to produce pipe products such as PVC or PE drainage pipes, aluminum composite plastics pipes, ceiling boards, bulkheads, PVC door frames.

Most modern machines and equipments are concentrated in large companies. Approximately 90% of total machines and equipment in Vietnam plastics manufacturers are imported from Asian countries such as China, Japan, Taiwan and Korea; the rest are imported from Europe, Germany, Italy, and Canada.

- *Distributors*: Four groups of plastics products are sold in different distribution systems.
- *Housewares*: usually distributed in the supermarkets, wet markets and household appliance stores.
- *Packaging*: Divided into the two main groups of consumer packaging and industrial or intermediate packaging. Consumer packaging is distributed to retail channels at supermarkets, grocery stores etc., which serve the packaging needs of consumers. Intermediate packaging is distributed to companies producing food and beverages to serve in packaging products.
- *Building materials*: Distributed in four basic channels as (1) Agent channel of plastics producers; (2) Retailing network of building materials and drainage equipments; (3) Direct transportation from the producers to the construction projects; (4) State procurement channel for infrastructure and water supply and drainage.
- *Industrial*: Usually produced on specific orders of companies producing electronic components, machinery, motorbikes, automobiles, medical devices etc.

Customers: Including both the end consumers and corporate customers with various purchasing purposes and products.

- *Housewares*: The market of household plastics is individuals and households. This market depends on per capita income, living standards and urbanization rate.
- *Packaging*: The market for plastics packaging is largest in the industry which comprises of many manufacturers of food, beverage and pharmaceutical products.
- *Building materials*: The market for plastics building materials are civil works, water supply and drainage infrastructure, and electricity and telecommunication infrastructure. These markets depend on the development of the real estate market, housing demand, urbanization rate, the need to modernize electricity, and telecommunications.
- *Industrial*: The market for high-tech plastics is quite diversified, such as the assembling and manufacturing sector of machinery, automobiles, motorcycles, electronic components and equipments, and medical equipment. These markets depend on the development of the domestic supporting industries and the localization rate of machineries and equipments.

Reverse logistics flows: Generally, the reverse chain in Vietnam's plastics supply network starts with the final customers (individual and corporate clients) and ends with the producer or material supplier, which is the complete opposite of the traditional and forward flow of logistics activities. In reverse chain, the varieties of product types affect the reverse logistics practices. Disposed products, reused packages, unsold commercial goods and production scraps are among these categories. Figure 1 describes the three most important return types and their position in Vietnam's plastics supply chain. The other two reverse processes (warranty and packaging returns) are not discussed in the model due to their relatively minor importance in the local plastics chain (VPA 2016).

End-of-use returns: Denotes return flows of goods that are disposed of after their use has been completed. This flow has caused the growing interest in reverse logistics in recent years. End-of-use returns typically originate from consumers or waste collectors and processors. Possible drivers for companies to deal with end-of-use return flows include: economic benefits, environmental regulation, asset protection goals and preventing competitors from taking advantage of them.

Commercial returns: Refers to product returns undoing a preceding business transaction. Commercial returns may exist between any two members in the supply chain that are in a direct business contract. However, the most important cases are returns from retailers to manufacturers and from consumers to retailers which may be reused or resold directly on an alternative market. Moreover, the occurrence of commercial returns shows that the products did not meet market demand. Then, up-grading the returned products to new standards may be another alternative.

Production scraps and by-products returns: Describes the return flows of the excess materials from cutting or blending and off–specification products are reintroduced in the production process to meet quality targets. As they save resources and reduce emissions, these kinds of 'internal return flows' are economically driven and environmentally regulated, especially for hazardous materials. By-products are often transferred to alternative supply chains.

There are typically two major plastics waste flows: municipal plastics waste and industrial plastics waste flows. Municipal plastics waste consists of mainly post-consumer plastics products such as bottles, trays, tubs, bags, films and electrical and electronic products. Industrial plastics waste consists of mainly plastics waste from the manufacturing process of plastics product and from other industries. Plastics waste is collected, sorted and treated in such ways as recycling, landfill and energy. The establishment of efficient recycling systems is a vital part of sustainable development (Chee Woong 2010).

3. Methodology

This study used a survey method for data collection to investigate the current practice of RL in Vietnam's plastics industry. The survey design and procedure include the following steps:

- *Target population and sampling method*: The plastic industry in Vietnam is made up of approximately 2,200 enterprises. The 220 units were chosen from the list, obtained from the Vietnam Plastics Association, for sending questionnaires. The quota sampling is applied in order to reach various parties in the plastics chain. Responses were obtained from 183 firms, in which there were 156 valid and usable ones.
- *Questionnaire design*: The questionnaire is organized into three parts with 26 questions. Part 1 is an opening section relating to the overall information of a firm. Part 2 contains nine questions asking about the RL readiness of a firm. Part 3 is the main content, which includes 10 detailed questions relating to the RL application tools, methods, facilitators and barriers. Measurements are developed and modified from previous studies. A five point scale was used to evaluate the RL practice at various key members of the supply chain. A pilot test was carried out for questionnaire refinements.
- *Data collection and analysis*: The final questionnaires were sent by mails to the companies in the sampling frame list. The respondents were the logistics/supply chain manager or the solid waste manager in the firms. Fieldwork was taken within three months, from the beginning of May to the end of July in 2017. After careful examination, data were coded and inputted. SPSS 20 software was used for data processing. The results will be discussed in the next section. The sample profile is summarized and presented in table 1.

Enterprises' Features		*Frequency*	*Percent (%)*
Role in supply chain	Material supplier	33	21,2
	Producer	87	55,8
	Distributor	21	13,5
	Retailer	15	9,5
Types of products	Materials	35	22,4
	Houseware	50	32,7
	Packaging	57	36,5
	Industrial	11	7,1
	Construction	03	2,3

Size of labor force	≤ 50 people	63	40,4
	51 – 299 people	58	37,2
	≥ 300 people	35	22,4
Years of experience	< 5 years	42	26,9
	5 – 10 years	44	28,2
	11- 20 years	36	23,1
	> 20 years	34	21,8
Market	Domestic only	95	60,9
	Domestic and International	61	39,1
Revenue 2016	< 10 billions VND	24	15,4
	10 – 50 billions VND	22	14,1
	51 – 100 billions VND	56	35,9
	101 – 500 billions VND	27	17,3
	501 – 1000 billions VND	18	11,5
	> 1000 billions VND	09	5,8

(Note: N=156)

Tab. 1: Survey Sample Profile

Nearly 80% of the sample are small and medium businesses. The number of enterprises, which have a revenue of more than 100 billion VND in the year 2016, account for nearly 35% of the sample. As shown in table 1, the distribution of companies' experience years is not balanced. The highest percentage of companies was in the group of 5-10 years, which accounts for nearly 30% of the sample. The firms' markets are not only limited within the domestic boundaries. Approximately 40% of enterprises are operating in the international markets as well.

4. Findings and Discussions
4.1. Readiness for Reverse Logistics among Plastics Companies in Vietnam

The reverse flow of the supply chain is important for companies to be capable of remanufacture, recycle or waste disposal. The results in table 2 can provide an insight to the importance levels for drivers of RL of the companies in the plastics industry. According to the survey, the most important factors of RL were to accomplish marketing and economic objectives. The customers' requirements for proper handling of commercial returns and end of use returns are in the first priority of enterprises, with a mean value of 3.85 points. This factor is explained by the objective of a customer relationship strategy to explore new options for take-back and recovery products, to better meet customers' expectations and to guarantee higher customer services for returning and refunding options.

Drivers	Mean	St.deviation
a. Customers' requirements and potential value by attracting clients	3.85	0.645
b. Direct gain from decreasing the use of raw materials	3.69	0.647
c. Opportunities to increase profit	3.37	0.718
d. Company "green image" and good relations with partners	2.25	0.699
f. For higher environmental friendliness	1.72	0.542
e. Get prepared for future legislation on solid waste management	1.54	0.535

(Note: 1 = Not important at all; 5 = Very important)

Tab. 2: Drivers of Reverse Logistics Activities

The direct economic gain from RL shows the second important driver, with a mean value of 3.69 points, as the processing of returned or used plastics products can be a cheap raw material source. The companies benefit indirectly by being involved in RL, by decreasing waste materials and obtaining valuable spare parts which subsequently impacts the profit increase and overall performance (mean=3.37).

Another marketing objective of being "green" appears to be a low priority for Vietnam's plastics firms (mean=2.25, below the average point). This attitude is also strongly confirmed by the very low rank for higher environmental friendliness (mean=1.72) despite the expectations of society, government and customers that companies should have an "environmentally conscious image" in every aspect of their operations, including the reuse, recycle and remanufacture of returned products.

Although companies have to follow the current environmental regulations and recover its products/take them back, or take responsibility for proper solid waste management, the Vietnamese firms in the plastics chain are not ready to prepare for the future legislation and the potential obligatory forces or higher social pressures.

Returned goods often go through many activities depending on the return type, such as product acquisition, collection, transportation, sorting, recovery, redistribution, remanufacturing and recycling. Outsourcing is a primary feature of the structure of a reverse chain with the main reasons being to focus on core business, relying on technology and the specialism of a third party, and risk control along the reverse chain. Results from our survey (figure 2) indicated that:

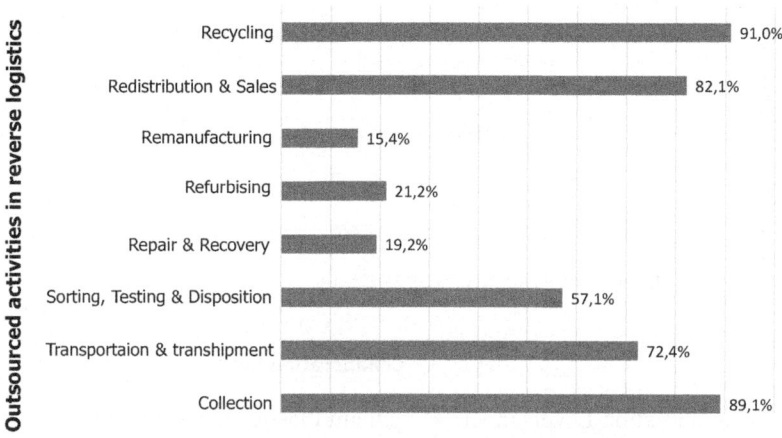

Fig. 2: Outsourced Activities in RL in Vietnam Plastics Supply Chain

- Companies tend to retain activities that relate directly to customers' experience more in-house, as remanufacturing (only 15.4% firms outsource this activity), repair (19%) and refurbishing (21.2%)
- Remanufacturing scores the lowest overall involvement
- Activities related to the end-of-life stage score higher rates of outsourcing, for example recycling (91% enterprises outsource this activity), collection (89.1%) and redistribution (82.1%).

Reverse logistics is a complex subject with many supply chain actors, internally and externally, with their own and often contradictory objectives. It involves partners as suppliers, manufacturers, distributors, retailers, logistics service providers, waste collectors, recycling units, and service and repair companies. Companies feel that outsourcing RL is easier because they can focus on their core business.

But the key success factor to cope with this complexity and to handle the proper reverse flows is to have a high level of collaboration from reverse chain partners. Figure 3 illustrates the collaboration levels among key members in the plastics chain in the local context.

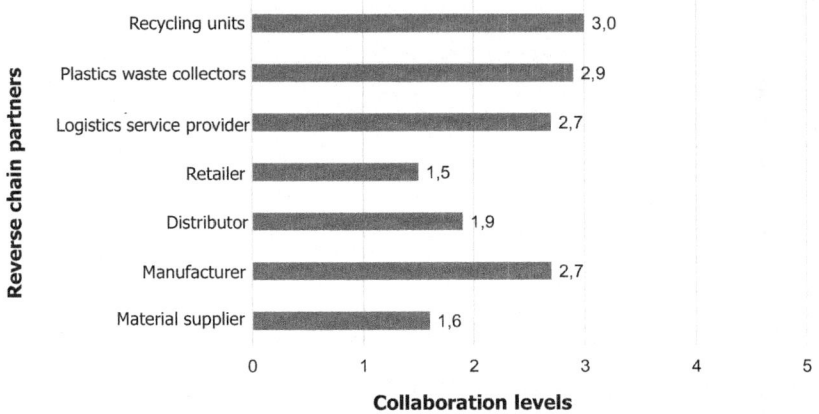

Fig. 3: Collaboration Levels in RL in Vietnam Plastics Supply Chain

In Vietnam's emerging economy, the collaboration practice in plastics supply chain entities is quite low in the RL activities and flows. The recycling units and waste collectors have the highest involvement in the collection and reuse the end-of-life plastics products but the mean points are merely average (3 and 2.9). The manufacturers and logistics service providers are followed with the collaboration levels of just 2.7 mean points. The downstream partners as distributors and retailers should aim for much more intensive collaboration in the future in order to realize breakthrough results in the RL of the country's plastics supply chain. The material suppliers, the very first supply partners, should also dedicate higher commitments and more resources to partnership in reverse flows, to fully explore recovery options.

4.2. Barriers for Reverse Logistics in Vietnam's Plastics Supply Chain

The plastics sector in Vietnam faces the general constraints regarding the high cost of transportation, poor quality of infrastructure and dependence of foreign material supply. The reverse logistics, a fairly new concept for sustainable development in the country, is facing even more barriers and challenges, both internal and external, to realize the added value for the whole plastics chain.

Figure 4 demonstrates the most cited internal barriers in RL in Vietnam's context of plastics supply chain. Limited forecasting and planning is mentioned as the highest challenge for RL (mean=4.6). The scarcity of accurate return forecasts are a direct barrier for strategic, operational and financial planning for reverse flows. The main reason mentioned is the diversity of returns flows concerning timing, quality, quantity and location.

The next three biggest barriers (Lack of RL expert at management level, mean=3.9, Lack of appropriate performance management system, mean=3.7, and Lack of trained personal, mean=3.6) are all related to the organizational structure problems in RL. At the present time, it is very difficult to find RL experts and personel to take the responsibility for these activities in the plastics industry in Vietnam. Meanwhile, measuring and managing the true performance of RL is very hard. Internal and operational metrics are in place, but metrics for end-to-end process performance are seldom used or available.

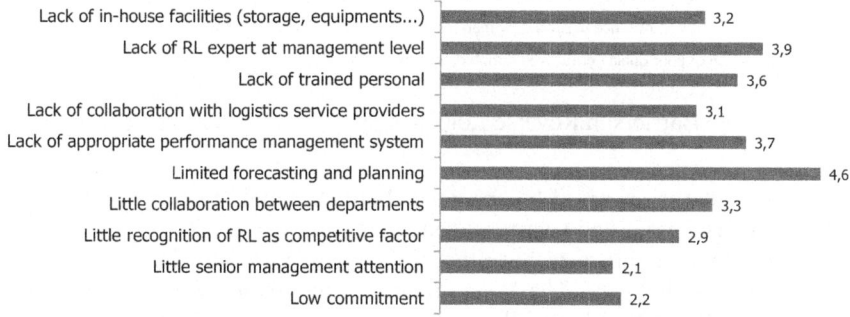

Fig. 4: Internal Barriers in Reverse Logistics in Vietnam's Plastics Supply Chain

Little collaboration internally (mean=3.3) combined with the lack of collaboration with logistics service providers (mean=3.1) and the lack of in-house RL facilities (mean=3.2) create more challenges for supply chain managers to perform the reverse activities. Some companies have little recognition of RL as a factor in creating competitive advantage (mean=2.9) since they often focus more on the forward flow of goods. Returns are perceived as unimportant and not given the appropriate attention by some decision makers in the plastics companies.

There are fewer external barriers reported in the local context but their scores are much higher in comparison with the internal ones (figure 5). The perception of the poor quality of recovered products was the highest external barrier (mean=4.3), since they were usually polluted due to poor sorting and collection practices. The second external barrier was the lack of enforceable laws and regulations on RL (mean=4.1). While the scarcity of resources and environmental-based trade agreements may have forced Vietnam into enacting environmental laws similar to international standards, the Vietnamese government is soft-pedaling on the imposition of such stringent environmental legislations, for the fear that it might overly restrain economic growth and competitiveness of a majority of the country's manufacturing firms.

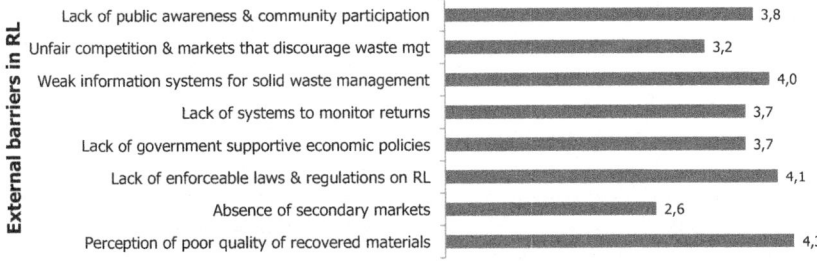

Fig. 5: External Barriers in Reverse Logistics in Vietnam's Plastics Supply Chain

The plastics enterprises are also concerned about the unfair competition and free markets that discourage solid waste management (mean=3.2). This is because producers consider it unfair to manage the life cycle of materials that are not even from the national industry. The Vietnamese tendency is to adopt extended producer responsibility that hopefully will cause RL to be mandatory. Also, the surevey participants regarded weak information systems for solid waste management (mean=4.0) as an external barrier that directly relates to the lack of reliable data, which is very common in developing Vietnam. Finally, the absence of secondary markets (mean=2.6) scored as the smallest barrier because recovering activities were mainly performed to acquire raw materials that were often used within the same company.

In general, the total set of external barriers is quite high, thus limiting many RL initiatives in Vietnam's plastics supply chain, especially for the small and medium companies since they are lacking power, connections and resources to overcome these challenges.

5. Conclusions

Reverse logistics is gaining momentum worldwide due to global awareness and consequences of resource depletion and environmental consequences. It deals with the returned, unused products or raw materials and production scraps in a reverse channel of distribution. But reverse logistics is still an undervalued part of supply chain management and is regarded as low valued added in Vietnam because of the low reprocessing of waste materials, due to the lack of knowledge on recycling and remanufacturing.

Characteristics such as limited legislation, low public awareness, low availability of recourses, lack of public infrastructure and low scores in logistics performance have a negative impact on the development of reverse logistics in the country's plastics supply chain. In order to promote reverse logistics, it is necessary to increase both the support from government, by introducing legislation and providing incentives, and the commitment from key actors in the supply chain to invest in infrastructure and technology.

This research is expected to contribute to the progress of the RL field in an early stage development country such as Vietnam. It is recommended to perform a future study in a larger scale, address different sectors, and assess the mutual influence of drivers and barriers.

References

Grazyk M. and Witkowski K. (2011), "Reverse Logistics Processes in Plastics Supply Chains". Total Logistics Management, No. 4, 43-55.
Carter, C. R. and Ellram, L. M. (1998), "Reverse Logistics and: Review of the literature and frame work for future investigation", Journal of Business Vol. 19(1), 85-102.
Chee, W. (2010), "A Study of Plastic Recycling Supply Chain", The Chartered Institute of Logistics and Transport UK, 19-20.
Daugherty, P. J.; Richey, R.G.; Genchev, S. E.; Chen, H. (2004), "Reverse logistics: superior performance through focused resource commitment to information technology", Transportation Research, Part E. Vol. 41, 77-92.
Fleischmann, M. (2004), "Reverse logistics – Capturing value in the extended supply chain management", pp.1-23, Rottemdam. Retrieved from www.erim.eur.nl.
Rogers, D. S. and Tibben-Lembke, R. S. (1998), "Going Backwards: Reverse logistics - Trends and Practices", Reverse Logistics Executive Council.
Stock, J. R. (1992), Reverse Logistics, Council of Logistics Management, Oak Brook, Illinois.
Stock, J. R. and Lambert, D. M. (2001), Strategic Logistics Management, 4th ed, McGraw - Hill Irwin.
Stock, J. R., Speh, T. and Shear, H. (2002), "Many Happy (Product) Returns", Harvard Business Review. Vol. 80(7), 16-17.
Vietnam Plastics Association (VPA, 2016). Vietnam Plastics Industry Overview. http://www.vpas.vn.

Nachhaltige humanitäre Logistik zur Versorgung von Flüchtlingen in Jordanien

Dorit Schumann-Bölsche[1]

Abstract

Jordanien zählt zu den wichtigsten Aufnahmeländern für Menschen auf der Flucht. Dieses Kapitel widmet sich der Frage, welchen Beitrag die humanitäre Logistik leisten kann, um Menschen in Flüchtlingssituationen zu versorgen und auf welche Weise die humanitäre Logistik nachhaltig ausgerichtet werden kann. Die UN Sustainable Development Goals bilden in diesem Beitrag das Rahmenwerk für ein nachhaltiges humanitäres Logistikkonzept für Flüchtlinge, das aus der aktuellen Situation in Jordanien heraus entwickelt und exemplarisch angewendet wird. Konzeptionell lässt sich das Konzept auf andere Länder und Anwendungsfelder der humanitären Logistik übertragen. Neben den Herausforderungen finden auch Chancen aus der Flüchtlingssituation in dem nachhaltigen humanitären Logistikkonzept besondere Beachtung. Ziel des Beitrags ist, die primär ökonomisch und sozial ausgerichtete humanitäre Logistik um eine soziale Dimension im Zielsystem zu ergänzen.

1. Einleitung

65,6 Millionen weltweit gewaltsam vertriebener Menschen, dies ist die Zahl, die das Flüchtlingswerk der Vereinten Nationen UNHCR für Ende des Jahres 2016 berichtet. So hoch waren Zahlen vertriebener Menschen, in den Berichten der UN noch nie zuvor. In jeder Minute des Jahres 2016 wurden 20 Menschen neu vertrieben, und zwar entweder im eigenen Land oder außer Landes. Als Gründe werden Vertreibungen, Konflikte, Gewalt und die Verletzung von Menschenrechten benannt (UNHCR 2017a: 2).

Dieser Beitrag richtet sich auf Jordanien; ein Land, das Ende 2016 685 tausend Flüchtlinge im Land registriert hat und damit zu den Top 10 der Aufnahme-

---

[1] Prof. Dr. Dorit Schumann-Bölsche, Vice President for International Affairs, German Jordanian University

© Springer Fachmedien Wiesbaden GmbH, ein Teil von Springer Nature 2018
I. Dovbischuk et al. (Hrsg.), *Nachhaltige Impulse für Produktion und Logistikmanagement*, https://doi.org/10.1007/978-3-658-21412-8_19

länder von Flüchtlingen zählt. Aus dem Nachbarland Syrien sind in den vergangenen 6 Jahren 5,5 Millionen Menschen außer Landes vertrieben worden, und zusätzlich befinden sich 6,3 Millionen Syrer als intern Vertriebene im eigenen Land und werden unter UNHCR Mandat betreut (UNHCR 2017a: 16-17).

Die aktuellen Zahlen des UNHCR und die damit verbundenen Herausforderungen für Menschen auf der Flucht sowie in den Aufnahmeländern untermauern die Bedeutung der humanitären Hilfe und Logistik. Eine wesentliche Frage, die in diesem Beitrag behandelt werden soll, lautet: Welchen Beitrag kann die humanitäre Logistik leisten, um Menschen in Flüchtlingssituationen zu versorgen und warum sollte die humanitäre Logistik nachhaltig ausgerichtet werden?

Nach einer Vorstellung der Flüchtlingssituation in Jordanien und einer allgemeinen Vorstellung einer nachhaltigen humanitären Logistik werden die Sustainable Development Goals (SDGs) der Vereinten Nationen vorgestellt. Diese sind zwar nicht speziell auf das Thema Flüchtlinge und Migration ausgerichtet, werden in diesem Beitrag aber ein Rahmenwerk für ein nachhaltiges humanitäres Logistikkonzept für Flüchtlinge bilden, da sich die SDGs für eine Berücksichtigung der Nachhaltigkeit durchaus eignen. Am Beispiel des Landes Jordanien lässt sich dieses Logistikkonzept an einem relevanten Anwendungsfall entwickeln. Ein Ausblick am Ende des Beitrags ist auf die Zukunft einer nachhaltigen humanitären Logistik in Jordanien und international gerichtet.

2. Flüchtlingssituation in Jordanien

Umrahmt von den Nachbarländern Syrien, Irak, Israel und Saudi Arabien ist Jordanien ein Land, das in den vergangenen Jahrzehnten mehrere Flüchtlingsströme erlebt hat. Exemplarisch lassen sich Vertriebene aus den palästinensischen Gebieten ab dem Jahr 1948 und in den 1990er Jahren aus dem Irak benennen. Und auch die historische Entstehung Jordaniens geht auf Flüchtlingsbewegungen zurück (HRH bin Talal 2017: 7).

Jordanien wird im Human Development Report der UN im Jahr 2016 auf Platz 86 von insgesamt 188 gelisteten Ländern geführt. Das Land hat etwa 9,5 Millionen Einwohner, inklusive der Flüchtlinge. Die Einwohnerzahl hat sich seit dem Jahr 1990 mehr als verdoppelt und etwa die Hälfte der jordanischen Bevölkerung hat palästinensische Wurzeln. Mit den vertriebenen Menschen, die aus Syrien seit dem Jahr 2011 nach Jordanien gekommen sind, erhöht sich der Anteil an Migranten und Flüchtlingen weiter: etwa 10% der in Jordanien lebenden Bevölkerung stammt aus Syrien. 650 tausend Syrer sind Ende des Jahres 2016 mit UNHCR Status registriert; hinzu kommen die nicht registrierten Flüchtlinge, sodass mit etwa 1,3

Millionen syrischen Flüchtlingen in Jordanien gerechnet wird. Weitere Flüchtlinge in Jordanien stammen aus dem Irak, dem Sudan, dem Jemen und weiteren Ländern (Ende 2016 sind es 685 tausend registrierte Flüchtlinge und im September 2017 734 tausend). In absoluten Zahlen ist Jordanien im Jahr 2016 das siebtgrößte Aufnahmeland von Flüchtlingen weltweit und relativ Nummer zwei nach dem Libanon. In Deutschland sind die absoluten Flüchtlingszahlen vergleichbar; Ende des Jahres 2016 waren etwa 670 tausend Menschen als Flüchtlinge registriert. Relativ im Verhältnis zur Einwohnerzahl ist der Anteil der Flüchtlinge in Deutschland jedoch um ein Vielfaches geringer als in Jordanien (Ghazal 2016; MOPIC 2017: 2; UNDP 2016: 199; UNHCR 2017a: 2, 16-17, 61; UNHCR 2017b: 1).

Auf Basis von Erfahrungswerten weltweit wird davon ausgegangen, dass Flüchtlinge nach einigen wenigen Jahren in ihr Heimatland zurückkehren. Diese Faustregel gilt für Jordanien nach mehreren Flüchtlingsströmen der vergangenen Jahrzehnte aufgrund anhaltender Konflikte in den Nachbarländern nachgewiesen mehrheitlich nicht. Am Rande Ammans liegen ehemalige palästinensische Flüchtlingscamps, die sich im Jahr 2017 wie ein gewachsener Stadtteil ins Stadtbild einfügen. Die Nachkommen haben mehrheitlich jordanische Staatsbürgerschaft, sehen und fühlen sich als Jordanier und fallen aufgrund des vergleichbaren kulturellen Hintergrundes im Stadtbild ebenso wenig auf wie Syrer. Die Herausforderungen der Integration sind demnach kulturell zu unterscheiden von der Situation in Deutschland und Europa (HRH bin Talal 2017; Kleinschmidt 2015: 9-21, 329-350).

Für das größte Flüchtlingscamp Zaatari, nahe der Stadt Mafraq wird ebenfalls vermutet, dass sich das Camp zu einer Stadt Jordaniens entwickeln wird. Bereits heute hat Zaatari im Norden Ammans die Größe und Infrastruktur einer Stadt, mit 80 tausend Einwohnern, einer Fläche von 5,3 Quadratkilometern, 9 Schulen und über 20 tausend Schülerinnen und Schülern, 2 Krankenhäusern und 80 Geburten pro Woche, 9 Ärzte- und Gesundheitszentren. Insgesamt haben bis Ende 2016 462 tausend Menschen das Camp durchlaufen, und zu einigen Zeiten haben sich mehr als 100 tausend syrische Menschen in dem Camp aufgehalten. Eine logistische Herausforderung ist die Versorgung der Menschen im Camp, in Krankenhäusern, auf Märkten und in den Schulen mit Lebensmitteln mit durchschnittlich 2.100 Kalorien pro Tag, mit Wasser, Medikamenten und Impfstoffen sowie Non-food-Items. Hinzu kommt die logistische Entsorgungsleistung für Abwasser und Abfall. Zu den logistischen Konzepten im Camp Zaatari zählen das Schulkinder „School-Feeding" Programm des UN World Food Programme, „Cash and Voucher" Systeme für die Eigenversorgung der Flüchtlinge vorwiegend mit Geld und ergänzend mit Gutscheinen auf Märkten bis hin zu hochtechnisierten Systemen wie Augenscanner als Erfassungssysteme. 2.500 Geschäfte befinden sich im Zaatari Camp, die durch Flüchtlinge selbst betrieben werden; eine große Geschäftsstraße durch das Camp trägt den syrisch-französischen Kunstnamen „Shams Elysées" (Kleinschmidt 2015: 9-21; UNHCR 2016).

Dieser Einblick in das Camp Zaatari steht stellvertretend zu den anderen Flüchtlingscamps in Jordanien, von denen das zweitgrößte in Azraq ebenfalls im Norden Jordaniens gelegen ist. Der weitaus größere Anteil der syrischen Flüchtlinge, nämlich im Jahr 2016 79% und im Jahr 2017 81% lebt außerhalb der Camps in den Städten und ländlichen Gegenden; der Großteil der Flüchtlinge befindet sich in den eher nördlich gelegenen Gebieten um die Städte Irbid, Mafraq, Zarqa bis zur Hauptstadt Amman. Die Herausforderungen Jordaniens beziehen sich damit sowohl auf die Campstrukturen als auch auf Städte, die den Charakter von „Refugee Cities" erhalten (UNHCR 2017b; UNHCR 2017c: 34-39; Thomas 2017: 18-33). Hinzu kommen neue Orte gestrandeter Flüchtlinge im syrischen Grenzgebiet Rukban, das sich an den Nordosten Jordaniens anschließt. Aufgrund von Grenzschließungen sowohl in die Nachbarländer als auch auf dem Weg nach Europa stranden vertriebene Menschen in den Grenzgebieten weitgehend ohne Infrastruktur und Campversorgung. In Rukban sind dies 50 tausend Menschen, für die Ende des Jahres 2016 eine erste Klinik errichtet wurde und in der nach einem Jahr über 10 tausend Menschen versorgt werden konnten. Eine logistische Versorgung mit Hilfsgütern kann nur punktuell erfolgen, so beispielsweise im Mai und Juni des Jahres 2017 für 35 tausend der 50 tausend Menschen. Die Versorgungsrouten ins syrische Gebiet waren und sind immer wieder unterbrochen durch Bewegungen der syrischen Armee (UNHCR 2017b).

Mehr als die Hälfte der Bevölkerung Syriens ist von der eigenen Heimat vertrieben. Auf die damit verbundenen demographischen Auswirkungen, müssen Jordanien und die Weltgemeinschaft reagieren und geeignete Maßnahmen entwickeln. Diese sind u.a. darauf ausgerichtet, die Stabilität im Land – ein hoher Wert des Königreichs Jordaniens in einer durch Krisen gezeichneten Region voller Instabilität – zu halten. Zum anderen sind sie auf die Ressourcen- und Finanzmittelknappheit Jordaniens gerichtet, um das Land in ein mittel- und langfristig tragbares Gleichgewicht zu bringen. Das jordanische Planungsministerium hat diese Maßnahmen im neuesten Jordan Response Plan (JRP) for the Syrian Crisis 2017-2019 zusammen gefasst, mit einem aus Gleichgewicht gerichteten Untertitel „Fostering Recovery, Creating Opportunity, Promoting Resilience" (HRH bin Talal 2017: 7; MOPIC 2017; Thomas 2017: 18-33; UNHCR 2017c).

> „The interconnection between civil strife and environmental stress finds no better locus than the regions refugee crisis. Jordan, the world's third most water-scarce country, has been sheltering hundreds of thousands of refugees; the demand for fresh water and food has increased beyond what can possibly be supplied." […] "At the same time, it must be acknowledged that refugees contribute to local economies by bringing new skills and resources, as well as increasing production capacity and consumption demand." (HRH bin Talal 2017: 8, 23)

Nach Angaben des UNHCR waren im September 2017 nur etwa 60% des Finanzmittelbedarfes zur Reaktion auf die Flüchtlingssituation in Jordanien gedeckt (165,4 Millionen US $ von insgesamt erforderlichen 277,2 Millionen US $). Zwischenzeitlich war die Versorgungssituation so knapp, dass das UN World Food Programme 34 tausend Menschen vom Lebensmittelprogramm „Voucher" streichen musste (Thomas 2017: 18; UNHCR 2017b).

Unter Berücksichtigung der Finanzmittelknappheit müssen über Sicherheitsthemen hinausgehend weitere Risiken des Landes unter besonderer Berücksichtigung der Flüchtlingssituation beachtet werden. Hierzu zählen unter anderem Wasser-, Energie- und Nahrungsmittelknappheit, hohe Arbeitslosigkeit, Doppelschichten in den Schulen und wenige Stipendien für das Studium, Unterversorgung im Gesundheitssystem sowie ggf. Veränderung sozialer Normen. Zugleich müssen aber auch die sozialen, mikro- und makroökonomischen Potenziale aus der Flüchtlingssituation Beachtung finden, u.a.: Die Menschen bringen neue Fähigkeiten mit und beleben Kultur und Handel; zudem kommen Finanzmittel der internationalen Geldgeber und auch der syrischen Menschen ins Land; es werden Innovationen in erneuerbare Energien, innovative Entsorgungssysteme und in das Gesundheitssystem getätigt; Potenziale für Unternehmensgründungen mit Arbeitsplätzen entstehen, und insgesamt ist mit einer Steigerung des Bruttosozialproduktes zu rechnen (MOPIC 2017; Thomas 2017).

Die folgenden Kapitel befassen sich mit einem Teilgebiet der Flüchtlingssituation in Jordanien, und richten sich auf eine nachhaltige humanitäre Logistik. Demnach finden Maßnahmen des Jordan Response Plans sowie der UN und weiterer Organisationen exemplarisch Beachtung, sofern sie auf die Entwicklung einer nachhaltigen humanitären Logistik gerichtet sind. Dazu muss zunächst eine Klärung des Begriffes und der Ziele einer nachhaltigen humanitären Logistik erfolgen, um anschließend den Beitrag der nachhaltigen Entwicklungsziele der UN für die humanitäre Logistik Jordaniens exemplarisch aufzuzeigen.

3. Definition und Ziele einer nachhaltigen und humanitären Logistik

Orientiert an den „6r" der Logistik ist die *humanitäre Logistik* derjenige Teil der Logistik und der humanitären Hilfe, der darauf ausgerichtet ist, die richtigen Produkte und Dienstleistungen der humanitären Hilfe in der richtigen Menge, zur richtigen Zeit und in der richtigen Qualität zu den richtigen (bedürftigen) Menschen zu bringen und dies zu den richtigen Kosten. Zur humanitären Logistik zählt sowohl die Logistik im Rahmen der sofortigen Katastrophenbewältigung als auch der mittel- bis langfristige Aufbau logistischer Strukturen im Sinne einer Katastrophenvorsorge (Hellingrath 2013; Schumann-Bölsche 2018; Thomas 2005). Im

Falle der Flüchtlingssituation in Jordanien handelt es sich bei den bedürftigen Menschen insbesondere um Flüchtlinge, aber auch um weitere bedürftige Menschen in Jordanien. Ort der Hilfe sind sowohl Flüchtlingscamps als auch die Städte und ländlichen Gebiete Jordaniens. Die Menschen sollen mit Hilfsgütern wie Nahrung, Wasser, medizinischen Produkten, Non-Food-Items und Dienstleistungen in der erforderlichen Menge sowie Qualität und zu den richtigen Kosten versorgt werden, z. B. so wie durch den Jordan Response Plan oder die Planungen der UN definiert (MOPIC 2017; UNHCR 2017c). Humanitäre Logistik ist sowohl bei akuten Katastrophen (z. B. Erdbeben, Sturm) als auch bei permanenten Katastrophen (z. B. Hungerkatastrophen nach langen Dürrephasen, permanente Flüchtlingssituation) erforderlich. International hat sich die folgende Definition der humanitären Logistik etabliert:

> "Humanitarian logistics is the process of planning, implementing and controlling the efficient, (cost-) effective flow and storage of goods and materials, as well as related information, from the point of origin to the point of consumption for the purpose of alleviating the suffering of vulnerable people (Thomas 2005: 2)."

Die angesprochenen *Ziele* sind wie die privatwirtschaftlich ausgerichtete Logistik auf *Effektivität* (Logistikservice) und *Effizienz* (Logistikkosten) gerichtet. Bspw. Maximierung des Logistikservice unter Berücksichtigung gegebener Logistikkosten, wobei sich die vorgegebenen Logistikkosten aus den Planungen der UN, der NGOs oder dem Jordan Response Plan entnehmen lassen. Hinzu kommt eine *sozial* ausgerichtete Komponente im Sinne der Linderung des Leides betroffener Menschen (Hellingrath 2013; Kovács 2018; MOPIC 2017).

Eine *nachhaltige humanitäre Logistik* bezieht über ökonomische und sozial ausgerichtete Ziele zudem die Umwelt bzw. *Ökologie* in das Zielsystem ein. Nachhaltige Geschäftsmodelle „sind darauf aus, neben langfristigem ökonomischen Wert auch Beiträge für die natürliche Umwelt und zum sozialen Zusammenhalt zu leisten." (Ahrend 2016: 2). Die 6r der Logistik werden nun um eine weitere Größe ergänzt, nämlich die „richtigen" Auswirkungen auf die Umwelt und Lebensbedingungen. Nachhaltigkeit sichert die Lebensqualität und erhält Wahlmöglichkeiten der gegenwärtigen und zukünftigen Generationen zur Gestaltung des Lebens und ist zugleich ökonomisch, sozial und ökologisch zu verstehen (vgl. Abbildung 1). Der Nachhaltigkeitsbegriff ist demnach eng verbunden mit dem Begriff der *Resilienz* bzw. Widerstandsfähigkeit im Sinne einer Anpassungs- und Überlebensfähigkeit der ökonomischen, sozialen und ökologischen Systeme (Ahrend 2016; Hauff 2014; Klumpp 2016; McKinnon 2015).

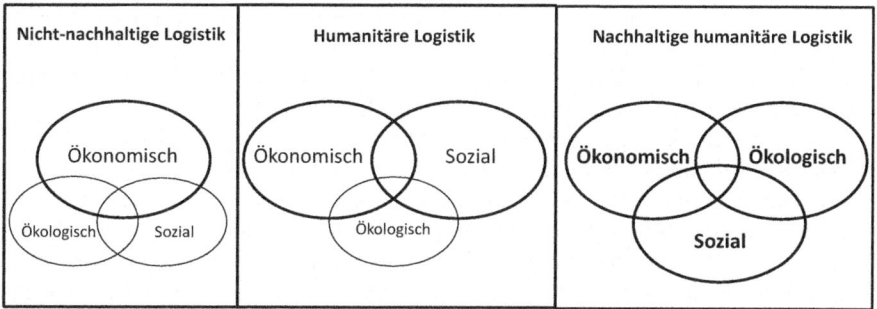

Abb. 1: Nachhaltige humanitäre Logistik (siehe z. B. Vieweg 2017: 25)

Über den Begriff der nachhaltigen Entwicklung, der zunächst im Rahmen von Klimakonferenzen verwendet wurde, um Klimaschutzziele zu definieren, sind im Jahr 2015 weit darüber hinausgehend die *Sustainable Development Goals* SDGs der Vereinten Nationen verabschiedet worden. Diese reichen mit 17 Zielfeldern deutlich weiter als die vorangegangenen Klimaschutzziele und das Vorgängermodell der Millennium Development Goals (Ahrend 2016: 2-3, Hauff 2014, UNDP 2015a; UNDP 2015b). Im nachfolgenden Abschnitt soll erläutert werden, welchen Beitrag die UN SDGs leisten können, wenn es um die Entwicklung einer humanitären Logistik geht, die zugleich nachhaltig ist.

4. Die nachhaltigen Entwicklungsziele und ihr Beitrag zur humanitären Logistik in Jordanien

Die auf einem Gipfel der UN im Jahr 2015 verabschiedete Agenda 2030 enthält als Kernstück die 17 nachhaltigen Entwicklungsziele (UNDP 2015a).

> „Mit der Agenda 2030 für nachhaltige Entwicklung drückt die internationale Staatengemeinschaft ihre Überzeugung aus, dass sich die globalen Herausforderungen nur gemeinsam lösen lassen. Die Agenda 2030 gilt für alle Staaten dieser Welt: Entwicklungsländer, Schwellenländer und Industriestaaten. [...] Das Kernstück der Agenda 2030 sind die 17 Ziele für nachhaltige Entwicklung (Sustainable Development Goals, SDGs). Die 17 SDGs berücksichtigen erstmals alle drei Dimensionen der Nachhaltigkeit – Soziales, Umwelt, Wirtschaft – gleichermaßen. Die 17 SDGs sind unteilbar und bedingen einander." (BMZ 2017)

Die nachfolgende Tabelle 1 stellt an einigen Beispielen für ein nachhaltiges humanitäres Logistikkonzept dar, wie sich die 17 SDGs umsetzen lassen. Die Spalten

1 und 2 enthalten die Nummerierung, Bezeichnung und Beschreibung der SDGs. Erste Ansätze, wie sich die Entwicklungsziele in einem nachhaltigen humanitären Logistikkonzept für die Flüchtlingssituation in Jordanien ausgestalten lassen, sind in der letzten Spalte „Erläuterung" exemplarisch erfasst. So lässt sich als ein Beispiel der Erläuterungsspalte für das SDG 12 „Nachhaltiger Konsum und nachhaltige Produktion" entnehmen, die Beschaffungslogistik für Nahrungsmittel wie Reis und Mais weniger auf internationale Großkonzerne auszurichten (die ggf. Pestizide einsetzen oder die Enteignung von Land in Entwicklungsländern praktizieren und die lange Transportwege erfordern), sondern Nahrungsmittel eher rund um die Regionen zu beziehen, in denen sich die Flüchtlinge aufhalten. Dies gelingt beispielsweise durch Cash and Voucher Systeme, von denen sich die Flüchtlinge und betroffene Bevölkerung eigenständig versorgen können (Abushaikha 2016). Dies stärkt zudem die regionale Wirtschaft (SDG 8 und 9) und kann sich auf mehrere weitere der SDGs positiv auswirken. Die 3. Spalte Priorität enthält Tendenzaussagen, welche Priorität die drei Säulen der Nachhaltigkeit jeweils in dem humanitären Logistikkonzept einnehmen; so spricht SDG 12 mit höchster Priorität die Ökologie an, gefolgt an Priorität 2 von sozialen und ökonomischen Zielen.

Eine nachhaltige humanitäre Logistik erfordert über die Einzelbetrachtung der SDGs und ihren konzeptionellen Ideen auch die Beachtung der Wechselwirkungen, die beispielsweise für den Wasser-Energie-Lebensmittel Zusammenhang ausführlich beschrieben sind und sich um Felder wie Klima, Frieden und Gerechtigkeit erweitern lassen (Elaydi 2017, UNDP 2015a).

SDG	Beschreibung	Priorität ökonomisch ökologisch sozial	Beispiele zur Erläuterung Umsetzung einer nachhaltigen und humanitären Logistik in Jordanien (JO)
1 Keine Armut	„Armut in jeder Form und überall beenden."	1. sozial 2. ökonomisch 3. ökologisch	Logistik zur Verteilung von Hilfsgütern und Finanzmitteln an Flüchtlinge in Camps, Städten, entlegene Gebiete und weitere bedürftige Menschen in JO.
2 Kein Hunger	„Den Hunger beenden, Ernährungssicherheit und eine bessere Ernährung erreichen und eine nachhaltige Landwirtschaft fördern."	1. sozial 2. ökologisch 3. ökonomisch	Verteilung von Lebensmitteln, Cash and Vouchers in Jordanien an Flüchtlinge und bedürftige Menschen. Auswahl der Lebensmittel nicht vorrangig nach dem Preis sondern Gesundheit, nachhaltige Landwirtschaft und Stärkung regionaler Märkte beachten.

SDG	Beschreibung	Priorität	Beispiele zur Erläuterung
3 Gesundheit & Wohlergehen	„Ein gesundes Leben für alle Menschen jeden Alters gewährleisten und ihr Wohlergehen fördern."	1. sozial 2. ökologisch 2. ökonomisch	Logistik zur Versorgung der Gesundheitssysteme für Flüchtlinge und weitere Menschen in JO. Z. B. Gesundheitszentren in Flüchtlingscamps, Städten und auf dem Land sowie in unterversorgten Grenzgebieten wie Rukban.
4 Hochwertige Bildung	„Inklusive, gerechte & hochwertige Bildung gewährleisten und Möglichkeiten des lebenslangen Lernens für alle fördern."	1. sozial 2. ökonomisch 2. ökologisch	Aufbau von Ausbildungs-, Studien-, Weiterbildungsprogrammen in der nachhaltigen, humanitären Logistik; Flüchtlingsstipendien für ein Logistikstudium in Jordanien aus Mitteln des Auswärtigen Amtes über den DAAD oder aus Mitteln der EU.
5 Geschlechtergerechtigkeit	„Geschlechtergerechtigkeit und Selbstbestimmung für alle Frauen und Mädchen erreichen."	1. sozial 2. ökonomisch 2. ökologisch	Geschlechtergerechte Versorgung der Flüchtlinge in Jordanien. Bezug von Hilfsgütern bei Organisationen, die als geschlechtergerecht gelten und Frauen stärken. Frauen den Zugang zu Studium und Arbeit in der Logistik ermöglichen – bis zur Leitungsebene.
6 Sauberes Wasser & Sanitäreinrichtungen	„Verfügbarkeit und nachhaltige Bewirtschaftung von Wasser und Sanitärversorgung für alle gewährleisten."	1. ökologisch 2. sozial 3. ökonomisch	Aufbau einer nachhaltigen Wasserver- und -entsorgung in Flüchtlingscamps, Städten und auf dem Land. Konzepte eines ressourceneffizienten Umgangs mit Wasser entwickeln (z. B. Wasserentsalzung mit regenerativen Energien) und die Bevölkerung sensibilisieren. Das Wissen der Nabathäer über den Umgang mit Wasser reaktivieren.
7 Bezahlbare & saubere Energie	„Zugang zu bezahlbarer, verlässlicher, nachhaltiger und zeitgemäßer Energie für alle sichern."	1. ökologisch 1. ökonomisch 1. sozial	Sonnen-, Windenergie und Biogas nutzen, z. B. für die Kühlung in den Lagern für Nahrungsmittel und medizinische Produkte sowie zur weiteren Stromversorgung in Camps, wie Azraq.
8 Menschenwürdige Arbeit & Wirtschaftswachstum	„Dauerhaftes, inklusives und nachhaltiges Wirtschaftswachstum, produktive Vollbeschäftigung und menschenwürdige Arbeit für alle fördern."	1. ökonomisch 1. sozial 2. ökologisch	Arbeitsmöglichkeiten für Flüchtlinge verbessern, siehe hierzu Jordan Response Plan sowie Cash for Work Initiativen bis hin zur Schaffung von Möglichkeiten einer Selbständigkeit für Flüchtlinge als Grundlage für Wirtschaftswachstum und Innovationen – auch in der Logistik.

SDG	Beschreibung	Priorität	Beispiele zur Erläuterung
9 Industrie, Innovation & Infrastruktur	„Eine belastbare Infrastruktur aufbauen, inklusive und nachhaltige Industrialisierung fördern und Innovationen unterstützen."	1. ökonomisch 2. sozial 2. ökologisch	(Logistische) Infrastruktur in den Flüchtlingscamps und Städten als Chance für die Entwicklung Jordaniens begreifen. Z. B. Entsorgungssysteme für Abfall und Aufbereitung von Abwasser; neue Städte im Osten Ammans und Süden Jordaniens „Neom" als Chance für eine nachhaltige humanitäre Logistik in Jordanien.
10 Weniger Ungleichheiten	„Ungleichheit innerhalb von und zwischen Staaten verringern."	1. sozial 2. ökonomisch 2. ökologisch	Ungleichheiten mit Blick auf Wasser, Nahrung, ärztlicher Versorgung, Bildung etc. durch logistische Strukturen in Jordanien – auch im Vergleich zu Nachbarländern – reduzieren.
11 Nachhaltige Städte & Gemeinden	„Städte und Siedlungen inklusiv, sicher, widerstandsfähig und nachhaltig machen."	1. ökologisch 2. sozial 3. ökonomisch	Städte, ländliche Gebiete & Flüchtlingscamps in Jordanien humanitär, widerstandsfähig und nachhaltig durch logistische Strukturen gestalten. Dies gilt auch für in Planung befindliche Städte im Osten Ammans und Süden.
12 Nachhaltige/r Konsum & Produktion	„Für nachhaltige Konsum- und Produktionsmuster sorgen."	1. ökologisch 2. ökonomisch 2. sozial	Beschaffungslogistik der humanitären Logistik (z. B. für Mais und Reis) regional auf Jordanien ausrichten, u.a. mit Cash and Vouchers und weniger die globale Industrialisierung im Agrarbereich fördern.
13 Maßnahmen zum Klimaschutz	„Umgehend Maßnahmen zur Bekämpfung des Klimawandels und seiner Auswirkungen ergreifen."	1. ökologisch 2. ökonomisch 2. sozial	Vermehrt logistische Systeme für Transport, Lagerung, Umschlag und die gesamten Supply Chains der humanitären Logistik in Jordanien mit regenerativen Energien versorgen: z. B. Sonnenenergie, Wind und Biogas.
14 Leben unter Wasser	„Ozeane, Meere und Meeresressourcen im Sinne einer nachhaltigen Entwicklung erhalten und nachhaltig nutzen."	1. ökologisch 2. ökonomisch 2. sozial	Die Wasserversorgung der Flüchtlinge in Jordanien und der Bevölkerung hat in einem der wasserärmsten Länder der Erde gravierende Auswirkungen. Logistische Entsorgungssysteme und Wasseraufbereitung sind erforderlich, auch mit Auswirkungen für das Tote Meer & das Rote Meer.

SDG	Beschreibung	Priorität	Beispiele zur Erläuterung
15 Leben an Land	„Landökosysteme schützen, wiederherstellen und ihre nachhaltige Nutzung fördern, Wälder nachhaltig bewirtschaften, Wüstenbildung bekämpfen, Bodenverschlechterung stoppen und umkehren und den Biodiversitätsverlust stoppen."	1. ökologisch 2. ökonomisch 2. sozial	Forschungsprojekt der Deutsch-Jordanischen Universität im Jordan Valley: Die Bewässerung der Felder in der umliegenden Landwirtschaft mit Entsalzungsanagen, die aus Sonnenenergie & Biogas betrieben werden. Bewirtschaftung der Dattel-, Obst- und Gemüsefarmen aus nachhaltigen Wasserquellen. Erweiterung um Waste Management durch Einsammeln von Biomüll in der Region gegen Entgelt (dem Müll in der Gesellschaft einen Wert geben). Erforderlich sind logistische Systeme der Ver- & Entsorgung.
16 Frieden, Gerechtigkeit & starke Institutionen	„Friedliche und inklusive Gesellschaften im Sinne einer nachhaltigen Entwicklung fördern, […]."	1. sozial 2. ökonomisch 2. ökologisch	Wichtig als Rahmenbedingung für eine nachhaltige humanitäre Logistik in Jordanien.
17 Partnerschaften zur Erreichung der Ziele	„Umsetzungsmittel stärken und die globale Partnerschaft für nachhaltige Entwicklung wiederbeleben	1. sozial 2. ökologisch 2. ökonomisch	Partnerschaften zwischen UNHCR, UN WFP, NGOs, mit der logistischen Privatwirtschaft, Forschern, jordanischen Ministerien und anderen Ländern sind erforderlich, um die Ziele 1-16 erreichen zu können.

Tab. 1: Nachhaltige humanitäre Logistik im Sinne der UN SDGs (siehe z. B. BMZ 2017; HRH bin Talal 2017; UNDP 2015a; MOPIC 2017)

Damit Entscheidungsträger in der (humanitären) Logistik, die Zusammenhänge zwischen ihren eigenen Entscheidungen und den Auswirkungen auf die SDGs bewusst werden, sollte ihre Aus- und Weiterbildung im Sinne des SDG 4 entsprechend ausgerichtet und erweitert werden. Eine Logistik, die einschränkend auf die Ziele der Logistikkosten und Logistikservice ausgerichtet ist, und soziale sowie ökologische Auswirkungen des Handelns vernachlässigen, sind in der Lage Ungleichheiten zu befördern und letztendlich im Rahmen der humanitären Logistik Ursachen für Flucht und Migration künftiger Generationen zu verursachen bzw. zu verstärken. Anreizsysteme und bei Bedarf Sanktionen der Organisationen und Staaten sollten im Sinne der Resilienz darauf ausgerichtet sein, diesen Kreislauf zu unterbrechen, um so eine Anpassungs- und Überlebensfähigkeit zu erhalten; die SDGs stellen eine international anerkannte und verabschiedete Orientierungshilfe für Politik und Wirtschaft dar, die sich auf die humanitäre Logistik und ihre

Zielsysteme übertragen lässt (Anregungen hierzu lassen sich u.a. in Klumpp 2016; Kovács 2018; McKinnon 2015 finden).

5. Ausblick

Dieser Beitrag ist speziell auf die humanitäre Logistik in Jordanien ausgerichtet, lässt sich aber konzeptionell auf andere Länder, die von Flucht betroffen sind, sowie auf eine Vielzahl anderer Anwendungsfelder der humanitären Logistik übertragen. Hierzu zählen Regionen mit permanenten oder akuten Katastrophen.

Jordanien ist in der Entwicklung von Flüchtlingscamps und Flüchtlingsstädten konzeptionell und in der Umsetzung so weit wie kaum ein anderes Land (vgl. z. B. Kleinschmidt 2015). Der Ausbau dieser Kompetenzen ist mit Chancen verbunden: Jordanien gilt weiterhin als sicheres Aufnahmeland für Menschen auf der Flucht mit einer vergleichsweise guten Versorgungssituation und bietet zugleich gute Bildungschancen in den Schulen und Hochschulen (inklusive Stipendien für eine hochwertige universitäre Bildung). Die großen Herausforderungen Jordaniens – Wassermangel, Sorge vor Instabilität sowie hohe Arbeitslosigkeit – werden auch in der Zukunft eine große Bedeutung einnehmen. Dieser Beitrag enthält einige Anregungen zum Umgang mit diesen Chancen und Herausforderungen, mit besonderem Blick auf die nachhaltige humanitäre Logistik.

Eine weitere Chance für ein Jordanien der Zukunft besteht in einer verstärkt *interdisziplinär* ausgerichteten anwendungsbezogenen Forschung unter Einbeziehung von Disziplinen wie Architektur und Stadtentwicklung für die Flüchtlingscamps und -städte, mit einer nachhaltigen logistischen Ver- und Entsorgung, mit technischen Lösungen für eine nachhaltige Wasser- und Energieversorgung, mit der Schaffung einer flexiblen IT-Infrastruktur, mit Zugang zu Schulen und Hochschulen, mit psychologischer Versorgung und Betreuung durch Soziale Arbeit sowie mit medizinischer Versorgung in Gesundheitszentren und Krankenhäusern. Interdisziplinäre Lösungen eröffnen Chancen auf eine höhere Zielerreichung der SDGs und stellen eine Möglichkeit der Übertragung auf andere von Flucht betroffene Regionen dar – auch mit Möglichkeiten einer wirtschaftlichen Entwicklung interdisziplinärer Lösungen für Flüchtlingssituationen. Eine Einbindung regionaler Unternehmen und der Menschen vor Ort könnte zukünftig in dem ressourcenarmen aber bildungsreichen und flexiblen Jordanien eine Chance für eine wirtschaftliche Entwicklung und Beschäftigung eröffnen.

In Jordanien sind zwei neue Großprojekte der Stadtentwicklung in Planung befindlich: Ein „Neues" Amman (30 km östlich des heutigen Amman) und im Süden rund um den Hafen Aqaba die neue Stadt „Neom" mit Mitteln im Umfang von 500 Mrd. US $ vorrangig aus Saudia-Arabien im Drei-Länder-Eck gemeinsam mit

Ägypten (Ghazal 2017; NEOM 2017). Ergebnisse aus einer interdisziplinären und nachhaltig ausgerichteten Forschung Jordaniens könnten die Wahrscheinlichkeit für Fehlentwicklungen und weitere Risiken in Grenzen halten und Chancen für diese Stadtentwicklungen erhöhen.

Literatur

Abushaikha, I.; Schumann-Bölsche, D. (2016): Mobile Phones: Established Technologies for Innovative Humanitarian Logistics concepts. In: Elsevier Procedia Engineering 159. 2016. 191-198.

Ahrend, K.-M. (2016): Geschäftsmodell Nachhaltigkeit: Ökologische und soziale Innovationen als unternehmerische Chance. Berlin und Heidelberg: Springer Gabler.

BMZ (2017) Bundesministerium für wirtschaftliche Entwicklung und Zusammenarbeit: Der Zukunftsvertrag für die Welt. Die Agenda 2030 für nachhaltige Entwicklung. Rostock: Publikationsversand der Bundesregierung.

Elaydi, H. (2017): The Water-Food-Displacement Nexus. In: HRH bin Talal (2017): 122-132.

Ghazal, M. (2016): Population stands at around 9.5 million, including 2.9 million guests. In: The Jordan Times. January 30th 2016.

Ghazal, M. (2017): Gov't completes preliminary design for new Amman city. In: The Jordan Times October 23rd 2017.

Hauff, M. v.; Kleine, A. (2014): Nachhaltige Entwicklung. Grundlagen und Umsetzung. 2. Aufl. München: Oldenbourg.

Hellingrath, B.; Link, D.; Widera, A. (Hrsg.) (2013): Managing Humanitarian Supply Chains. Strategies, Practices and Research. Hamburg: DVV.

HRH bin Talal, Prince El Hassan (Hrsg.) (2017): From Politics to Policy. Building Resilience in West Asia and North Africa. Amman: West Asia North Africa Institute and Friedrich Ebert Stiftung Jordan & Iraq.

HRH bin Talal, Prince El Hassan; Wehler-Schöck, A. (2017): Building Resilience admist Chaos. In: HRH bin Talal (2017): 6-13.

Kleinschmidt, K. (2015): Weil es um die Menschen geht. Als Krisenhelfer an den Brennpunkten der Welt. 2. Aufl. Berlin: Ullstein.

Klumpp, M.; de Leeuw, S.; Regattieri, A.; de Souza, Robert (Hrsg.) (2016): Humanitarian Logistics and Sustainability. Cham: Springer International.

Kovács, G.; Spens, K.; Moshtari, M. (Hrsg.) (2018): The Palgrave Handbook of Humanitarian Logistics and Supply Chain Management. UK: Palgrave Macmillan.

McKinnon, A.; Browne, M.; Whiteing, A.; Piecyk, M. (Hrsg.) (2015): Green Logistics. Improving the Environmental Sustainability of Logistics. 3. Aufl. London: Kogan Page.

MOPIC (2017) Ministry of Planning and International Cooperation in the Hashemite Kingdom of Jordan: The Jordan Response Plan for the Syrian Crisis 2017-2019. Fostering Recovery, Creating Opportunity, Promoting Resilience. Amman: MOPIC.

NEOM (2017). NEOM. New Way New Era. Verfügbar unter http://discoverneom.com/.

Schumann-Bölsche, D. (2018): Information Technology in Humanitarian Logistics and Supply Chain Management. In: Kovács (2018): 567-590.

Thomas, A. S.; Kopczak, L. R. (2005): From Logistics to Supply Chain Management – The Path Forward to the Humanitarian Sector. U.S: Fritz Institute.

Thomas, S. D.; Abdel Aziz, M.; Harper, E. (2017): Forcing new Strategies in Protracted Refugee Crisis. In: HRH bin Talal (2017): 18-33.

UNDP (2015a) United Nations Development Programme: The Sustainable Development Goals Booklet. New York: United Nations, 2015.

UNDP (2015b) United Nations Development Programme: The Millennium Development Goals (MDG) Report 2015. New York: United Nations, 2015.

UNDP (2016) United Nations Development Programme: Human Development Report 2016. Development for Everyone. Washington: Communications Development Incorporated.

UNHCR (2016) United Nations High Commissioner for Refugees: Zaatari Refugee Camp Factsheet, November 2016. Verfügbar unter www.unhcr.org.

UNHCR (2017a) United Nations High Commissioner for Refugees: Global Trends – Forced Displacement in 2016. Genf: UNHCR.

UNHCR (2017b) United Nations High Commissioner for Refugees: Jordan Operational Update, September 2017. Verfügbar unter www.unhcr.org.

UNHCR (2017c) United Nations High Commissioner for Refugees: 3RP Regional Refugee & Response Plan 2017-2018. In Response to the Syria Crisis. Verfügbar unter http://www.3rpsyriacrisis.org/.

Vieweg, W. (2017): Nachhaltige Marktwirtschaft: Eine Erweiterung der Sozialen Marktwirtschaft. Wiesbaden: Springer Gabler.

The Kribi deep water port: the engine of development and industrial growth in CEMAC zone

Victor Tsapi[1], Nadège Ingrid Kamgang Gouanlong[2]

Abstract

The aim of this communication is to explain how the Kribi deep water port will be useful for the economy of the CEMAC zone. An overview of the relevant qualitative and quantitative secondary data on the foundations of the Kribi deep-water allowed us to highlight the economic business opportunities. This project is seen as the springboard of economic development, which can propel Cameroon towards the emergence. With the finalization and commissioning of its four terminals, the Kribi deep water port will mark its entry into the category of third generation ports. Concretely, this is reflected in the creation of specialized industries in the exploitation of hydrocarbons but also by the development of multimodal transport infrastructures, energy and communication infrastructures.

1. Introduction

The return to antiquity shows that, the Mediterranean Sea has occupied a central place through the maritime traffic of goods between the European, Asian and African worlds. This position of hub of the Mediterranean Sea in trade is tainted by trade and port imbalances contributing to the explanation of wealth inequalities between North and South (Gouvernal et al. 2005; Frémont 2010; Meyer 2017). Compared to other regions, economic growth in sub-Saharan Africa declined by 1.3% in 2016 (WTO 2017). Yet this part of the continent has natural resources, and exploitation requires significant financial support from international donors.

According to the African Development Bank (ADB 2016), between 2007 and 2017, more than 50 billion dollars was invested to upgrade maritime Africa, equip it with modern and automated terminals, give it the means to take the full place it deserves in international shipping. Combining the need for catch-up and moder-

---

[1] Prof. Dr. Victor Tsapi, Professor and Dean of the Faculty of Economics and Management, University of Ngaoundere
[2] Dr. Nadège Ingrid Kamgang Gouanlong, Lecturer, Marketing Department, University of Ngaoundere

© Springer Fachmedien Wiesbaden GmbH, ein Teil von Springer Nature 2018
I. Dovbischuk et al. (Hrsg.), *Nachhaltige Impulse für Produktion und Logistikmanagement*, https://doi.org/10.1007/978-3-658-21412-8_20

nization worthy of the economic reality of the 21st century, the continent has been engaged in recent years in an unprecedented effort to equip itself with news infrastructures that will enable it to boost its foreign trade and support its great. economic boom (Saucier 2016).

In Cameroon, the race towards maritime development took the form of a key point in terms of structuring projects: the industrial-port complex of Kribi. To explain how this large maritime project in Cameroon will contribute to the economy of the CEMAC zone is the main goal of this paper. To achieve this objective, an overview of the relevant qualitative and quantitative secondary data is highlighted. This paper is organized around four main points. The first point focuses on the introduction where we highlight the circumstances and motivations for the construction of the deep-water port of Kribi. Then, we use the information collected during the interviews and existing documentation in order to retrace the major facts that motivated the implementation of the industrial-port complex of Kribi in Section II. In Section III, we show the economic benefits from the development of extractive and processing industries. Finally, we make a conclusion.

2. Origins of the deep-water port of Kribi

As part of the economic emergency plan, the Kribi deepwater port is both an answer to a real need, and a hope for the development of Cameroon (DSCE 2009). The development of any project in a part of the world induces effects on the economy of the region. This will be qustionned by using an overview of the relevant qualitative and quantitative secondary data to explain the impact of the Kribi deep water port project on the economic development of the sub-region. It will be a question of pooling data that can integrate the Kribi deep water port project history, its layout and the opportunities that will arise from the realization of infrastructure.

The construction of the Kribi deep-water port is a project that began in 1980, but was postponed, probably because of the successive crises of this period. In other words, Cameroon recorded its first economic crisis from 1985 to 1986 following global drop in the price of oil. A second financial crisis followed from 1989 to 1990, caused by the gross contraction in public spending. The Kribi deep water port project was relaunched in 2008 after the completion of the Heavily Indebted Poor Countries (HIPC) initiative was reached (IMF 2006), marked by the reduction of public debt and the possibility for the State to return to public investment. In addition, this project is seen as the springboard of economic development, which can propel Cameroon towards the emergence. Therefore, it is important to make a brief reminder of some articulations that have marked the evolution of this project. The first studies focused on the identification of national mineral resources deposits were conducted in 1980. The results of the first studies carried out in this direction revealed the mining potential along the beaches of the Pacific Ocean situated in the city of Kribi. Two years later, feasibility studies for the construction of a deep-water port in Cameroon were carried out. These feasibility studies lead to the site of Grand Batanga, a locality located 8 kilometers to the south of the city of Kribi, for the implantation of the port in deep water. At this first feasibility study was associated a second one which focused on the possibilities of developing of a deep-water port in Grand Batanga (the traditional name of the coast where the development of the deep-water project will develop). This study focused on the possibilities of building terminals capable of performing the following functions such as the annual export of 2 million tons of iron ore; the export of 60 to 350,000 tonnes of aluminum per year; Containerized traffic of 350,000 twenty-foot equivalents (TEU) per year and the export of hydrocarbons with a capacity of 335,000 tons per year. The decision to construct a deep-water port project in Grand Batanga was effective in 2008, twenty-eight years later. This decision was materialized by a ministerial decree establishing the Steering Committee and monitoring of the construction project of the deep-water port of Kribi. Concretely, this committee is composed of 28 members from various administrations and organizations involved in the development of the project. The Consulting Engineer to assist the administration in the development of the Kribi deep water port project was recruited. For this purpose, the Catram / Socotec Group / Grand Port Maritime of Le Havre was selected at the end of an international call for tenders. The main contribution from this Consulting Engineer was the suggestion to move the site from Grand Batanga to that of Mboro / Lolabe, located 35 kilometers from the city of Kribi.

This decision was motivated by the results of bathymetric studies revealing for example that there are sufficient depths within 600 meters of the coastline. This was not the case in Grand Batanga, where the 16-meter isobaths were more than 3,700 meters from the same reference line. As this large-scale project require huge financial means, especially for the modernization of port infrastructure, the intervention of large multinationals has proved of paramount importance. Thus, a financing agreement worth CFA 207 billion was signed between the State of Cameroon and EXIMBANK OF CHINA on January 12, 2011. These funds are intended for the construction of the general harbor including the harbor access channel, the protective dyke, the berthing docks, the embankments behind the wharves-reserved for the constitution of the storage areas and the various networks and direct access to the harbor. Similarly, the financing, as well as the construction and operation of the container terminal was entrusted to another Chinese company, the China Harbor Engineering Company (CHEC). The French company BOLLORE

AFRICA LOGISTIC, was entrusted with the financing, construction and operation of both the aluminum terminal and the hydrocarbon terminal. He decision was effective in 2008, twenty-eight years later, 2008 National companies have not been abandoned. As an illustration, the financing of the basic infrastructure of the general port including the port access channel, the protective dyke, the berthing docks, the embankments at the back of the docks for the constitution of the areas of warehousing and the various networks and direct access to the port was awarded to the Cameroonian company CAM IRON SA.

With the finalization and commissioning of its four terminals, the Kribi deepwater port will mark its entry into the category of third generation ports (Tourret and Valero 2017). In general, there are four types of ports: first-generation ports, second-generation ports, third-generation ports, and fourth-generation ports. Compared to the first two types, third-generation ports provide their users with logistics and distribution services related to the environment, administrative and commercial services in addition to traditional services (UNCTAD 2012). The realization of these different services requires the acquisition of the appropriate infrastructure and qualified professionals. To this new port offer with modern infrastructures are assigned objectives aimed in particular at: (1) boosting the flow of domestic containers by massification, which makes it possible to lower the costs of sea freight; (2) capture part of the trans-shipment potential of the Central Africa sub region; (3) to conquer the market of the Economic Community of Central African States (more than 100 million inhabitants) and to develop trade with West, South and East Africa, as well as with emerging countries (China, India, Brazil, South Korea, etc.) through the import of industrial products at advantageous costs, and the export of primary, semi-finished or finished products.

Achieving such goals is only possible through the effective performance of port activities and activities.

In general, the activities planned for the Kribi deep-water port are those found in most third-generation ports. These activities are grouped around 10 branches, namely: activities related to the port administration and the exercise of the State's sovereign functions (1), activities auxiliary to maritime transport (2), transport activities (land and other related transport) (3), logistics and trading activities (4), marine resource exploitation (5), shipbuilding and ship repair (6), port industries (7), recreational activities (8), seaside tourism and leisure activities (9) and services to port activities (10).

According to the port activities, it turns out that the different phases of the design and operation of the deep-water port of Kribi require the intervention of professionals who are capable of carrying out operations like : (1) taking charge of the vessel movement (harbor pilots, tandem pilots, tow pilots), (2) maintaining the operational quality of the vessel and optimizing port calls at the port (ship consignee), (3) commercial exploitation of vessels ships (loaders, shipowners, sea brokers, cargo handlers, haulers, container consolidators / packagers), (4) naval engineers for ship repair and maintenance, (5) harbor officers to provide navigation and maintenance of the port reception potential, (6) navigation officers and port operating engineers, (7) environmental protection specialists and port security, (8) financiers, (9) experts in port information systems.

Apparently, the recruitment of qualified personnel to the deep-water port of Kribi is based on the progress of the construction works. In other words, not all of these activities are still functional. For this reason, some professional workers' posts at the Kribi deep-water port have already been filled to date, for example, at the container terminal already in operation. Other posts are still to be filled as the construction of the Kribi deep-water port is not yet complete.

3. The Kribi deep water port as an accelerator of economic development

With a total estimated cost of 282 billion CFA francs, covering an area of 30,000 hectares, the deep-water port of Kribi is ready for operation since the end of August 2015. This economic and architectural jewel is unparalleled in Central Africa and is attracting investors from various horizons. This is also materialized in the creation of specialized industries in the exploitation of hydrocarbons but also by the development of multimodal transport infrastructures, energy and communication infrastructures.

3.1. The explosion of the extractive and processing industries

The commissioning of the first container terminal at the Kribi deep-water port was marked by the docking its first commercial vessel. The presence of this commercial boat motivated the installation of extractive and productive enterprises.

Kribi Power Development Corporation (KPDC)

The Kribi gas plant, with a production capacity of 216 MW, currently being extended to 330 MW, is one of the largest in Cameroon. Built by the Kribi Power Development Corporation (KPDC), this floating energy infrastructure enhances the potential of the Sanaga Sud field (Moussi et al. 2012). According to statistics from the National Hydrocarbons Company (NHC), the state oil company, this gas field has contributed to the increase in gas production recorded in Cameroon in the first four months of the current year[3]. Indeed, of the 4548.6 million cubes of gas produced in Cameroon at the end of April 2015, just over 3801 million cubic feet were extracted from the Sanaga Sud field. In addition to the liquefied natural gas production capacity of 1.2 million tonnes, this floating unit will also produce approximately 30,000 tonnes of domestic gas for per year. This will bring the national production of this fuel to 45,000 tons (since Sonara currently produces only 15,000), for a demand that often reaches 80,000 metric tons, according to the Hydrocarbons Price Stabilization Fund (HPSF).

Domestic gas production refinery planned in Kribi town

After the National Refining Company (Sonara), built in the city of Limbe, southwest region of Cameroon, the Cameroonian government aims to acquire a second domestic gas production refinery to be built in Kribi, city also fails the Chad-Cameroon pipeline (Mbodiam 2015). On observation, natural gas production by the Kribi Power Development Corporation (KPDC) was only intended for the gas supply of the Kribi Thermal Power Plant and industrial companies in the Bassa and Bonabéri areas of Douala. However, according to existing production processes, this industrial gas can be extracted as gas for domestic use.

It is in this context that a gas convention for the liquefaction of natural gas from a ship converted into a floating plant was concluded with the consortium composed of SNH, Perenco Cameroon, Golar Cameroon and Golar Hilli (Abdouramani 2015). The main areas of exploitation selected are the production of Liquefied Petroleum Gas (LPG, commonly called domestic gas), with a view to reducing the deficit in Cameroon. In this regard, forecasts by the Golar Hilli company are around 1.2 million tonnes of Liquefied Natural Gas (LNG) per year, for export, nearly 30 000 tonnes of domestic gas (LPG), intended for Cameroonian households, and about 1.8 million barrels of very light oil called condensate, destined for the refinery. These companies specializing in the exploitation of natural gas have signed the operating agreements but they are not yet operational.

Two vehicle assembly units thanks to the Indo-Chinese consortium

The Indo-Chinese consortium, whose local partner is the Cameroon Automobile Industry Company (CAIC), announced investments of around 92 billion CFA francs in these projects (Mbodiam 2015). This project will benefit from the law

---

3 www.sonara.cm

providing incentives for private investment in Cameroon, which grants tax exemptions to companies over a period of five to ten years, both during the installation and production phases. As in the previous case, the developers of the vehicle assembly plants have already signed the operating agreement. Unlike companies specializing in the exploitation of natural gas, car manufacturers have not started their implementation process. In other words, they are still in the project stage.

3.2. The development of port, road and rail transport infrastructure
Third-generation container terminals in favor of a Franco-Chinese consortium

Africa has experienced an exponential growth in containerization since the 2000s, accompanied by infrastructure modernization and a change in port management (Caslin 2017). Far from being homogeneous, this evolution is highly variable from one region to another. By way of illustration, the construction of the port transport infrastructure of the Kribi deep-water port was executed in two phases. Work on the first phase of this infrastructure involved the installation of a 350-meter container terminal by the consortium composed of the French group Bolloré Africa Logistics, the Chinese company CHEC and the shipowner French CMA CGM (Moussi et al. 2012). The second phase of work related to the construction of a multipurpose terminal was entrusted to the group consisting of the French logistician Necotrans and KPMO (Kribi Port Multi-Operators). This consortium of nine national operators (APM, 2M, Transimex, Sapem, 3T Cameroon, Cam-Transit, Copem, STAR and GOS) in activity at the port of Douala, the Cameroonian economic capital, will hold 45% of the assets in the capital of Cameroon. company that will be created for the management of the concession. It should be noted that the last two concessionaires join the Dutch company Smit Lamnalco in the deep-water port of Kribi, which has won the concession for towing and mooring services.

Rail infrastructure with modern standards

Today, port developments in Africa integrate the rail dimension everywhere. Rail transport offers greater security for goods transported, particularly for cross-border traffic, such as between Cameroon and Chad or the Central African Republic (Claes 2017). Indeed, when a container is loaded on a wagon, there is a high probability that it does not leave it before reaching its destination. Besides, there is rarely looting of containers transported by rail. By road, you can give a destination to a container, but the driver can take another route, be arrested for various reasons and pay unexpected road expenses. Finally, the rail offers advantages in terms of lower pollution and costs, since a train can carry 2,000 to 3,000 tons while a truck can only load one or two containers. The capacity of the ports to serve the major consumption centers correctly, and also the enclosed interior areas is an essential element. In this area, the role of the rail sector is essential because for countries without access to a coastline, being able to count on a neighboring country with a high-performance port and railway can only be beneficial in terms of cost and speed of operation. routing. It is in this context that a 50 kg rail and a 1.435 mm gauge is planned in the short term, designed to intensify exchanges at the national and sub-regional levels, as well as the construction of the Edéa / Port of Paris sections. Kribi (136 km) and Mbalam / Kribi port (602.6 km). This involves linking the main ports to other parts of cameroonian's mining areas in order to bring out the national industry. These last two infrastructures will respectively make the aluminum refinery operational in preparation for this coastal city. Alongside the railway line, the government also plans, in the long term, the construction of a highway between Edéa and Kribi, still with the aim of facilitating exchanges between the current economic metropolis and the industrial city which is about to become the seaside of Kribi town (Moussi et al. 2012).

3.3. Energy Infrastructure Development: The Kribi Power Development Company Power Plant

In terms of energy infrastructure, the Kribi industrial-port complex will house a 216 MW gas-fired power plant and a high-voltage line (225 kV) over a hundred kilometers to carry electricity to the southern network of Cameroon (Mbodiam 2015). The financing of this plant was supported by Kribi Power Development Company, a subsidiary of the American company producing and distributing electricity AES up to 56% (the remaining 44% is owned by the Cameroonian state).

3.4. The development of communication and telecommunications

The strengthening of the telecommunications network through the installation of optics fiber between Cameroon and Nigeria is provided by the world-class manufacturer of the Huawei Marine Networks Ltd subsea optic fiber network (Mbodiam 2015). In concrete terms, this is a 1,100-kilometer stretch of land, dubbed the Nigeria-Cameroon Submarine Cable System (NCSCS), which now connects the city of Kribi, in the southern region of Cameroon, to the city of Lagos, in the eponymous State in Nigeria. Thanks to this Cameroonian-Nigerian project, the city of

Kribi is entering the fold of localities hosting strategic telecom infrastructures in Cameroon. In addition to the NCSCS, Kribi will also house the landing point of another 14,000-kilometer long African Coast to Europe submarine cable. With the development of such telecommunications infrastructure, the city of Kribi via its industrial-port complex appears as the main hub of bandwidth in the Central African region.

4. Conclusion

The main goal of this paper is to explain how this large maritime project in Cameroon will be useful for the economy of the CEMAC zone. An overview of the relevant qualitative and quantitative secondary data on the foundations of the Kribi deep-water allowed us to highlight the economic business opportunities. Concretely, this is materialized by the creation of specialized industries in the exploitation of hydrocarbons but also by the development of multimodal transport infrastructures, energy and communication infrastructures. The Kribi deep-water port and its industrial complex must boost the Cameroonian economy and serve the landlocked countries of the sub region such as the Central African Republic and Chad. As a whole, it includes a first port component that will include some 20 terminals by 2040, a second industrial component that will cover 20,000 hectares and a third urban component. The megaproject is valued at about $ 15 billion. The operation of the first two terminals now allows accommodating the sea behemoths of 70,000 tons. From now on, Cameroon and Central Africa are fully open to the entire planet. If governments so wish and take appropriate national and sub regional economic policies, the development and economic growth of Central Africa can be sustained for many a few years.

References

Abdouramani, G. H. - A. (2015), "Focus on the export of Cameroonian natural gas!", Quarterly review of the National Hydrocarbons Corporation (NHC), N_0 49, pp. 6-11.
Bank Africaine de Développement (2016), Rapport annuel, disponible à l'adresse électronique suivante , https://www.afdb.org/fileadmin/uploads/afdb/Documents/Generic-Documents/BAD_Rapport_annuel_2016.pdf.
Caslin, O. (2017), « Fret : le pari africain », Secteur Privé et Développement, Vol. 26, pp. 7-9.
Claes, P. (2017), « La maîtrise de l'hinterland, clé de voûte du versant terrestre », Secteur Privé et Développement, Vol. 26, pp. 10-13.
Document de Stratégie pour la Croissance et l'Emploi (DSCE) (2009), Cadre de référence de l'action gouvernementale pour la période 2010-2020, disponible à l'adresse électronique suivante : http://cm.one.un.org/content/dam/cameroon/docs-one-un-cameroun/2017/dsce.pdf

Frémont, A. (2010), « Les ports, leviers de développement ? Opportunités sur la rive sud de la Méditerranée », Afrique contemporaine, Vol. 2, N_0 234, pp. 59-71.

Gouvernal, E., Debrie, J. and Slack, B. (2005), "Dynamics of Change in the Port System of the Western Mediterranean", Maritime Policy and Management, Vol. XXXII, N_0 2, pp. 1-15.

International Monetary Fund (2006), Cameroon: Enhanced Heavily Indebted Poor Countries (HIPC) Initiative Completion Point Document and Multilateral Debt Relief Initiative (MDRI), International Monetary Fund, Washington.

Mbodiam, B. R. (2015), « Kribi, le futur pôle économique du Cameroun », Investir au Cameroun, Vol. 42, pp. 8-13.

Meyer, G. (2017), « L'insertion des ports africains dans les flux mondiaux : atouts et faiblesses », Secteur Privé et Développement, Vol. 26, pp. 22-35.

Ministry of Economy, Planning and Spatial Planning (2011), Deep Water Port of Kribi: Major Project of Great Achievements, Ministry of Economy, Planning and Spatial Planning, Cameroon.

Moussi, G. C., Coly, A., Cisse M. et Flaux, D. (2012), « Grands chantiers de Kribi, c'est parti », Investir au Cameroun, Vol. 1, pp. 4-5.

Saucier, J.-N. (2016), « Transport maritime : Guerre portuaire pour un joyau », Afrique Expansion, Vol. 51, pp. 8-9.

Tourret, P. et Valero, C. (2017), « Le développement de la conteneurisation, symbole de la modernisation des ports africains », Secteur Privé et Développement, Vol. 26, pp. 30-33.

United Nations Conference on Trade and Development (UNCTAD) (2012), Annual report, United Nations Conference on Trade and Development, Geneva.

World Trade Organization (2017), Annual Report: Ending Extreme Poverty, Promoting Shared Prosperity, available at: https://openknowledge.worldbank.org/bitstream/handle/10986/27986/211119FR.pdf?sequence=8&isAllowed=y

The manufacturer's authorised representative in the EU is Springer Nature Customer Service Centre GmbH, Europaplatz 3, 69115 Heidelberg, Germany. If you have any concerns regarding our products, please contact ProductSafety@springernature.com

Printed and bound by CPI Group (UK) Ltd, Croydon, CR0 4YY
25/03/2026
02078196-0004